普通高等教育"十一五"国家级规划教材

天气学分析

陈中一　高传智　谢　倩　编著
罗　坚　姜勇强　朱益民

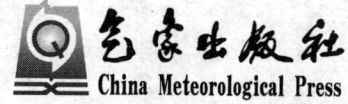

气象出版社
China Meteorological Press

内 容 简 介

本书是在总结教学实践经验,结合最新研究成果的基础上进行修订编写而成的。其主要内容包括天气图分析的基本知识,图分析技术,诊断分析技术,基本天气、天气系统、天气过程分析方法以及天气分析实习和练习。本书可作为高等院校气象专业及相关专业的专业实习教材,也可作为气象、航空、航海、农林、水利、地理、环境等学科相关专业的实习教材、实习教学参考书,对相关部门科研业务人员也有参考价值。

图书在版编目(CIP)数据

天气学分析/陈中一等编著. —北京:气象出版社,2010.9
ISBN 978-7-5029-5050-7

Ⅰ.①天… Ⅱ.①陈… Ⅲ.①天气分析-基本知识 Ⅳ.①P458

中国版本图书馆 CIP 数据核字(2010)第 182983 号

Tianqixue Fenxi

天气学分析

陈中一 等 编著

出版发行:	气象出版社			
地　　址:	北京市海淀区中关村南大街 46 号		邮政编码:	100081
总 编 室:	010-68407112		发 行 部:	010-68409198
网　　址:	http://www.cmp.cma.gov.cn		E-mail:	qxcbs@263.net
责任编辑:	李太宇　申乐琳		终　　审:	章澄昌
封面设计:	博雅思企划		责任技编:	吴庭芳
责任校对:	赵　瑗			
印　　刷:	北京京科印刷有限公司			
开　　本:	750 mm×960 mm　1/16		印　　张:	17.5
字　　数:	362 千字		彩　　页:	1
版　　次:	2010 年 10 月第 1 版		印　　次:	2010 年 10 月第 1 次印刷
印　　数:	1～5000 册		定　　价:	35.00 元

本书如存在文字不清、漏印以及缺页、倒页、脱页等,请与本社发行部联系调换

前 言

由乔全明、阮旭春主编的《天气分析》教材,在气象专业及相关专业院校单位广泛使用,得到了气象类学员和广大气象工作者的普遍好评。我们在教学使用本书过程中,在基本天气图、天气系统、天气过程分析方面又积累了新的成果和经验。适逢该书获准为普通高等教育"十一五"国家级规划教材之机,在解放军理工大学气象学院及业界同仁的关怀和支持下,我们遵循教学规律,依据天气学的发展,在乔全明、阮旭春主编的《天气分析》教材基础上,又修编而成了现教材。其主要修编内容包括:增加了有关高压、低压、鞍形场、槽线、切变线、锋附近气压场等典型天气系统的分析,与降水相关的物理量、准地转 Q 矢量、锋生函数等物理量的诊断,逐步订正客观分析方法的详细介绍及其技术问题解决方案,广泛使用的统计最优插值客观分析方法,资料客观质量控制的主要方法,实例锋面分析的具体步骤、锋面强度变化分析方法,气压系统结构实例分析,热带气旋的观测及热带气旋定位,各种稳定度指数分析大气稳定度的方法,新绘制和更换、修整了部分插图,全面整编了附录和附表。

本书修编工作分工为:第 1 章:陈中一;第 2 章:高传智、朱益民;第 3 章:谢倩;第 4 章:罗坚;第 5 章:姜勇强;第 6 章:朱益民;第 7 章:高传智;附录和附表由姜勇强修编。由于作者水平有限,书中肯定存在不足之处,敬请专家、同行和读者给予批评指正。

编著者

2010 年 8 月

绪 论

一、天气学分析的内涵和地位

天气学分析又称天气分析,是气象学分支学科天气学的一个重要组成,是气象专业的一门专业核心课程。天气学分析是根据各地的气象观测资料,运用天气学的原理与方法,进行气象要素场、天气系统结构及其发生、发展演变趋势和移动的分析,以及天气过程生消演变的分析。天气学分析方法除了具有一般自然科学的共性之外,它的独特之处是用一组二维(平面)的天气图作为主要工具,刻画三维空间中发生的一切天气现象和天气过程。通过天气学分析指出天气现象和天气过程的物理本质及其演变规律,并利用其规律作出未来天气演变趋势的判断。天气学分析是天气预报的重要步骤。

天气学分析课程主要介绍天气学分析的基本方法和技能,各类天气图分析的内容和规则,以及应用各种气象资料分析天气系统的位置、性质、结构及其演变规律;涉及天气、天气系统、天气过程的分析思路和着眼点,客观分析和诊断分析的原理方法和基本物理量的计算方法,各类天气系统的概念模型,是从事气象保障服务、开展气象科学技术研究的基础。

天气学分析是气象类专业进行专业基础教学、专业素养教育的重要实践环节。其教学的基本任务是,教会学生使用空间上是局部的、时间上为间断的大气探测记录,经过综合归纳和连贯的思索,认识天气和天气系统的空间结构和时间连续演变的规律,并依此规律推断未来的发展。

二、天气图分析的基本原则

由于天气学分析使用的大气探测资料在空间上是局部的、时间上为间断的,用一组二维(平面)的天气图刻画三维空间中发生的一切天气现象和天气过程。因此,要作出高质量的天气图分析,必须遵循四个原则:即比较原则、代表性原则、物理逻辑原则以及历史连续性原则。

第一,比较原则。高压与低压、气旋与反气旋、冷区与暖区、锋面与高空槽脊等各种天气系统位置、性质和强度,都是对同一时刻的不同记录对比确定的。而系统的变化(如增强或减弱、移动等)则是经过不同时刻天气系统对比得到的。

第二,代表性原则。任意一个观测站的气象记录,所获得的该地大气的物理特性,都是大、中、小尺度系统综合演变的结果。在日常天气分析中,总是分析其中某一尺度系统的变化,而要舍弃除此之外的干扰。这就要在分析中充分使用那些能充分反映该尺度系统的记录,也就是所谓的代表性原则。

第三,物理逻辑性原则。大气中各种物理量场和天气系统的空间分布都是有机地相互联系、相互制约的。因此,要注意分析结果必须具有空间结构的合理性,否则就可能是错误的。

第四,历史连续性原则。天气系统永远处于无休止的发生、发展和消亡过程中。对于一张最新的天气图来说,有些原来存在的系统消失了,而有些系统则是新生的,有些加强了,而另一些系统减弱了。但无论哪一个系统,在发生之前都有一个孕育过程,也不可能出现无任何征兆的突然变化。这就是所谓的历史连续性原则。

三、天气学分析的有关技巧和实验方法

(一)天气图主观分析技巧

天气图分析必须遵循天气分析的基本分析规范和规则。在基本天气图分析实习初学阶段,可按照以下步骤开展:

一看:在分析基本天气图之初,先看全图上的风场分布,在北半球,高压区呈现为顺时针旋转的反气旋式分布,低压区呈现为逆时针旋转的气旋式分布,在环流中心初定系统中心位置。

二草:起草绘制等压线,一般可从记录比较密,风场比较一致的地区开始,也可从初定的系统中心开始,按照要求的分析值初绘等压线。对右手优势者,天气图、等值线分析一般自右向左展开,当一根等压线呈东西方向分布时,绘制等压线采用自右向左(自东向西)的方向,可以避免绘制时握笔之手挡住绘制方向的记录,影响分析。

三查:在全部分析描绘好规范要求的等值线后,按照等值线分析规则、天气图分析规范,进行全面检查,修改违反规则规定要求的分析,修正初定系统中心位置,补绘漏分析等值线。

四描:在检查完成后,描实等值线。

五标:按照规范要求,标定系统中心位置,地面图闭合气压系统中心气压值,标等压线数值。

(二)项目实验方法

在诊断分析、天气系统和天气过程综合分析实习中,可采用项目实验法帮助学生学习掌握实践性和操作性较强的天气分析的知识和技能,更好地培养学生的专业素养、信息素养。项目式实验教学,一般包括以下几个步骤:(1)由教师提供可选的设计题目或学生自带课程范围内的课题,由学生明确实验项目方案的目标要求,包括初步明确项目操作的可行性、规模、用时等内容;(2)学生搜寻达到目标的资源条件和可能的方法,进一步论证实施此项目的条件和方法,进一步明确完成项目的可能性;(3)学生草拟初步方案,在了解了初步的可行条件之后,学生初步设计出实验项目方案;(4)学生讨论、评价或检验方案的可行性,教师或专业教师指导小组审查方案;(5)学生修改并完成项目(如果条件许可亦可拓展项目内容)。学生按实验项目实施计划,在规定的时间内完成实验项目;(6)教师或专业教师指导小组组织答辩,进行评定。通过评定,给学生相应的综合实践学分。

在天气学分析实践教学中,可由教师提供可选的实验题目和用于实验的基本资料,学生自主选题,撰写实验实施报告,教师审批后开展相关实验的方式。流程如图1所示。

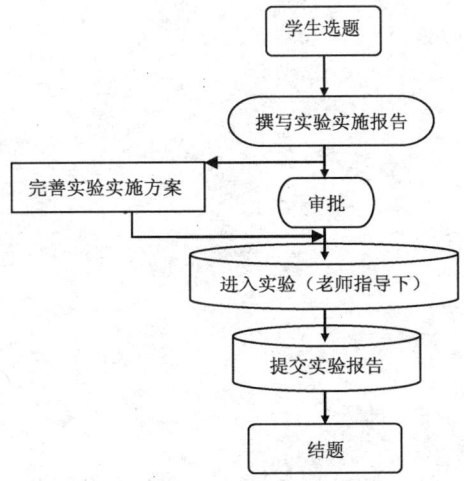

图1　项目式实验教学实施流程图

目 录

前言
绪论
第1章 基本天气图分析技术 ……………………………………………… (1)
　1.1 天气图基本知识 ………………………………………………………… (1)
　1.2 等值线分析方法 ………………………………………………………… (7)
　1.3 典型天气系统的分析 …………………………………………………… (12)
　1.4 流线的分析 ……………………………………………………………… (18)
　1.5 辅助图表的制作 ………………………………………………………… (25)
　实习与练习 …………………………………………………………………… (34)
　　实习一 等值线初步分析 ………………………………………………… (34)
第2章 诊断分析 …………………………………………………………… (35)
　2.1 资料的处理和质量控制 ………………………………………………… (35)
　2.2 客观分析 ………………………………………………………………… (38)
　2.3 热力学物理量的诊断 …………………………………………………… (52)
　2.4 动力学物理量的诊断 …………………………………………………… (60)
　实习与练习 …………………………………………………………………… (88)
　　实习二 诊断分析实习 …………………………………………………… (88)
第3章 温带天气系统的分析 ……………………………………………… (89)
　3.1 锋面分析 ………………………………………………………………… (89)
　3.2 气压系统的结构分析 …………………………………………………… (103)
　3.3 西风带高空槽脊发展和移动分析 ……………………………………… (112)
　3.4 温带气旋的发生发展和移动分析 ……………………………………… (120)
　3.5 寒潮和强冷空气活动的分析 …………………………………………… (128)
　实习与练习 …………………………………………………………………… (133)
　　实习三 锋面初步分析 …………………………………………………… (133)
　　实习四 综合分析 ………………………………………………………… (133)
　　实习五 气旋过程分析 …………………………………………………… (133)
　　实习六 寒潮过程分析 …………………………………………………… (134)

第 4 章　热带、副热带天气分析 ……………………………………… (135)
4.1　热带天气分析的特点和方法 ………………………………… (135)
4.2　副热带高压的分析 ……………………………………………… (138)
4.3　热带气旋的分析 ………………………………………………… (141)
实习与练习 ………………………………………………………………… (165)
　　实习七　热带气旋移动过程分析 …………………………………… (165)

第 5 章　我国大型降水过程的分析 …………………………………… (166)
5.1　水汽条件的分析 ………………………………………………… (166)
5.2　我国主要的连阴雨过程 ………………………………………… (172)
5.3　持续性暴雨的分析 ……………………………………………… (179)
实习与练习 ………………………………………………………………… (183)
　　实习八　暴雨分析 …………………………………………………… (183)

第 6 章　高原天气分析 ………………………………………………… (184)
6.1　高原天气图分析方法 …………………………………………… (184)
6.2　高原天气系统的分析 …………………………………………… (190)

第 7 章　中尺度天气分析 ……………………………………………… (196)
7.1　中尺度分析方法 ………………………………………………… (196)
7.2　飑线的分析 ……………………………………………………… (208)
7.3　大气稳定度分析 ………………………………………………… (213)
实习与练习 ………………………………………………………………… (225)
　　实习九　飑线过程分析 ……………………………………………… (225)

附　　录 ………………………………………………………………… (226)
Ⅰ.地面天气图填图格式及分析的技术规定 ……………………… (226)
　　Ⅰ.1　地面天气图的填图格式 ……………………………………… (226)
　　Ⅰ.2　地面天气图上分析项目的表示方法 ………………………… (233)
　　Ⅰ.3　地面天气图气压场分析的技术规定 ………………………… (233)
　　Ⅰ.4　绘制地面天气图 3 h 等变压线的技术规定 ………………… (234)
Ⅱ.等压面图的填图格式及技术规定 ……………………………… (235)
　　Ⅱ.1　等压面图的填图格式 ………………………………………… (235)
　　Ⅱ.2　等压面图上必须分析的项目 ………………………………… (235)
　　Ⅱ.3　等压面图上视需要分析的项目 ……………………………… (236)
　　Ⅱ.4　等高线和等温线分析的技术规定 …………………………… (236)
Ⅲ.影响记录代表性的原因与记录误差的判断 …………………… (237)
　　Ⅲ.1　影响记录代表性的原因 ……………………………………… (237)

Ⅲ.2　记录误差的来源……………………………………………(238)
　　Ⅲ.3　记录误差的判断……………………………………………(238)
Ⅳ.我国各地区锋面分析特点……………………………………………(239)
　　Ⅳ.1　西北地区……………………………………………………(239)
　　Ⅳ.2　华北地区……………………………………………………(241)
　　Ⅳ.3　东北地区……………………………………………………(243)
　　Ⅳ.4　西南地区……………………………………………………(244)
　　Ⅳ.5　华东、华中地区……………………………………………(247)
　　Ⅳ.6　华南地区……………………………………………………(247)
Ⅴ.常用数据表……………………………………………………………(248)
　　Ⅴ.1　地球数据……………………………………………………(248)
　　Ⅴ.2　物理常数……………………………………………………(249)
Ⅵ.天气预报图像表述的基本符号及含义………………………………(250)
Ⅶ.降水等级划分标准表…………………………………………………(251)
Ⅷ.国际波级表……………………………………………………………(251)
Ⅸ.天气分析术语索引……………………………………………………(252)
参考文献……………………………………………………………………(264)

第1章 基本天气图分析技术

天气图分为基本天气图和辅助天气图两种。基本天气图是填写同一时刻的各种气象记录的特制地图,经过分析,能够帮助我们认识一定范围内的天气和天气系统分布,如主要反映地面天气系统的地面图和反映高空天气系统的等压面图等。垂直剖面图、等熵面图等是辅助天气图。

本章主要介绍天气图及其分析的一般基础知识、分析方法和要求。

1.1 天气图基本知识

1.1.1 天气图底图

用来填写各地气象台(站)观测记录的特制地图,称为天气图底图,或简称底图。

1.1.1.1 底图的范围和内容

为了分析一个地点和一个地区的天气情况及其变化,除了对本地区天气特点有充分的了解外,还必须了解和研究相当广大地区的天气情况。所以,底图应包括足够大的地理范围。

底图范围的大小,主要应根据预报时效的长短、预报区域所在的地理位置和季节而定。例如,用作中、长期天气预报的底图,其范围应当大些,如半球天气图。而用作短期、短时天气预报的底图,其范围就可以小些,如常用的亚欧天气图、东亚天气图或区域小图;在冬季和中、高纬地区,因上空盛行西风气流,天气系统主要来自西方和北方,故底图上邻近预报区域的西边和北边的范围应该比东边和南边的范围大些。在夏季或低纬地区,东边和南边的范围则应适当大些。一般来说,高空天气系统的水平尺度比较大,所以高空天气图所包括的地理范围应比地面天气图要广些。

底图上印有测站的区号、站号和站圈,并采用适当的颜色表示出陆地、海洋、地势及主要河流、湖泊的分布。此外,在图的下边还标有天气图的种类、所采用的地图投影方法、比例尺和高度表等。

1.1.1.2 地图投影简介

地球是一个椭球体,长轴半径为 6378.1 km,短轴半径为 6356.8 km,两者相差约千分之三,可以近似地看成圆球体。将地球上的经、纬线及海陆地块等地球表面情况在平面上表示出来的方法叫做地图投影法。

椭球面与球面,在几何学上属于不可展面,把椭球面和球面展成平面时,不可能不发生裂隙和重叠。也就是说,地球上的物体投影到平面上时,必然要产生误差,投影的方法不同,误差的分布也不同。在地图投影中,通常按照下列三个方面的要求来选择地图投影法:

正形 指地图上保持了地球表面小区域原有的形状,任一地点微分线段的比例尺不因方向而异。其最明显的特征,是地图上各处经线和纬线都相交成直角。此类投影又叫等角投影。

等积 指地图中任何部分的面积与地球表面上相应部位的实际面积的比例都相等。

正向 指地图上从投影中心到其他任何地点的方向都与地球表面的实际方向一致。

任何一种地图投影法,都不可能既保持形状的正确,同时又保持面积的正确。在某种投影法中,如果它的面积误差很小,它的角度和形状误差就必然很大;反之亦然。在天气图分析中,主要是要求保持图形形状和方向的正确,使图上所填的风向和所显示的气压系统的形状及移动方向都能符合实际情况。所以,天气图中所采用的地图投影都需要满足正形、正向的要求。

光源、投影平面和被照射物是地图投影三要素。地图投影的方法,因光源位置和投影面的形状、位置不同可分为许多种。天气图底图常用的地图投影法有极射赤面投影法、麦卡托圆柱投影法和兰勃脱正形圆锥投影法三种。

(1)极射赤面投影法

极射赤面投影是将光源放在地球仪的南极,把地球表面上各点投影在北极的切平面 TG 或 60°N 的割平面 T′G′ 上(图 1-1-1)。用此投影法绘成的图形(图 1-1-2),其

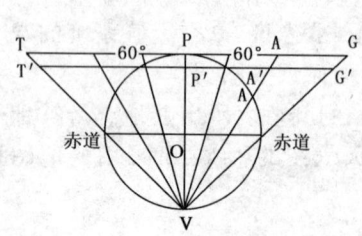

图 1-1-1 极射赤面投影法

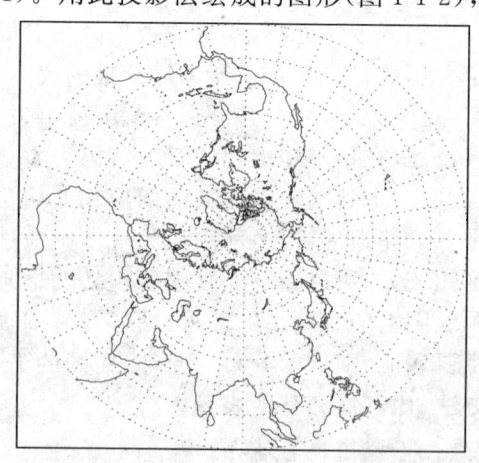

图 1-1-2 极射赤面投影(北半球)图

经线呈放射状直线,纬线为同心圆,经纬线相交成直角,呈蜘蛛网形状,能满足正形和正向的要求。

极射赤面投影因所取投影面在球极或近球极,故图的中央部分较真实,边缘部分略为放大,放缩系数 $m=(2+\sqrt{3})/2(1+\sin\varphi)$,它随纬度 φ 的变化见表(1-1-1)。一般高纬地区及南、北半球的天气图底图多采用这种投影法。

表 1-1-1 三种投影图放缩系数随纬度的变化

投影法\放缩系数\纬度	0°	10°	20°	22.5°	30°	40°	50°	60°	70°	80°	90°
极射赤面投影	1.865	1.589	1.390	—	1.244	1.136	1.056	1.000	0.962	0.939	0.923
麦卡托投影	0.924	0.938	0.983	1.000	1.066	1.206	1.437	1.847	2.709	5.318	∞
兰勃脱投影	1.283	1.150	1.058	—	1.000	0.970	0.968	1.000	1.084	1.293	

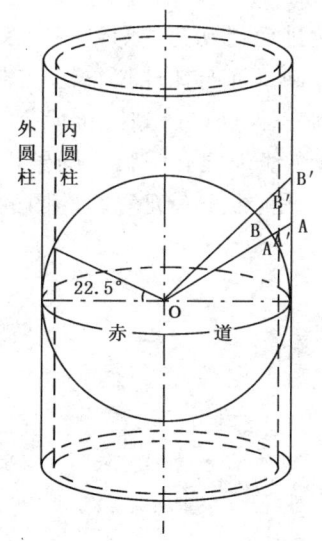

图 1-1-3 圆柱投影法

(2) 麦卡托(Mercator)投影

麦卡托投影是在圆柱投影的基础上经过改进而得到的。圆柱投影法是将平面图纸卷成圆柱形,使圆柱的轴与地球仪极轴重合,圆柱面与地球仪赤道相切,或与地球仪相割于某两标准纬圈,光源置于地球仪中心,将球面各点投影到圆柱面上(图1-1-3),然后将圆柱面展开即可得到圆柱投影图。天气图底图的两标准纬圈是南北纬 22.5°。圆柱投影图上,任一点经线方向和纬线方向的放缩率是不同的。为了满足正形的要求要予以订正,使每一点上经向和纬向的放缩率相等。这种经过订正的圆柱投影就是麦卡托投影。它的放缩系数 $m=\dfrac{\cos\varphi_0}{\cos\varphi}$,其中 $\varphi_0=22.5°$,φ 为纬度。

麦卡托投影是等角圆柱投影。投影图(图1-1-4)的经线和纬线都是直线,且相交成直角。纬线方向代表东西方向,经线方向代表南北方向,与地面上的实际方向相同。在赤道处,或在南北纬 22.5°处的纬线长与实际长度相等,向两极逐渐放大。在 60°处纬圈长度和经线长度已扩大到实际长度两倍左右(表1-1-1)。所以这种投影图除赤道地区面积比较正确外,纬度越高,面积放大越多。如 60°处面积放大到 4 倍左右,80°处则放大到三十多倍。所以,赤道和低纬地区的天气图底图多采用此种投影法。

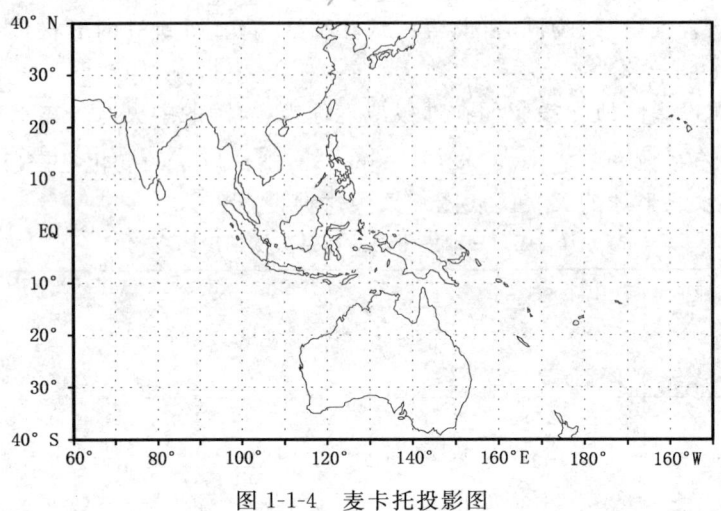

图 1-1-4 麦卡托投影图

(3) 兰勃脱(Lambert)正形圆锥投影

兰勃脱正形圆锥投影是在圆锥投影的基础上经过改进而得到的。圆锥投影法是将平面图纸卷成圆锥形,使圆锥的轴和地球仪极轴重合,圆锥面与地球仪相切于某一纬圈或相割于某两标准纬圈,光源置于地球仪中心,将地表各点投影到圆锥面上(图1-1-5),即可得到圆锥投影图。图上经线呈放射状直线,纬线为同心圆弧。圆锥面与球面相切(或相割)的纬线长度与实际的长度相等,称为标准纬线。天气图底图的双标准纬线是 30°和 60°。

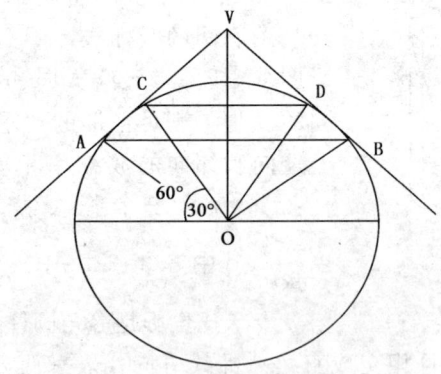

图 1-1-5 双标准纬线圆锥投影法

这种投影图上,两标准纬线之间的经纬距均缩小,两标准纬线以外,经纬距均放大,但同一点经线和纬线的放缩系数是不同的。天气图使用的圆锥投影,经过了适当的订正,使同一点上经向和纬向的放缩率相同,称之为兰勃脱正形圆锥投影,其放缩系数

$$m = \frac{\sin\theta_1}{\sin\theta}(\tan\frac{\theta}{2}/\tan\frac{\theta_1}{2})^k = \frac{\sin\theta_2}{\sin\theta}(\tan\frac{\theta}{2}/\tan\frac{\theta_2}{2})^k,$$

其中 $\theta_1 = 30°$，$\theta_2 = 60°$，$\theta = 90° - \varphi$（余纬），$k = 0.7156$，这样，就得到了兰勃脱双标准纬线正形圆锥投影图（图 1-1-6）。这种投影法，在中纬度地区误差较小，所以我国的天气图底图广泛采用它。

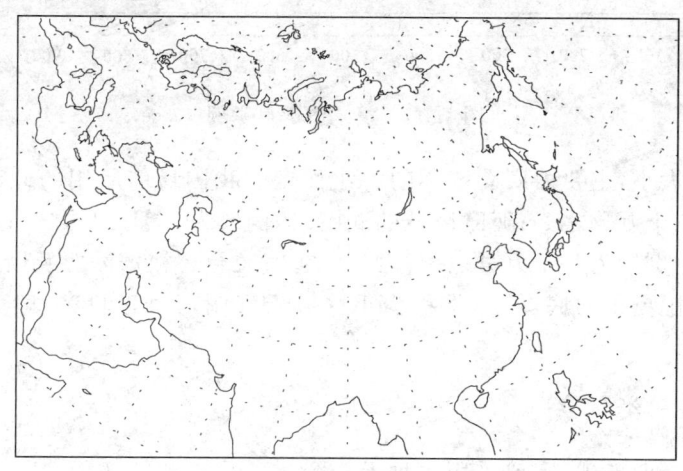

图 1-1-6　兰勃脱投影图

1.1.1.3　地图比例尺

地图上两点之间的距离与地球表面上相应两点之间的实际距离之比，叫做比例尺，或称缩尺。比例尺的表示方法有如下几种（以一千万分之一的比例尺为例）。

(1) 等号式　　1 cm=100 km

(2) 比例式　　比例尺 1∶10 000 000

(3) 分数式　　$\dfrac{1}{10\,000\,000}$

(4) 文字式　　一千万分之一

(5) 图解式

(6) 复式图解尺：经过某种投影后，因各纬度上的放缩系数不同，不能用同一个比例尺来度量底图上任何地方的实际距离，这时就需要复式图解尺。复式图解尺上不同纬度比例尺是不同的，在使用复式图解尺时，应注意所度量地区的纬度。图 1-1-7 为一千万分之一的兰勃脱正形圆锥投影图上用的复式图解尺。

底图上通常只注一个比例尺，称为主比例尺，或称基本比例尺。它仅代表着底图沿标准纬线上线段长度与实地相应长度之比。当地图表示的地理范围较大时，通常都有复式图解尺。

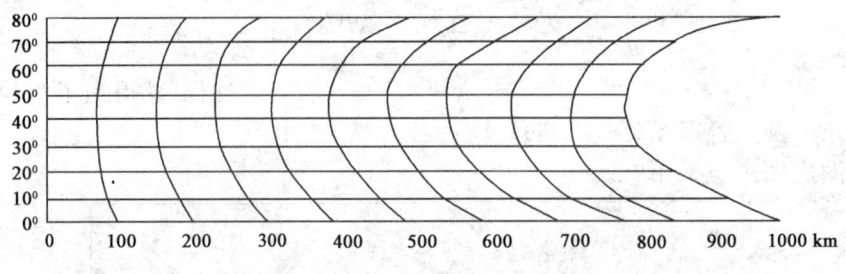

图 1-1-7　复式图解尺举例

比例尺的大小，主要由底图范围的大小而定。我国目前所用的北半球范围的底图，比例尺为三千万分之一；亚欧区域的底图，比例尺为二千万分之一；亚洲或东亚等区域的底图，比例尺为一千万分之一。此外，各气象台还根据需要及周围测站的分布情况采用了范围更小的底图，通常称为小区域天气图，其比例尺一般大于三百万分之一。

1.1.2　天气图种类

在天气分析业务中，需要采用多种天气图。

1.1.2.1　地面天气图

地面天气图又称综合天气图，简称地面图。它是天气分析和预报业务中最基本的天气图。图上除了填有地面的气温、露点、风向、风速、水平能见度和海平面气压等观测记录外，还填写有一部分高空气象要素的观测记录，如云和观测时的天气现象等。此外，还填有一些反映最近时间内气象要素变化趋势的记录，如 3 h 变压，最近 6 h 内出现过的天气现象等。它的作用在于分析天气及地面天气系统的分布和历史演变，进而推断未来的天气变化。

1.1.2.2　高空天气图

高空天气图，目前在实际工作中普遍采用的是填写有同一等压面上气象记录的等压面图，或称绝对形势图。标准等压面图，通常有 850、700、500、400、300、200、100 hPa 等 7 层。气象台最常用的标准等压面图有 850、700、500 hPa 图。高空等压面图能清楚地反映出高空气压系统的分布，还可以对天气系统的空间结构作进一步的分析研究。因此，它是日常工作中的一种基本天气图。

1.1.2.3　辅助天气图

在实际工作中，除应用地面图和高空图外，还配合有各种辅助图，用以显示天气过程的各个不同侧面。辅助图可分为两大类：地面辅助图，如天气实况演变图、危险天气现象图、变压图、变温图和降水量图等；高空辅助图，如流线图、等熵面图、变高图、剖面图,温度对数压力图等,可根据工作需要选用。

1.2 等值线分析方法

天气图分析是天气预报的基础。而等值线的分析是天气图分析的主要内容。本节将介绍等值面和等值线的概念,等值线的分析规则和几种常用等值线的分析方法。

1.2.1 等值面和等值线的概念

在天气学所研究的范围内,可以认为大气是由紧密连接着的空气质点所组成的连续介质。每个空气质点都具有一系列的物理量。这些物理量在空间的分布也是连续的。

某一物理量的空间分布称为物理量场。物理量场有向量场和标量场之分,对于标量场的描写可以用等值面的方法来描述。所谓某一要素的等值面,就是由该要素值在空间相等的点所组成的空间曲面。

任一要素的空间等值面有无穷多个,并且它们的几何形状往往是比较复杂的。在天气分析预报业务中,我们不能用等值面的立体模型来表示要素场,而是采用绘制于平面上的等值线来表示。所谓等值线是某一特定面与空间等值面的交线。用于和等值面相交的面的形状、方向不同,就会得到不同的一组等值线,构成不同的天气图,从不同的侧面去反映要素场的特征。用以相交的面是水平面或铅直面时,则得到等高面图或空间垂直剖面图。当交面是等压面、等熵面时,它们分别得到等压面图、等熵面图等。

1.2.2 等值线分析的基本规则

等值线分析是天气图分析的主要内容之一。天气图上的等值线是根据填于图上的要素记录,按照一定的规则绘制而成的。这些规则是:

(1)同一条等值线上要素值处处相等。

(2)等值线一侧的数值总是高于或低于另一侧。这就是说等值线只能在一个高于它本身数值的测站和一个低于它本身数值的测站之间通过。

(3)等值线不能相交、分支或在图中中断。

(4)高值区和低值区相邻的等值线,两者的数值总有一个差距(一个规定的数值间隔),而两个高值区或两个低值区之间相邻的等值线,其数值是相等的(图1-2-1)。即相邻两根等值线的数值是连续的,要么相等,要么差一个间隔。

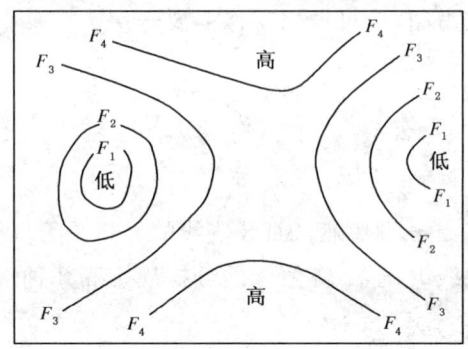

图 1-2-1　高值、低值区等值线的合理分布

1.2.3　等值线分析的基本方法

等值线的分析方法可概括为：遵守等值线的分析规则，按照规定的分析数值连线、内插，注意均匀平滑。

分析等值线，应该严格遵守等值线的分析规则，如有违反等值线分析规则的现象出现，就会造成等值线分布的不合理。

每一种等值线都统一地规定了应分析的数值，如海平面等压线，规定以 1000 hPa 为基线，间隔 2.5 hPa 分析一根等压线。高空等压面图上的等温线，规定以 0℃ 为基线，间隔 4℃ 分析一根等温线。

分析等值线的过程就是把数值相等的点连接成曲线，如测站记录数值并不正好等于所分析的等值线数值时，可从两测站间通过内插的方法求得。不过，大气是连续介质，气象要素变化是逐渐过渡的，是连续的，所以内插并不需要十分严格，而应该注意等值线的均匀和平滑。

1.2.4　几种常用的等值线分析

常用的等值线有等压线、等变压线、等高线和等温线。

1.2.4.1　等压线

空间等压面与某一平面的交线称为该平面上的等压线，如空间等压面与海平面的交线就称为海平面等压线。等压线的分析，实际上就是气压场的分析。

分析等压线要注意与风场配合，等压线要与大范围有代表性的风向基本平行，风向和等压线的交角，视摩擦力大小而定，在海上一般 15°左右，在陆上平原地区一般 30°左右。在北半球，低压区风呈逆时针旋转并向内吹，高压区风呈顺时针旋转并向外吹。在邻近的两个测站中，当遇到风向对头吹时，不是闭合的高、低压中心便是鞍形场(图1-2-2a)。遇到鞍形区时,应分析两根数值相等的等压线。但两根等压线不能靠得过近,以免切变过大,也不能平行过长,使鞍区不明显。因为在一般情况下,大范围的空气运动,在狭长的区域内不可能构成很大的风切变现象。

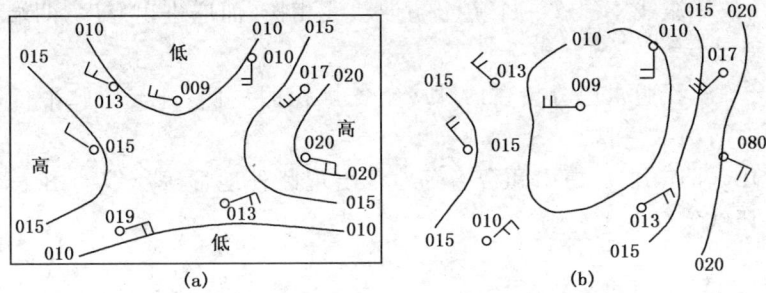

图 1-2-2 等压线正确分析与错误分析举例
(a)正确的分析;(b)错误的分析

图1-2-2b就是不考虑风场记录把鞍形场分析成低压的例子。图1-2-3中的虚线则是两根数值相等的等压线平行过长,切变过大并使鞍形区不明显的例子。

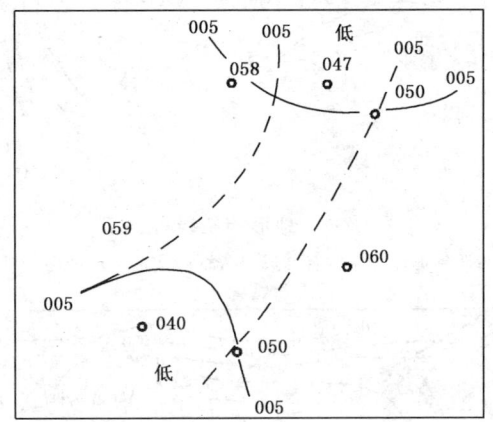

图 1-2-3 数值相等的两根等压线不宜平行过长

不过,在实际分析中常看到有实际风与等压线交角很大,甚至有违反风压定律的现象,这种情况通常出现在山区或高原地区、变压梯度或等压线曲率特别大的地区,以及有局部小扰动(如地方性雷暴、龙卷等)的地区和低纬地区。特别是在气压梯度较小,风速也较小时,就不必过多地去考虑风场了。

平原地区的等压线通常是平滑的,其分布也比较均匀。但在山区,有时由于冷空气在山的迎风面堆积,气压较高,背风面空气辐散,气压较低,造成山区很大的水平气压梯度,等压线异常密集。为了表明这种密集现象是由于地形引起的,将这里的等压

线用特定的形式表示,称它为地形等压线,具体规定如下:

(1)地形等压线以波状线表示,如图1-2-4所示。

(2)当地形等压线过宽时,可将若干条地形等压线合并成一条或几条波状线表示。但是,几条等压线不能在一个点上与波状线相接,而应进出有序,两端条数相等,如图1-2-4所示。

(3)地形等压线通常应分析在山脉冷空气堆积的一侧,并与山脉平行,不能横穿山脉或分析在背风坡一侧。

我国天山、祁连山、长白山和台湾等地常出现此种地形等压线。图1-2-5是天山附近地形等压线实例。

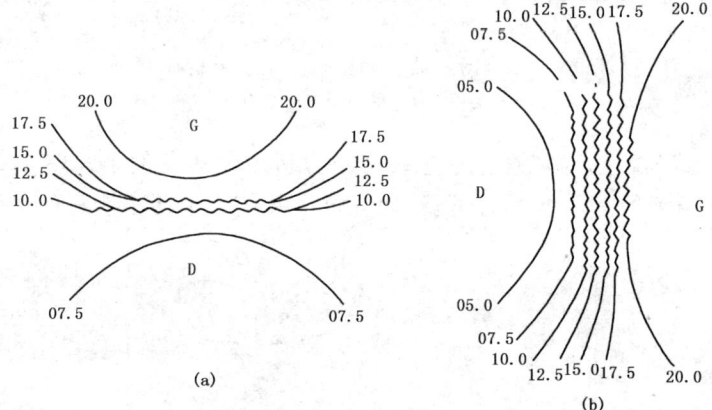

图1-2-4 地形等压线示意图
(a)四条地形等压线合并成二条;(b)地形等压线不合并

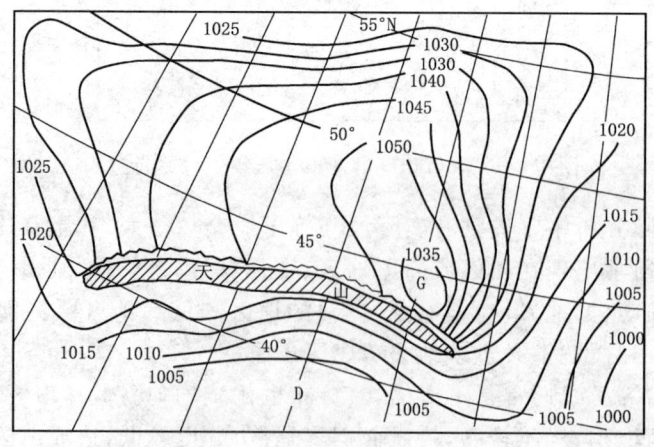

图1-2-5 天山附近地形等压线图例

1.2.4.2 等变压线

为了了解某段时间内的气压变化情况,常分析等变压线,通常分析 3 h 等变压线和等 24 h 变压线,前者绘制在地面图上,后者加绘在地面图上或单独制成气压变量图。

3 h 变压是过去 3 h 气压变化的综合反映,也在一定程度上指示未来短时间内气压变化趋势,它对气压系统的发展和移动以及冷暖空气活动都有一定的指示意义,所以 3 h 等变压线的分析是地面天气图必须分析项目之一。

3 h 等变压线也是等值线的一种,也要遵守等值线分析的基本规则。3 h 等变压线要用虚线绘制。

1.2.4.3 等高线

不同等高面与同一等压面相交就得到该等压面上的等高线。高空图常用的等压面图上绘制的就是等高线。

等高线也是等值线,分析时除应遵守等值线分析的基本原则外,还应注意以下两点:

(1)分析等高线,既要依据位势高度记录,又要兼顾高空风记录。由于高空风记录比探空记录多,且对大尺度系统运动来说,自由大气中的实际风,又与地转风极为接近,因此,风向大体要与等高线平行,风速与等高线的梯度成正比。

(2)上下等压面图的等高线分布形势应配置合理,并与等压面间的平均温度场相适应。通常,冷性低压随高度增高而加强,暖性高压也随高度的增高而加强;反之,冷性高压和暖性低压则随高度的增高而迅速地减弱或消失。低压中心随高度向冷区倾斜,高压中心随高度向暖区倾斜。

等压面图上等高线的分布,一般比海平面气压场简单。在北半球,700 hPa 以上直至对流层顶各等压面图上,除低纬度地区外,总的形势是环绕极地的西风气流,等高线沿纬圈,呈现为带有槽脊起伏的波状形势。北部为低压区,南部为高压区。图 1-2-6 是常见的几种等高线型,可作为分析时参考。

1.2.4.4 等温线

分析等温线时除应严格遵守等值线分析的基本规则外,还应注意以下几点:

(1)等温线的分析,主要应依据等压面图上的温度记录,还可以参考等高线的形势。因为 700 hPa 以上等压面图上的等高线与等温线的形式存在一定的对应关系,即气压脊往往对应温度脊,气压槽往往对应温度槽。在一般情况下,温度槽(脊)常落后于气压槽(脊)。图 1-2-7 就是比较常见的温压场配置情况。在 700 hPa 以下的等压面图上,也有相反的情况,即温度槽(脊)对应着气压脊(槽),这时要特别注意上、下配合。此外,在气压系统发展的各个阶段,温度场都有一定的特点,分析中也应该加以考虑。

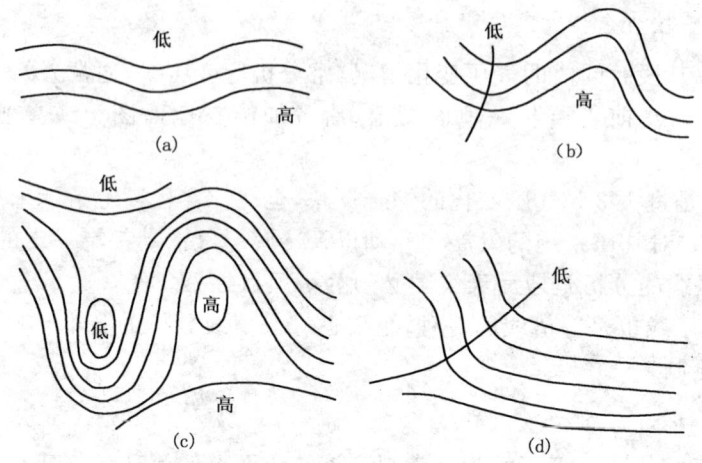

图 1-2-6 常见的几种等高线形势
(a)波状等高线；(b)槽和脊；(c)切断低压和阻塞高压；(d)平直等高线

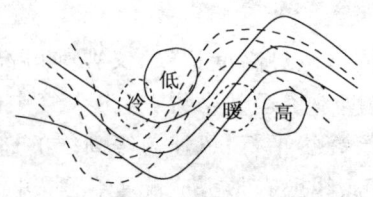

图 1-2-7 常见的温压场配置

(2)在温度梯度较大的地区，应注意是否有锋区，不能一般地将等温线匀开来画。对温度记录稀少的地方，可根据上、下两层等压面图上等高线的走向和位势梯度的改变情况，利用热成风原理判定冷、暖区的分布，确定等温线的大致走向。

(3)在高原和山地区域，有的测站海拔高度接近 850 hPa 或 700 hPa 等压面，地表温度的剧烈日变化会影响到等压面上的温度。如当冬季夜间地面辐射冷却强烈时，在 08 时 850 hPa 或 700 hPa 图上该地气温往往明显偏低；夏季昼间地面增温强烈时，20 时图上，气温又往往明显偏高。因此，分析温度场时要注意以上情况。

1.3 典型天气系统的分析

1.3.1 高压、低压及鞍形场的分析

高压：占有三度空间，在同一高度(等压面)上具有闭合等压(高)线，中心气压(位

势高度值)高于周围的大型气压系统,流场上,在北半球对应于顺时针旋转的大型涡旋,如图1-3-1所示,在南半球对应于逆时针旋转的大型涡旋。

低压:占有三度空间,在同一高度(等压面)上具有闭合等压(高)线,中心气压(位势高度值)低于周围的大型气压系统,流场上,在北半球对应于逆时针旋转的大型涡旋,在南半球对应于顺时针旋转的大型涡旋,如图1-3-1所示。

地面综合天气图、等压面图上,气压场表现为有系统的分布,往往高压、低压系统相邻分布,而在两高压和两低压系统之间的区域,必然存在鞍形场,如图1-3-1所示。

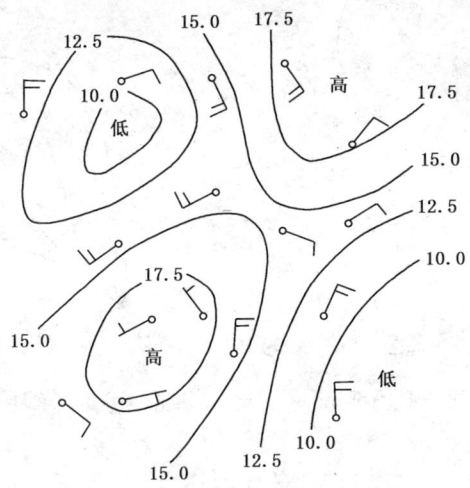

图1-3-1 高压、低压和鞍形场

高压、低压需要根据中心附近测站的气压记录和流场的情况分析确定系统的中心位置,通常依据高压、低压系统中最内一根闭合等压线里的气压值及风来确定。

高压中心确定在气压最高和反气旋环流中心处,如图1-3-2所示,高压中心同时对应风场的辐散中心。低压中心确定在气压最低和气旋环流中心处,如图1-3-3所示,低压中心同时对应风场的辐合中心。

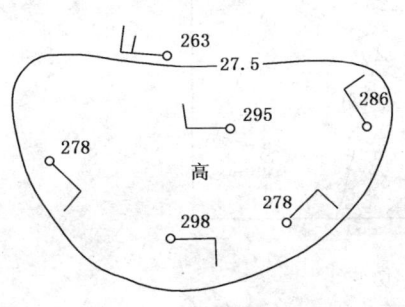

图1-3-2 高压中心的确定

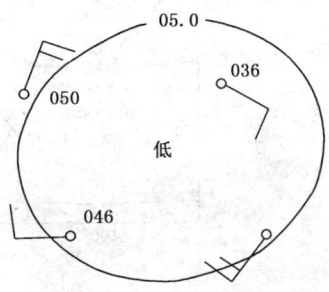

图1-3-3 低压中心的确定

如在一条闭合等压线内有两个以上环流中心时,应根据各环流中心确定相应的系统中心,如图 1-3-4 所示。

根据风和气压记录难以确定气压系统中心时,应以气压系统最内一条等压线所围区域的几何中心为系统的中心。

锋面气旋内,低压中心应确定在冷锋和暖锋的交点上,如图 1-3-5 所示。

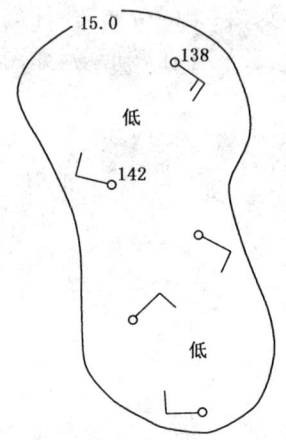 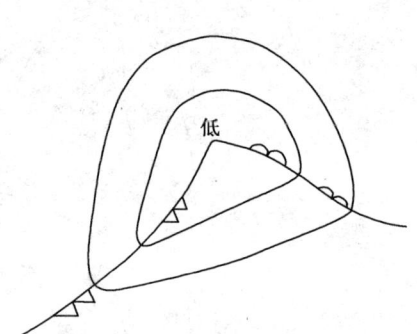

图 1-3-4 多环流中心的确定　　　图 1-3-5 锋面气旋中心的确定

1.3.2 槽线、切变线的分析

槽线:低压槽中等压(高)线气旋性曲率最大点的连线称为槽线(图 1-3-6)。

切变线:等压(高)面上具有气旋性切变的风矢量急剧变化的不连续线(图 1-3-6)。

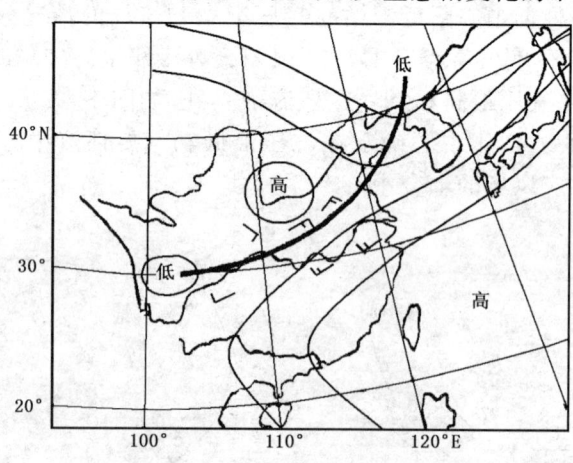

图 1-3-6 高空槽线、切变线

槽线是气压场的特征线,切变线是风场的特征线。根据风压定律,低压槽线处风呈气旋性切变分布,而切变线则位于气压场的低值区,无论从气压场、还是从风场分析,槽线、切变线为同一性质系统,即在气压场上为低值系统,同时在流场上为具有正涡度、气旋式切变的环流系统,并且在槽线和切变线上,气旋式切变往往最大。

1.3.2.1 高空槽的基本形式

（1）竖槽

在中纬度西风带槽线呈南北走向的低槽。槽线后为西北风,槽线前为西南风,槽线上为西风(图1-3-7a)。

（2）横槽

冷锋式横槽,槽线后为东北风,槽线前为西北风,槽线上为北风(图1-3-7b)。

暖锋式横槽：槽线后为西南风,槽线前为东南风,槽线上为南风(图1-3-7c)。

（3）倒槽

槽线后为东南风,槽线前为东北风,槽线上为东风(图1-3-7d)。

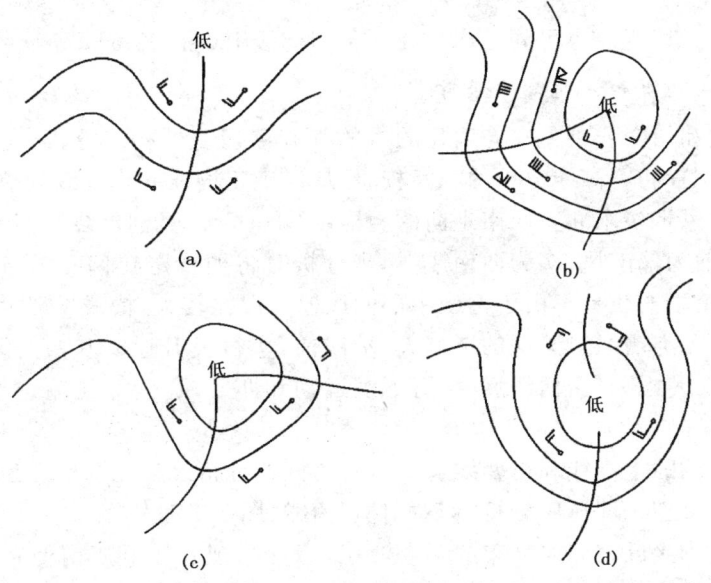

图1-3-7　高空槽的基本形式

此外,在高原上空可出现地形槽,在地形槽中可出现等高(压)线气旋性曲率明显而风场气旋性变化不明显的情况,因其对天气的意义同样分析槽线。

1.3.2.2 切变线的种类

（1）冷锋式切变：如图1-3-8a,后部为东北风,前部为偏西风,以冷空气势力为主,一般向东南方向移动。

(2) 准静止锋式切变：如图1-3-8b，一般处于两高之间，北部为偏东风，南部为偏西风，冷、暖空气势力相当，可以不移动、少移动、南北摆动或随系统移动。

(3) 暖锋式切变：如图1-3-8c，后部为西南风，前部为东南风，以暖空气势力为主，一般向东北方向移动。

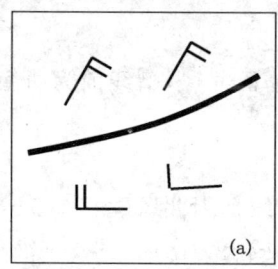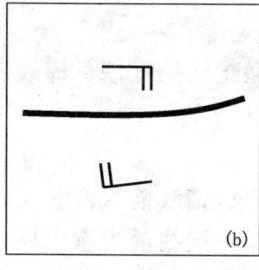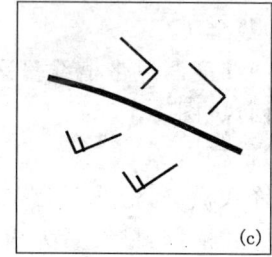

图1-3-8　常见的切变线类型
(a) 冷锋式切变；(b) 准静止锋式切变；(c) 暖锋式切变

三种形式的切变线也可同时出现在一条切变线上（图1-3-6）。

1.3.2.3　高空槽线和切变线的分析

高空槽线和切变线首先在有明显的风的气旋性切变处初步分析，在分析等高线时，进行槽线位置和等高线分析的相互校验，最后确定槽线和切变线的位置。

中纬度西风带多东北—西南走向的竖槽（图1-3-7a），竖槽槽线后为偏北风，多为西北风，槽线前为偏南风，多为西南风，初步分析时将槽线定在偏北风与偏南风的分界处，西风则位于槽线上。由于槽线中部的风速一般比较大，槽线一般分析成向下游凸出的弓形。此类槽线对天气的影响大，槽线前，盛行上升运动和西南风，西南风输送暖湿空气，多阴雨天气，槽线后，盛行下沉运动和西北风，西北风输送干冷空气，天气晴好。

有闭合低压的主槽线和切变线从低压中心开始分析。当闭合低压后部有新的冷空气加入，风切变明显时，应分析一条"副槽"槽线（图1-3-9）。

遇南北向或接近南北向分布的两个低压，经常呈现北侧低压南伸竖槽与南侧低压北伸倒槽中气旋性变化最大处相交于鞍形场中心（图1-3-10）。由于在鞍形场中心附近北侧竖槽为偏西气流，南侧倒槽为偏东气流，流场方向相反，未来北边低压的竖槽和南边低压的倒槽将断开。因此，一般情况下，呈南北分布的两个低压可分析北侧低压的竖槽，而不分析南侧低压的倒槽，仅分析南侧低压的竖槽槽线，也即南侧低压的主槽。如分析南侧低压的倒槽，北侧低压竖槽的槽线与南侧低压倒槽的槽线一般也不连在一起。当南北两个低压偏离较多呈东北西南向分布或呈东西分布时，可以分析成如图1-3-11所示的两个相连的人字槽。

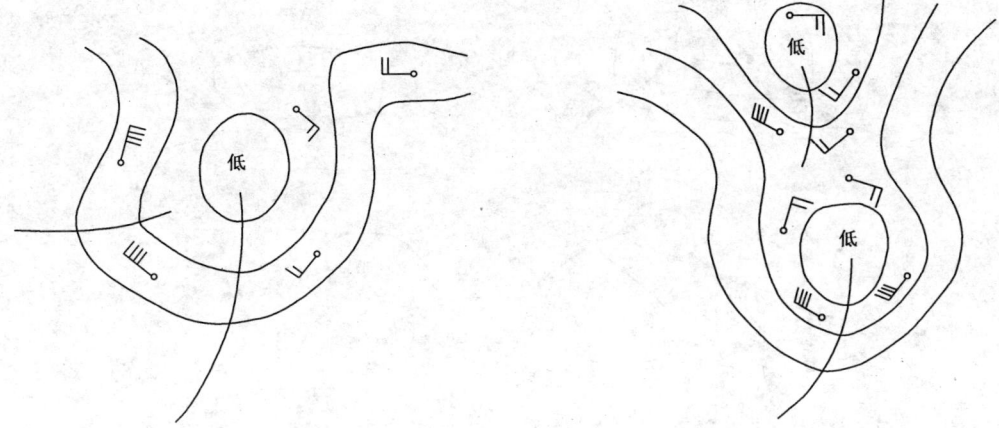

图 1-3-9　闭合低压的主槽线、副槽线　　图 1-3-10　南北向分布双低压的槽线分析

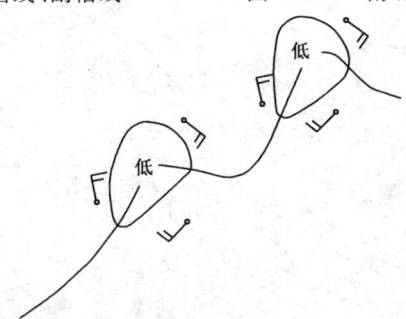

图 1-3-11　东西向分布双低压的人字形槽线分析

　　槽线、切变线的分析除依据槽线、切变线定义外,另一依据是其对天气的作用和影响。业务分析表明,一个低压系统中,往往有 2~3 条明显的槽线或切变线,主要分析对天气影响大的槽线、切变线。

1.3.3　锋附近气压场的分析

　　地面综合天气图上,锋面位于低压槽内,等压线通过锋线时相应地应有折角或气旋性弯曲突增现象,折角的尖端应指向高压一侧。图 1-3-12 是等压线通过锋线时的几种常见形式。图 1-3-13 的冷锋处于气压场的隐槽中。

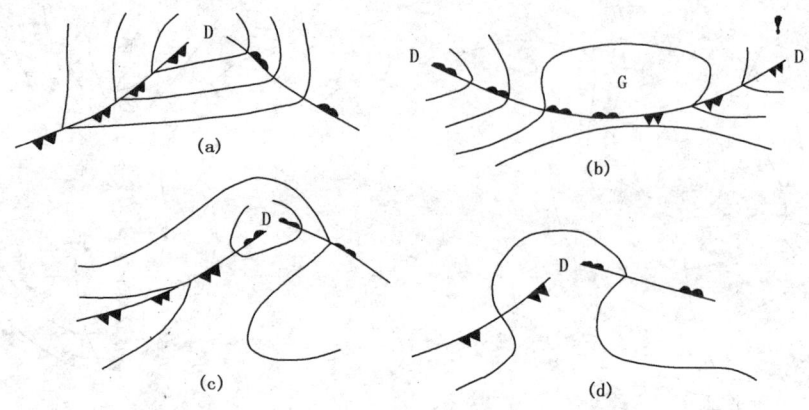

图 1-3-12　等压线通过锋线时的几种常见形式

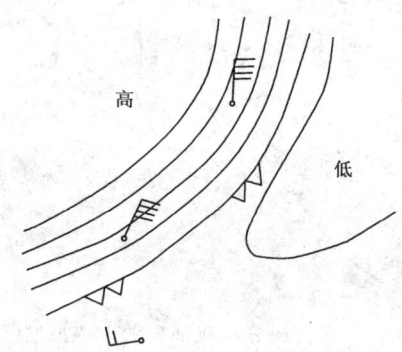

图 1-3-13　冷锋处于气压场的隐槽

1.4　流线的分析

风场是描述大气运动的主要物理量之一,尤其在热带和中、小尺度天气分析中,有更重要的意义。在日常天气分析中,常用流线、等风速线分析流场。所谓流线,就是处处和风向相切的一种矢线,等风速线是相同风速点的连线。前者表示风向,后者表示风速。两者结合在一起,就能得出风场的完整概念。下面介绍其分析方法。

1.4.1　风场的基本流型

在进行流线—等风速线分析时,经常会遇到一些风场的基本流型,熟悉和掌握这些基本流型是必要的。

1.4.1.1 渐近线

渐近线是这样的流线：周围的流线从它辐散出去（正的渐近线），或者向它辐合进来（负的渐近线），如图1-4-1所示。从理论上讲，渐近线附近的流线是永远不会和它合拢的。实际上，由于天气图的比例尺小，一般把渐近线画成一条流线，其附近的流线都与它合并。

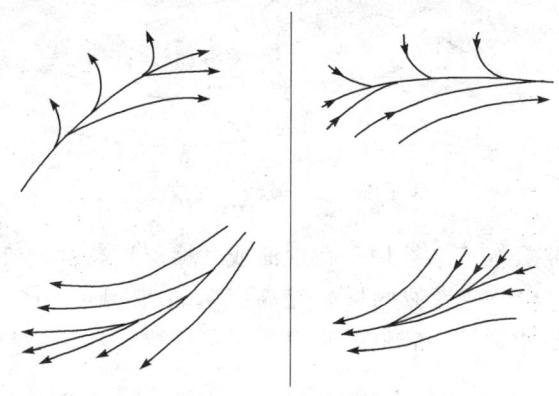

图 1-4-1 流线渐近线

流线中的渐近线具有三维结构，它可以看成垂直的或倾斜的面或者狭窄的过渡带（图1-4-2）。渐近线的坡度变化很大，有时垂直，有时呈准水平状态。自然，负的渐近线位于辐合气流之中，正的渐近线位于辐散气流之中。但渐近线是否代表真正的空气水平质量辐合辐散，还要看该地区风速的分布而定。

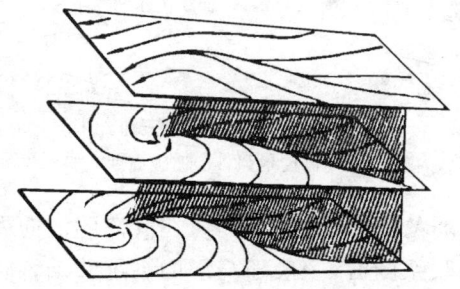

图 1-4-2 流线渐近线的三维结构

在天气分析中最关心的是辐合气流中的负渐近线，因为在近地面层中气流的辐合往往造成坏天气。在发展完善的气旋性向内气流中以及两半球信风气流的大尺度辐合带中，均可看到较明显的负渐近线。

1.4.1.2 波

波是气流中的一种扰动,相当于等压线的波状的槽和脊。波通常出现在如热带东风带那么宽广的纬向气流内。但波动的范围一般不会扩及它们所在气流的整个宽度,这种波称为"阻尼波"(图1-4-3)。

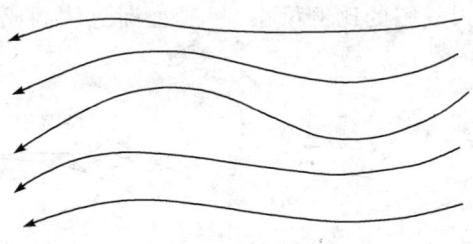

图 1-4-3 流线中的波

流线中出现的波具有三维结构。在地面或摩擦层顶高度上流场中出现的波可随高度而增强(图1-4-4a)。或者波的振幅随高度减弱(图1-4-4b),前者一般与高空西风带气旋或者西风槽相联系。它们的垂直伸展可达数千米。

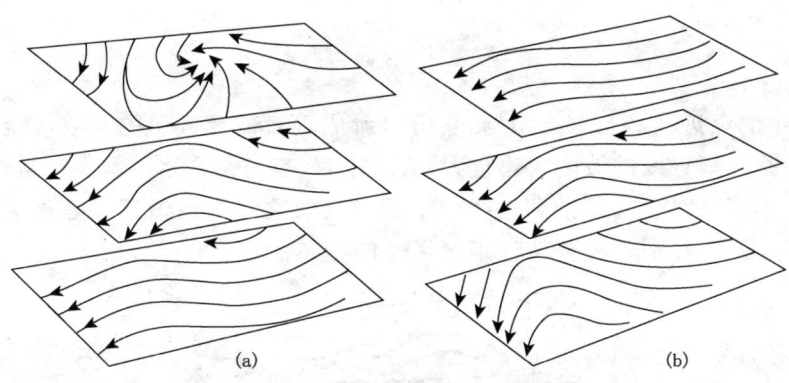

图 1-4-4 流场中波的三维结构
(a)波随高度增强;(b)波随高度减弱

随高度的增加而减弱的波,一般沿它们所在气流的流向做等速运动,如东风波。

与高空涡旋或槽相联系的波,一般随高层的系统移动,高层系统移向可能与低层气流的方向相反,当低层东风带中的波迫近高层涡旋或槽的位置时,波幅增大。以后,波可能仍随高层系统移动或继续向西移动。

1.4.1.3 奇异点

奇异点是这样的一种点:通过它可以画出几条流线的点,或其四周流线形成一闭合曲线的点。在奇异点上风可以有好几个方向,实际在奇异点上风速为零。因此,在

奇异点附近风相当微弱,这个事实有助于我们在分析中确定奇异点。奇异点又可分为三类:

尖点 它仅是波和涡旋之间的过渡型,历时很短,且经常发生在某一层上(图1-4-5)。实际分析中常因缺乏足够的资料,很难分析出来。

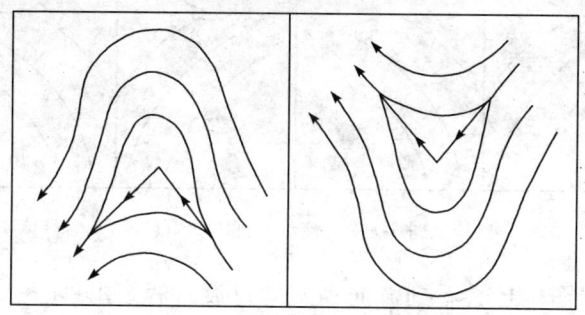

图 1-4-5 东风气流中的尖点

旋涡 有各式各样的涡旋。有内流的,外流的;顺转的、反转的(图1-4-6)。

在低层,北半球的向外气流多半与反气旋式气流相结合,而向内气流多半与气旋式气流相结合。然而在高层,任一种结合都可能出现。但高层在资料太少的情况下,通常无法确定涡旋的外流和内流的特征,往往把高层的涡旋分析为纯粹的气旋或反气旋。

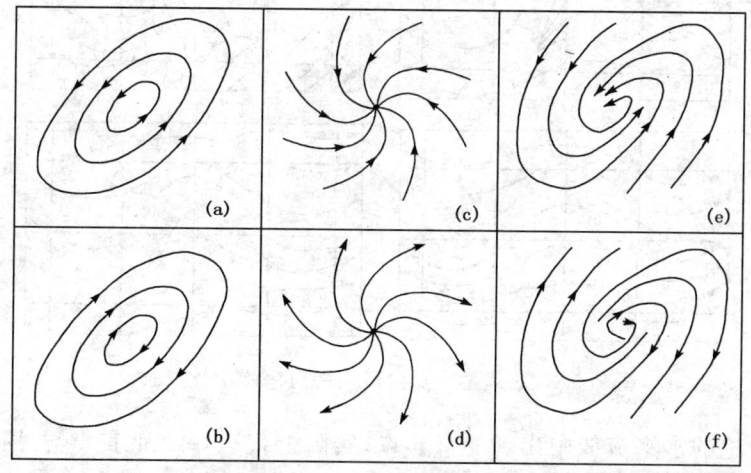

图 1-4-6 流线中的涡旋

中性点 中性点是正、负渐近线的交点(图1-4-7)。它和气压场中的"鞍形"场相似,即在两个气旋性环流区和两个反气旋环流区之间的中性区中心。

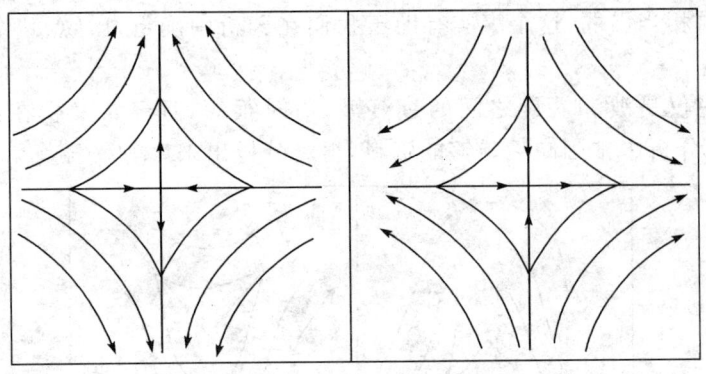

图 1-4-7 流线中的中性点

在连续的流线图中还会看到波向涡旋的过渡过程(图 1-4-8)。这种过渡是随波幅的增大而产生的。波幅继续增大的结果,最后在靠近波中心处形成尖点。尖点阶段可以在某一张图上出现,不过它的生命史很短,以致大多数情况下不容易被发现。尖点阶段之后,接下来是一个涡旋和一个中性点同时成对出现。以后,当涡旋继续加强时,中性点也就与涡旋愈来愈分开,经常停留在涡旋的外缘上。

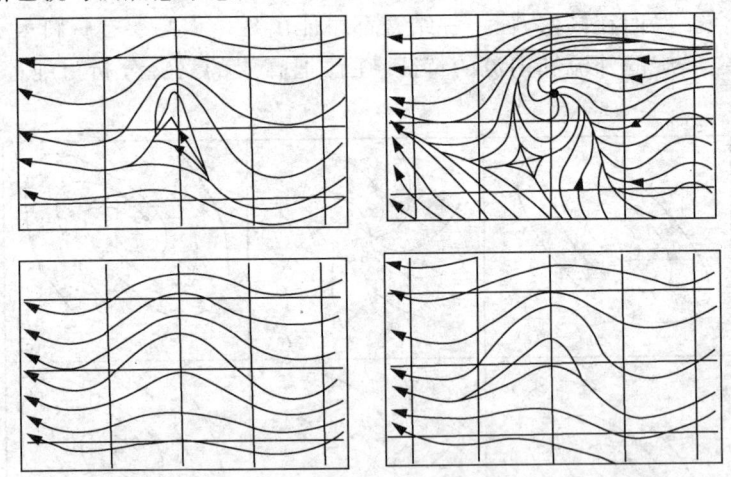

图 1-4-8 波通过尖点阶段向一对涡旋中性点过渡

以上讨论的水平流线中出现的奇异点,实际上代表一个垂直奇异线与分析平面的交点。即三维涡旋或中性点的垂直轴就是流线中各层奇异点的中心连线。

1.4.2 流线分析

有了以上基本流型的概念以后,就可进行流线分析。其分析方法有如下两种。

1.4.2.1 直接法

即用各测站的实际风进行风矢的内插。按流线定义,流线是处处与风向相切的线。因此,直接进行风矢的内插时,要严格使流线与风向相切,并绘上箭头以指明气流的方向。

分析时,应从观测资料最密,并且风向比较均匀处入手,画出一条直线或弯曲较小的流线,如图 1-4-9a 所示,先从 A、B、C、D、E 等站开始分析,然后根据流线附近风向是分开、汇合或平行,再相应地勾画其他流线、渐近线和奇异点。最后,逐个检查风向是否严格与流线相切,奇异点处是否风速为零,系统配置是否合理,直至全图流线合乎这些要求,并且光滑优美,整个流线分析才算完(图 1-4-9b)。

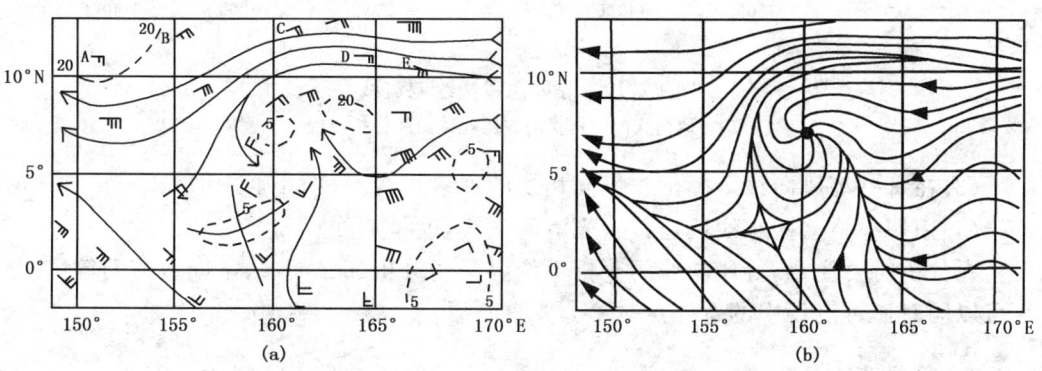

图 1-4-9 直接法画流线
(a)流线分析草图;(b)完整的流线图

要使流线分析顺利进行,应充分利用测风资料,分析时要注意前后图次的连续性,还要应用卫星资料,月平均环流等进行校正。

直接法虽然易于产生误差,但它简便实用,只要有足够的资料,分析谨慎熟练,就能够做到分析基本无误。

1.4.2.2 等风向线法

直接法简便实用,但在测站稀疏的地区,容易引起系统性的歪曲。精确的流线分析方法是等风向线法。等风向线分析是把风向看作是水平空间的一个连续函数(切变线、锋面、静风区等因风向变化激烈而例外),然后按标量内插分析等风向线。其具体做法是(图 1-4-10):

(1)在各测站上填出风向的度数(以 10°为单位)。

(2)画等风向线(图 1-4-10a)。在风向连续处通常每隔 30°绘一条等风向线;在风向少变地区每隔 15°或 10°画一条等风向线;在风向不连续处或静风区,画出零风速区,然后由此往外向四周画出等风向线。

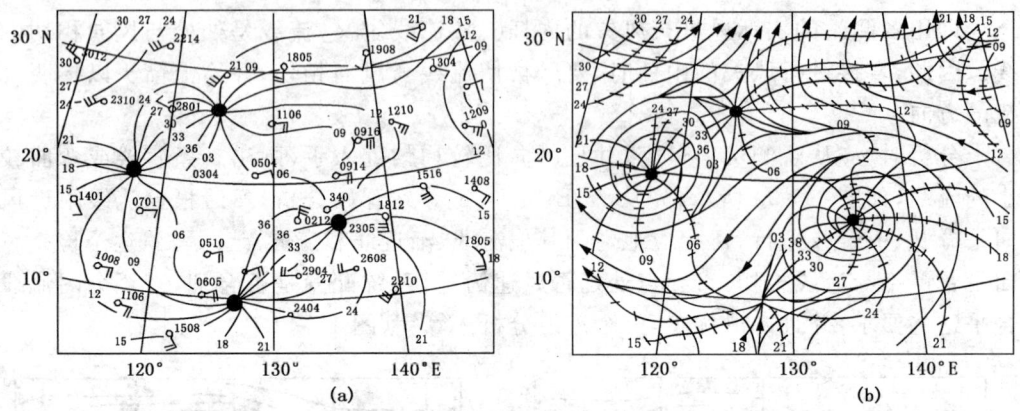

图 1-4-10　等风向线法绘制流线
(a)等风向线的分析;(b)应用等风向线分析流线

(3)在每一等风向线上画出与风向相切的许多小线段(图 1-4-10b)。

(4)用切线将这些小线段连接为光滑的矢线,就是流线。

在分析时要注意,等风向线的分析不像温压场分析那么简单,不同数值的等风向线可以同时通过流场中的奇异点。

1.4.3　等风速线分析

等风速线分析就是风速标量分析。等风速线分布和流线之间存在着一定的关系(图 1-4-11)。

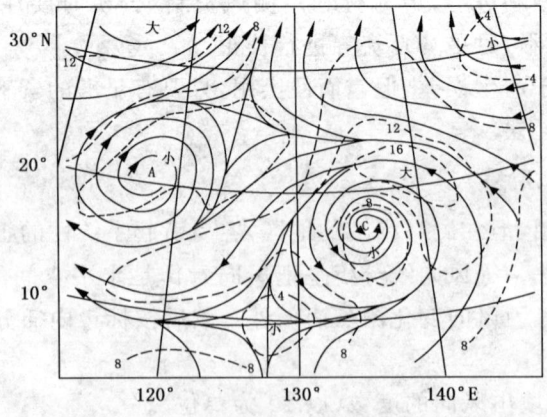

图 1-4-11　流线(矢线)-等风速线(虚线)图

(1) 大风速区通常为长条形,位于每一束流线的中部;而在宽广的相对均匀的气流中,最大风速多出现在气流曲率较小的地区。

(2) 在奇异点上风速为零,奇异点附近为最小风速区。在流线曲率很大的地区(例如气旋性或反气旋性流线的顶部),风速通常很小。

(3) 最小风速区常沿辐合辐散气流之间的渐近线伸得很长,而在中性点附近,数值很小的等风速线常呈椭圆形,离中性点较远的等风速线常沿渐近线向外延伸,呈四星型,四个星尖正好在渐近线上。

等风速线的绘制方法和其他等值线是一样的,图1-4-11就是一张绘制好的流线-等风速线图。

1.5 辅助图表的制作

在天气分析中,常用的辅助天气图有温度—对数压力图、剖面图、等熵面图、变温、变压、变高图,以及降水量图和高空风分析图等,这里只对剖面图和等熵面图作一简要的介绍。

1.5.1 剖面图的制作

剖面图有两种,即空间垂直剖面图和时间垂直剖面图。空间垂直剖面图取水平方向(即剖线)为横坐标,以高度或气压的对数为纵坐标。在需要较详细地分析某一天气系统或某一地带的天气情况时制作。时间垂直剖面图是以时间作横坐标,以高度或气压的对数作纵坐标,用来了解某一点(测站)上空一些气象要素随时间的连续变化情况。

1.5.1.1 空间垂直剖面图的制作

(1) 剖线的选择

制作剖面图,首先要选好剖线——垂直剖面与海平面的交线。剖线的选择一般考虑以下两点来确定:

1) 根据任务的需要。例如,为了研究某一天气系统的空间结构,可使剖线与该天气系统或天气现象分布带相交。又例如,在保障航线飞行中,为了详细地表示航线上的天气情况,以航线为剖线,制作航线垂直剖面图。

2) 根据测站的分布。所选剖线上应有较多的测站。当测站密度不能满足要求时,可将剖线两侧距离较近(一般不超过300 km)的测站投影到剖线上。投影时常用垂直投影的方法,也可沿等压面上等温线或等高线方向投影到剖线上。

(2) 剖面图的制作方法

通常用专用底图绘制剖面图,也可采用毫米方格图。剖面以气压的对数为纵轴

(标数仍为气压),横轴上按所取的比例标注水平距离。剖面的方向通常按如下规定:当剖面是经向或接近经向时,将北方定在图纸的左边,南方定在图纸的右边;当剖线是纬向或接近纬向时,将西方定在图纸的左边,东方定在图纸的右边。然后按上述方向,以所定的比例确定剖线上各测站在横轴上的位置,在各测站位置的上方画一垂线,填写各高度上的气象要素值,在下方标出各测站的地名,并填上当时的地面观测记录。所取剖面上地形较复杂时,还应将地形绘出。

(3)分析内容和方法

剖面图上分析的内容根据制图目的而定。通常主要分析温度场,并确定出锋区、逆温层和对流层顶。一般只在需要时才分析湿度场和风场。

1)温度场的分析

在剖面图上要分析等温线和等位温线,或等温线和等假相当位温线。

等温线通常每隔5℃用红色铅笔绘成实线;等位温线或等假相当位温线每隔5 K用黑色铅笔绘成实线。等温线、等位温线或等假相当位温线的高值区中心,用红色铅笔标注"N"字,低值区中心,用蓝色铅笔标注"L"字。

在对流层中,通常气温是随高度降低的,而位温是随高度升高的,等温线和等位温线的凹凸情况一般是相反的(图1-5-1)。所以,通过对等温线和等位温线的分析,可以了解冷、暖气团的分布。在暖气团内,等温线是向上凸的,而等位温线是下凹的,在冷气团则相反。

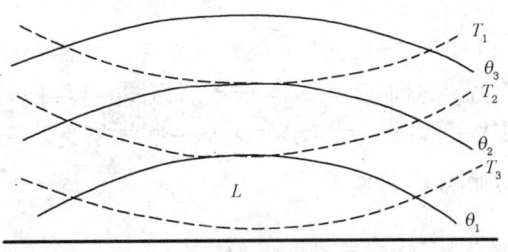

图 1-5-1　冷中心区等温线与等位温线分布图

根据等温线和等位温线的分布,还能直接判定大气稳定度。当 $\dfrac{dT}{dz}>0$ 或很稀疏时,表示大气是稳定的,当 $\dfrac{dT}{dz}<0$,并且等温线很密集时,表示气层的稳定度小或不稳定;在垂直方向上等位温线密集时,层结稳定度大;等位温线稀疏时,层结稳定度小。若等位温线呈铅直方向分布,则说明在该气层中位温随高度是不变的,即 $\dfrac{d\theta}{dz}=0$,或 $\gamma=\gamma_d$(由 $\theta=T\left(\dfrac{1000}{p}\right)^{AR/c_p}$ 取对数,两边对 z 微分则:$\dfrac{1}{\theta}\dfrac{\delta\theta}{\delta z}=\dfrac{1}{T}\dfrac{\delta T}{\delta z}-\dfrac{AR}{c_P}\dfrac{1}{P}\dfrac{\delta P}{\delta z}$,

将静力学方程和状态方程代入,并考虑 $\frac{\delta \theta}{\delta z}=0$ 则 $\frac{\delta T}{\delta z}=-\frac{AR}{c_P}$ 即 $\gamma = \gamma_d$)。

在有凝结降水发生时,位温就失去了保守性,可以改绘等假相当位温(θ_{se})线来代替等位温线,当 $\frac{\delta \theta_{se}}{\delta z}<0$ 时,大气为对流性不稳定,$\frac{\delta \theta_{se}}{\delta z}>0$ 时,大气为对流性稳定。等 θ_{se} 线自地面向上伸展的高值区,多为空气的上升运动区;自上空指向低层的舌状高值区,多为空气下沉运动区。

锋区是一个倾斜的稳定层,在分析了等温线和等位温线(或等 θ_{se} 线)后,确定锋区并不困难。在锋区处,等温线接近垂直,而等位温线或等 θ_{se} 线明显密集而与锋区接近平行(图 1-5-2)。有时等位温线或等 θ_{se} 线与锋的上、下界面不完全平行,这是由于空气的非绝热加热过程使位温失去保守性所致。在绘有等 θ_{se} 线的剖面上,锋区附近除 θ_{se} 线明显密集外,在锋区上界,由于暖空气一般有上升运动,所以等 θ_{se} 线普遍有自地面向上伸展的舌状高值区出现(图 1-5-3)。

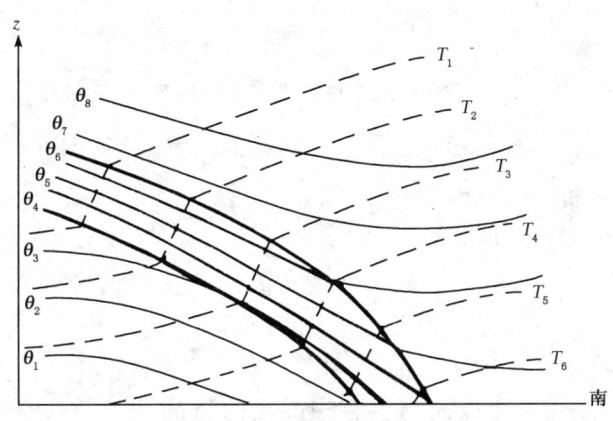

图 1-5-2 锋面附近等温线和等位温线分布

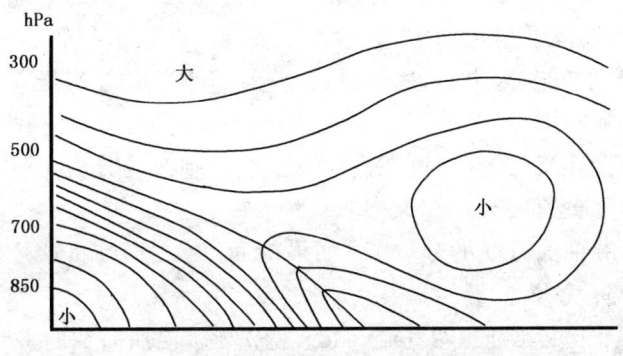

图 1-5-3 锋面附近 θ_{se} 分布示意图

对流层顶也是一个强大的稳定层,在对流层顶处,等温线接近垂直,等位温线则明显密集,等温线通过对流层顶时,有明显的弯曲。对流层顶位于等温线有明显向上弯曲的冷温槽内,或位于等θ线(或等θ_{se}线)突然密集的地方,并且通常和等θ线或等θ_{se}线大致平行(图1-5-4)。

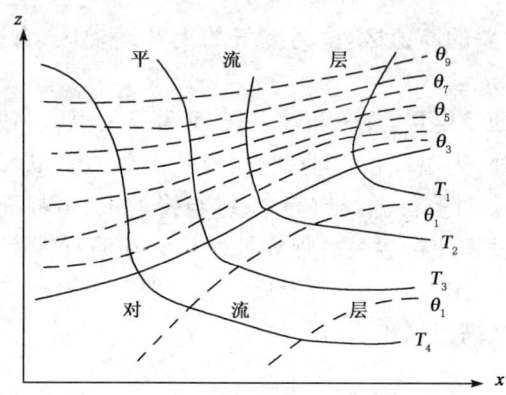

图 1-5-4 对流层附近的等温线和等位温线

对流层顶用紫色铅笔绘成实线,不明显的对流层顶绘成断线。

2)湿度场的分析

剖面图上的湿度场,通常借等比湿线的分布表示之。等比湿线用紫色铅笔绘成细线,其数值的序列是 0.5,1,2,4,6,8,10…g/kg。在高值区中心,用紫色铅笔标注"湿"字;在低值区中心,用紫色铅笔标注"干"字。

3)流场的分析

根据需要,剖面图上可以绘制垂直于剖线的风的分速或该剖面上的垂直环流。如在经向剖面图上,那么就分析纬向风分量,西风为正,东风为负;若在纬向剖面图上,那么就分析经向风分量,南风为正,北风为负。剖面图上的等风速线,用黑色铅笔绘成实线,其数值间隔视情况而定,一般为 5 m/s。在最大风速区中心,用黑色铅笔标注"大"字,在最小风速区中心,用黑色铅笔标注"小"字,并将最大、最小风速值分别填入下方。急流中心用"J"表示。

为了了解垂直环流的情况,可在剖面图上作二维流场分析,具体作法如下:

计算各层的垂直速度 w;

求出实测风沿剖面方向的分量 V_s,如果剖面沿经圈方向,这个分量就是 v;如果剖面是沿纬圈方向,这个分量就是 u;

如果要在剖面上求二维相对气流,那么,就先要求出所研究的主要天气系统的移速 $\vec{C}$,并求出其沿剖面方向的分量 C_s,然后求出空气相对于天气系统的速度 $(V_s - C_s)$;

按平行四边形法求剖面上各站点(或各标点)上空各层水平风速(或相对风速)和垂直速度的合成矢量。但因垂直速度的量级一般为 $10^{-2} \sim 10^{-1}$ m/s,而水平风速的量级为 $10^0 \sim 10^1$ m/s,因此,在作两个矢量合成时,可将垂直速度适当放大(放大倍数视具体情况而定)。

最后,根据求出的合成矢量分析流线,它表示在所求取的那个剖面上空气二维运动的图象。

1.5.1.2 时间垂直剖面图

时间垂直剖面图以纵坐标表示高度或气压的对数,以横坐标表示时间,时距可根据需要和观测资料的多少而定。为了便于分析系统的过境时间,时间坐标的方向,通常根据天气系统的移动方向来选择:对于天气系统是自西向东移动的,剖面图的起始时间应列在右端,时间从右向左推进(图 1-5-5);对于天气系统主要自东向西移动的,起始时间应列在左端,时间从左向右推进。这样,在剖面图上分析出来的系统,可与等压面图上的系统对照。例如,等压面图上西风槽前为西南风,槽后为西北风,剖面图上槽线前后风的分布也是如此。图上,各个时间所填写的气象要素和分析项目可以根据工作需要来选择,常用的有温度、湿度、风、气压(或位势高度)等。为了便于比较,对于气温、气压和湿度等要素可绘成等值线。

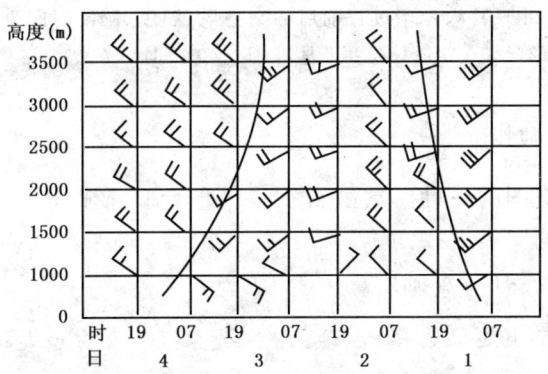

图 1-5-5 高空风时间垂直剖面图

时间垂直剖面图,虽然不能表示同一时刻某一垂直剖面上的大气状况,但能表示某一测站上空大气状态随时间变化的情况。特别在研究某一天气过程经过某一测站所引起的天气变化时,它是一个很好的工具。

图 1-5-5 是高空风时间垂直剖面图。从图上各层风随时间的变化,可以分析出两条高空槽线过境。时间剖面图上的槽(脊)线,虽然只是反映槽(脊)在测站上空不同高度上过境的时间,但在某种程度上也反映了系统的空间结构。例如,图中右边一

条槽线,较低层槽线先过境,较上层槽线后过境,说明这个槽是随高度升高向后倾斜的。图中左边的一条槽线则是随高度向前倾斜的。

图 1-5-6 是 1973 年 7 月 2 日北京出现特大暴雨过程前后的高空风、湿度、温度的综合时间垂直剖面图。它反映了北京地区上空出现大暴雨前后温、湿及风的变化情况,对于分析这次大暴雨产生和维持的机制,提供了有效的工具。

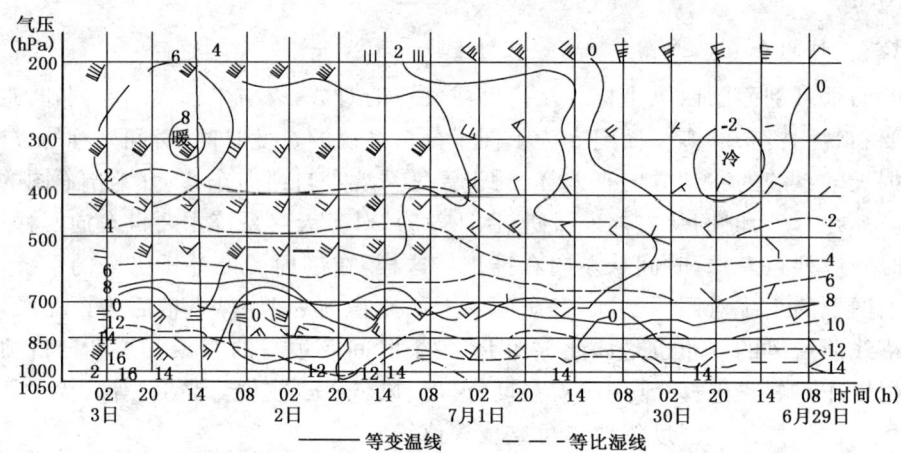

图 1-5-6 北京特大暴雨过程前后的高空风、温度、湿度时间垂直剖面图
(1973 年 6 月 29 日—7 月 3 日)

1.5.2 等熵面图的制作

等熵面图是高空图的一种。它虽然不是气象台日常业务工作的主要图表,但在研究工作中是常用的图表之一。

1.5.2.1 等熵面图分析的原理

熵(S),在物理学上定义为:

$$dS = \frac{dQ}{T}$$

因为热力学第一定律可写成:

$$dQ = c_p T_d \ln\theta$$

因此有:

$$S = c_p \ln\theta + 常数$$

可见熵与位温(θ)成正比。所以等熵面也就是等位温面。空气质点在干绝热过程中上升和下降,它的位温或熵是不变的,也就是说,空气质点的运动不能离开原来的等熵面。在短时天气过程中,若无凝结降水发生,大致是干绝热的,故用等熵面来分析空气的三维运动必有其方便之处。

在未饱和绝热过程中比湿是保守的,因此,在等熵面图上,某根等比湿线始终是由同样一些空气质点所组成。于是根据前后不同时间的等熵面图上等比湿线的移动,就可以知道组成这些等比湿线的空气质点的运动情况。若在等熵面图上再画上流线,即可在当时的等熵面图上估计出具有不同比湿的空气质点的运动趋势。

等熵面图分析的项目,要根据实际需要而定。一般有:等压线、等比湿线或等凝结气压线、等熵流函数等值线或流线等。

1.5.2.2 等熵流函数和流线

等熵面的坡度平均为1/150,等熵面上等压线的分布,不能表示水平气压梯度,气压场和风场没有一一对应的关系,所以,不能用气压场来表示风场。而是用流函数或流线来表示流场。

图1-5-7是 x—z 剖面图。对于气压 p,显然有:

$$p(x、y、\theta、t) = P[x、y、z(x、y、\theta、t)、t]$$

在 x—z 面上求导,则有:

$$\left(\frac{\partial P}{\partial x}\right)_\theta = \frac{\partial P}{\partial z}\left(\frac{\partial z}{\partial x}\right)_\theta + \left(\frac{\partial P}{\partial x}\right)_z$$

式中下标 θ、z 分别表示在等熵面或等高面上取微商。

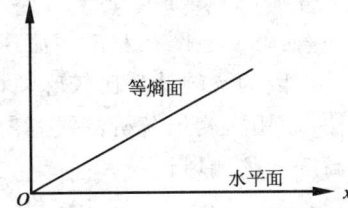

图1-5-7 等熵面与水平面

用静力平衡方程和地转风公式代入上式,整理后得:

$$fv_g = \frac{1}{\rho}\left(\frac{\partial p}{\partial x}\right)_\theta + g\left(\frac{\partial z}{\partial x}\right)_\theta \tag{1-5-1}$$

将位温表示为:

$$\theta = T\left(\frac{1000}{p}\right)^{AR/c_p}$$

两边取对数,并在等熵面上对 x 取微商,有:

$$\frac{1}{\theta}\left(\frac{\partial \theta}{\partial x}\right)_\theta = \frac{1}{T}\left(\frac{\partial T}{\partial x}\right)_\theta - \frac{AR}{c_p P}\left(\frac{\partial P}{\partial x}\right)_\theta$$

在等熵面上,$\left(\frac{\partial \theta}{\partial x}\right)_\theta = 0$,所以:

$$\frac{1}{\rho}\left(\frac{\partial P}{\partial x}\right)_\theta = Jc_p\left(\frac{\partial T}{\partial x}\right)_\theta$$

$J = \frac{1}{A}$,所以式(1-5-1)可写成:

$$fv_g = -\frac{\partial}{\partial x}(Jc_p T + gz)$$

同理有:

$$fu_g = -\frac{\partial}{\partial y}(Jc_p T + gz)$$

令:

$$\phi = Jc_p T + gz$$

为等熵流函数,于是有:

$$\begin{cases} u_g = -\frac{1}{f}\left(\frac{\partial \phi}{\partial y}\right)_\theta \\ v_g = \frac{1}{f}\left(\frac{\partial \phi}{\partial x}\right)_\theta \end{cases} \tag{1-5-2}$$

这就是等熵面上的地转风公式。在等熵面图上,分析等 ϕ 线,它和地转风的关系有如等压面图上等高线和地转风关系。只要知道等熵面的高度 z 及气温 T,即可求出等熵流函数值。从式(1-5-2)可知,等 ϕ 线和风向平行,背气流方向而立,高 ϕ 值区在右,低 ϕ 值区在左。气流速度的大小与等 ϕ 线的疏密成正比。

因为 ϕ 的计算比较麻烦,所以在测风记录比较多时,不采用计算等熵流函数的方法,而用实测风分析流线。需要注意,等熵面图上所填的测风记录,应是等熵面所在高度上的测风记录。

1.5.2.3 等熵面图的等压线

等熵面是呈倾斜状态的曲面,等熵面上等压线是等熵面与一组等压面的交线。和等熵面的坡度比较起来,等压面的坡度是很小的,在准静力平衡条件下是个水平面,所以,等熵面图上等压线的分布一般反映了等熵面在空间的起伏形势。

根据位温公式,等熵面图的等压线上,θ 和 p 都是常数,因此,T 也是常数。也就是说等熵面上的等压线也是等温线。因为气压向上降低,所以,等熵面图上的高压区是等熵面高度较低的高温区,相反,低压区是等熵面高度较高的低温区。等压线密集的地区即是锋区。在对流层中,大气温度的分布,一般南方高,北方低,所以等熵面一般是由南向北升高的。另外,根据状态方程,等熵面上的等压线也是等密度线或等比容线。

1.5.2.4 等凝结气压线

等熵面上湿度分布的情况可用等比湿线、等混合比线和等凝结气压线表示。其中等凝结气压线用得最多。

等熵面上某点的凝结气压值是该点空气干绝热上升到凝结高度的气压。很显然凝结气压都小于(最多是等于)该点的气压。于是由凝结气压和气压的差值,便可以看出等熵面上相对湿度的大小。因此,在等熵面图上,根据等压线和等凝结气压线的分布,可以看出各处空气的饱和程度。气压和凝结气压相等的区域,就是空气达到饱和有凝结现象的云区和降水区。

1.5.2.5 等熵面图的应用

(1) 分析空气的三维运动

空气在干绝热过程中是沿等熵面运动的。根据等熵面的风和等熵面的移速(一般用系统的移速代替)的向量差分析流线,则表示空气相对于等熵面的运动。在等熵面图上,等比湿线和流线配合可以看出空气质点在等熵面上的运动趋势。流线和等压面相交时,能反映冷、暖平流和上升、下降运动。当空气由等压线的高值区向低值区流动时,说明有暖平流,空气上坡;反之,若空气由等压线的低值区向高值区流动时,说明有冷平流,空气下坡。

因为,空气相对等熵面的速度计算比较麻烦,所以工作中常用实测风分析流线,也可以大致反映空气的三维运动。

(2) 云和降水的分析预报

云和降水,主要出现在等熵面上湿舌的区域,尤其是湿舌的前方及左前方。如等熵面选择得当,常可以在这些区域发现凝结气压和气压相等的现象。由这些区域在等熵面图上的移动趋势,可以推测未来可能产生凝结降水的区域。根据湿舌中空气的上升和下降运动,还可以判断凝结及降水的发展趋势。

(3) 锋生锋消的分析

等熵面图上等压线的疏密程度不仅能反映等熵面坡度的大小,而且还近似地反映了水平温度梯度的大小和有否锋区存在。在等熵面图上,等压线明显密集的地区,一般也即是锋区所在。根据连续几张等熵面图上等压线疏密程度的变化可以判断大气中的锋生、锋消现象。

1.5.2.6 等熵面图制作步骤

(1) 选择适当的等熵面

一般要求所选的等熵面比较平缓,它在空间的形势对邻近其他等熵面有代表性。在我国,一般取 290 K 到 330 K 之间的等位温面。冬季取较低值,夏季取较高值。

(2) 在温度—对数压力图上点出各站的层结曲线,求出所选等熵面的高度(以气压表示)以及该高度的风和表征湿度的量。若要计算等熵流函数,则要求出等熵面的高度值(Z)及温度值(T)。

(3) 把求出的等熵面资料填在天气图底图上,根据需要分析等压线,流线和湿度等值线,勾出饱和区。

(4) 如果要分析相对流线,则需先根据各站等熵面高度上的实测风和等熵面的移速求出相对风。

等熵面在实用中虽然有很多优点,但应注意由于大气中的非干绝热过程如辐射、热传导、湍流和凝结、蒸发等,都能改变空气质点的熵或位温,特别是有大规模的凝结现象发生时,就失去了等熵面分析的基本意义。

实习与练习

实习一　等值线初步分析
(1)目的要求:初步掌握等值线的分析方法
(2)实习内容
　　1)绘制东亚海平面气压场图三张,最后一张加绘等变压线。
　　2)绘制同一时间850、700、500 hPa等压面图三张。
　　3)用直接法绘制850 hPa流线图一张(可放在与实习七配合实习)。
　　4)分析垂直剖面图一张(可放在与实习四配合实习)。
(3)历史天气图读图练习
(4)参考资料:地面图一张

第 2 章　诊断分析

诊断分析是用大尺度场资料,用适当的热力学和动力学方程对研究的现象进行计算,来达到做出定量解释的目的。

通过诊断分析,可以加深我们对天气系统静力结构和动力结构的认识与理解,发现新的特点和规律。通过计算诊断量,结合动力学方程可以对系统发生、发展及演变的机理和规律进行动力学分析,也可以对主观分析结果进行验证、补充和完善。天气学中很多天气系统的概念模式都是通过诊断分析得到的。

2.1　资料的处理和质量控制

在进行诊断计算之前,必须将收集到的基本资料进行处理,剔出错误的资料或代表性差的资料,否则计算的结果就可能产生大的偏差或失去代表性。

2.1.1　资料的误差来源

不了解所收集的资料中可能包含一些什么误差以及这些误差可能对计算精度产生什么样的影响,得出的诊断分析结果就可能是不可靠的。判断、辨别、筛选收集到的各种资料,剔出其中错误的或代表性差的记录是诊断分析前必须做的准备工作之一。

2.1.1.1　观测误差和错误记录

对于诊断分析结果来说,误差的来源可以分为两类:观测资料的误差和计算误差。观测资料的误差可分系统性误差和偶然性误差两类,其中以偶然性误差最为常见。

系统性误差是由于观测仪器的自身误差,仪器安装不符合标准,订正公式或换算图表的误差等原因造成。系统性误差应由国家气象业务部门来统一订正。但由于诊断分析的范围较大,不同国家仪器型号不同也会带来系统性误差,例如印巴地区等压面高度探测记录系统性偏低,这使高度场的分析在地理边界附近产生不连续,在诊断分析前必须加以修正。

偶然性误差是由于观测仪器的自身精度,观测人员、观测时间、观测地点差异等偶然因素导致的误差。偶然性误差用统计方法估计各种误差的量级。表 2-1-1 给出了探空资料的误差量级。风向的偶然误差与风速有关。风速 40 m/s 时,风向误差在 5°以内,风速 20~30 m/s 时,300 hPa 以上风向误差在 10°左右,500 hPa 以下在 5°以内,风速在 10 m/s 以下时,300 hPa 以上风向误差为 23°,500 hPa 以下风向误差 3°~10°。可见,误差是随高度增大的,一般在 500 hPa 以下资料的精度较高,而使用 300 hPa 以上资料时,由于其精度下降,要特别小心。

不同观测方法其统计误差的量级不同,在融合不同资料进行诊断分析时,必须考虑资料的误差来源,优先使用探测精度高的资料。

表 2-1-1 探空资料的偶然性误差统计

项目 气压(hPa)	风速 (m/s)	高度 (gpm)	温度 (℃)	湿度 (%)
850	0.7	5	0.4~0.5	≤20
700	1.6	9		
500	—	11		
300	5.2	22	0.5~1.0	>20
200				
100	—	42		

错误记录主要是由于观探测、订正与查算、编码等过程中的人为错误,以及信息传输过程中各种原因所产生的偏差。错误记录偏差可能很大,甚至与原物理量有量级的差异。这种记录必须剔除,否则将严重影响诊断的结果。

2.1.1.2 计算误差

诊断分析中由微分改为差分,进行插值、平滑、拟合等处理过程而发生的误差,可统称为计算误差。采用不同的差分格式、平滑算子、拟合函数,其误差大小也不相同。因而在采用各种差分方案计算时,需要分析各种方案导致的计算误差大小。此外,误差是随着微分计算次数增加而放大的,每一次微分运算都会使原始资料的误差增长一次。因而,要尽量避免高次微分运算。

2.1.2 资料质量控制

错误记录和代表性差的记录,会导致很大的诊断量计算的偏差,所以在进行诊断量计算之前,必须剔除这部分记录,这个过程就是资料质量控制。主观分析时,常通过比较法来进行资料检误,直接从天气图上分析判断,而客观分析一般使用原始的信息化资料,所以必须通过某种算法来剔除错误记录。下面就简要介绍几种常用的资料质量控制方法。

2.1.2.1 气候极值检查

气象要素的变化应在一定范围之内,如海平面气压一般在 940～1080 hPa 之间,在特定季节、特定地理位置其变化范围更小,所以可以给定一个资料变化的上、下限,当实际资料超过给定的上限或低于给定的下限,则判断该资料是错误的或是可疑的,在分析中可以不使用或经过进一步判断后再使用。

一般而言,气候极值在不同层次、不同纬度、不同季节应给以区别。

2.1.2.2 内部一致性检查

根据天气学原理,判断测站各个要素之间的一致性,例如温度与露点的关系,如果露点温度比气温高,则说明该站中的资料至少有一个是错误的。天气现象与风、能见度之间也存在着内在的联系,如果它们之间存在着明显的不一致,则可以判断资料可疑。

2.1.2.3 水平一致性检查

检查测站资料与周围测站资料之间的一致性,过分偏高或偏低都可能是错误的。具体的检查方法是:如果检查某个测站的一个要素,以该测站为中心,一定半径作圆,用圆区域内其他测站的该要素值进行加权平均,将加权平均值与测站值比较,得到差值。判断差值的绝对值是否偏大,如果该差值超过给定的误差允许范围,则标记该测站的这个要素可疑。由于一次扫描无法直接判定是被检查测站的资料问题,还是圆区域内其他测站的问题,所以,一般不在第一次检查时就将该资料剔除,而是先做标记,在二次扫描时不用该资料检查其他测站。如果用于判断的全部测站被确定是可信的,则判断结果也是可信的,这时判断有问题的资料就可以进行剔除。所以在水平一致性检查中,一般要进行两次或两次以上的扫描。

检查的判据可以根据资料的类型、高度、季节、检查时设置的半径大小等因素来确定。

2.1.2.4 背景场一致性检查

背景场一般使用数值预报场,数值预报的准确率越来越高,所以背景场与实况的差异相对越来越小,在检查资料的可信度时就可以使用背景场来检查。具体的做法是:将数值预报场用双线性插值方法插到观测站点上,比较实际观测值与背景场值的插值,若两者之差超过给定的标准,则认为此资料错误或可疑,其中标准的设定与水平一致性检查类似。

这种检查对资料稀少地区而言是非常有用的。比如海洋上,没有更多的资料进行水平一致性检查,背景场一致性检查容易实现。

2.1.2.5 垂直一致性检查

垂直一致性检查通过气象资料在垂直方向上的相关关系对资料质量进行检查。常用的检查有：$\ln P$ 线性插值检查，静力平衡关系检查，非标准层资料检查，逆温检查等。

除了上述资料质量控制方法之外，有时也进行仪器积冰检查、地转关系检查，时间一致性检查。

2.2 客观分析

在进行诊断量计算时，通常要将空间导数转化为空间差分进行计算。所以，诊断分析首先要确定计算网格和差分格式，然后，进行客观分析。所谓客观分析就是将不规则离散分布的观测资料，通过某种数学方法插值到计算网格上。下面，首先介绍计算网格和差分格式。

2.2.1 计算网格和差分格式

2.2.1.1 计算网格的选取

通常使用的计算网格有正方形网格和经纬度网格两种。在计算范围不是很大时，多采用正方形网格，而计算范围较大时，多采用经纬度网格。

网格的大小由资料的密度和所研究的系统的尺度而定。例如平均 100 km 左右有一个记录时，取网格距在 100 km 以下是没有意义的。天气尺度的诊断分析，一般格距取为 200～300 km 或 2～3 纬距，这样最小可分辨尺度为 500～600 km，小于这个波长的扰动不再出现。

选取计算网格时，注意把研究系统置于计算区的中心，正方形的上、下、左、右边界与通过中心的经纬线平行(图 2-2-1)。

2.2.1.2 简单的差分格式及其误差分析

(1) 一阶导数的差分格式

中央差：$\dfrac{\partial F}{\partial x} = \dfrac{F(x+\Delta x) - F(x-\Delta x)}{2\Delta x} = \dfrac{1}{2d}(f_{i+1,j} - f_{i-1,j})$ (2-2-1)

中央差精度较高，误差量级为 $O(\Delta x^2)$，所以在网格区域内部的差分一般均采用该方案。设网格格距为 d，网格格点分布，参看图 2-2-1(下同)。

前差：$\dfrac{\partial F}{\partial x} = \dfrac{F(x+\Delta x, y) - F(x, y)}{\Delta x} = \dfrac{1}{d}(f_{i+1,j} - f_{i,j})$ (2-2-2)

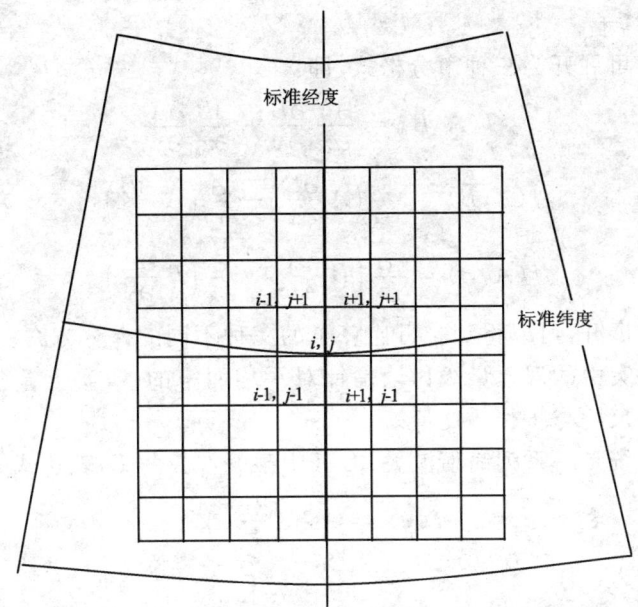

图 2-2-1 兰勃托投影下正方形网格示意图

前差误差量级为 $O(\Delta x)$,在区域左边界(x 方向的空间导数)和区域下边界(y 方向的空间导数)使用。

后差:$\dfrac{\partial F}{\partial x} = \dfrac{F(x,y) - F(x - \Delta x, y)}{\Delta x} = \dfrac{1}{d}(f_{i,j} - f_{i-1,j})$ (2-2-3)

后差误差量级为 $O(\Delta x)$,在区域右边界(x 方向的空间导数)和区域上边界(y 方向的空间导数)使用。

(2)二阶导数的差分方案

$$\dfrac{\partial^2 f}{\partial x^2} \approx \dfrac{f(x+\Delta x, y) - 2f(x,y) + f(x-\Delta x, y)}{\Delta x^2} = \dfrac{1}{d^2}(f_{i+1,j} - 2f_{i,j} + f_{i-1,j})$$
(2-2-4)

其误差的量级是 $O(\Delta x^2)$。

(3)拉普拉斯算子

拉普拉斯算子 ∇^2 有二种五点差分格式和一种九点差分格式,其误差量级都是 $O(\Delta x^2)$,在 $\Delta x = \Delta y = d$ 时,我们写出二种五点格式。

$$\nabla^2 f_{i,j} \approx \dfrac{1}{d^2}(f_{i,j+1} + f_{i,j-1} + f_{i+1,j} + f_{i-1,j} - 4f_{i,j})$$ (2-2-5)

$$\nabla^2 f_{i,j} \approx \dfrac{1}{2d^2}(f_{i+1,j+1} + f_{i+1,j-1} + f_{i-1,j+1} + f_{i-1,j-1} - 4f_{i,j})$$ (2-2-6)

(4) 雅可比算子

雅可比算子可展开为三种微分格式，即：

$$J(A,B) = \frac{\partial A}{\partial x}\frac{\partial B}{\partial y} - \frac{\partial B}{\partial x}\frac{\partial A}{\partial y} \qquad (2\text{-}2\text{-}7)$$

$$J(A,B) = \frac{\partial}{\partial x}\left(A\frac{\partial B}{\partial y}\right) - \frac{\partial}{\partial y}\left(A\frac{\partial B}{\partial x}\right) \qquad (2\text{-}2\text{-}8)$$

$$J(A,B) = \frac{\partial}{\partial y}\left(B\frac{\partial A}{\partial x}\right) - \frac{\partial}{\partial x}\left(B\frac{\partial A}{\partial y}\right) \qquad (2\text{-}2\text{-}9)$$

将上面三式展开，可以得到雅可比算子的三种不同的差分方案。

上述差分方案中的误差量级讨论是针对平均而言的，事实上差分的误差还依赖于所研究系统的尺度与步长的比值。

设所研究系统是一系列简谐波叠加，其中某一波长为 L，表达式为：

$$f(x) = A\sin\left(\frac{2\pi}{L}x\right) \qquad (2\text{-}2\text{-}10)$$

则一阶微分为：

$$\frac{\mathrm{d}f(x)}{\mathrm{d}x} = A\frac{2\pi}{L}\cos\left(\frac{2\pi}{L}x\right) \qquad (2\text{-}2\text{-}11)$$

用中央差分表示的一阶差商为：

$$\begin{aligned}\frac{\Delta f(x)}{\Delta x} &= A\frac{\sin\left[\frac{2\pi}{L}(x+\Delta x)\right] - \sin\left[\frac{2\pi}{L}(x-\Delta x)\right]}{2\Delta x} \\ &= \left(A\frac{2\pi}{L}\cos\frac{2\pi}{L}x\right)\cdot\frac{\sin\frac{2\pi}{L}\Delta x}{\frac{2\pi}{L}\Delta x}\end{aligned} \qquad (2\text{-}2\text{-}12)$$

两式相比，并取极限：

$$\lim_{\frac{\Delta x}{L}\to 0}\frac{\sin\frac{2\pi}{L}\Delta x}{\frac{2\pi}{L}\Delta x} = 1 \qquad (2\text{-}2\text{-}13)$$

可见，$\Delta x/L$ 愈小，差分愈近似，一般 $L \geqslant 10\Delta x$ 时，中央差分已相当精确，但当 $L \leqslant 2\Delta x$ 时，差分结果很差，特别当 $L = 2\Delta x$ 时，有限差分永远为零。所以在一般诊断分析中，2 倍格距波（即波长为所取网格的 2 倍）为不可分辨最大尺度，是不能在这种网格中出现的。

2.2.2 客观分析方法

客观分析目的就是将观测资料转换为计算格点资料，采用的方法是插值。由于数学上的插值方法很多,所以客观分析的方法也很多。如线性插值、有限元插值、逐步订正、统计最优插值等。

下面主要介绍几种常用的客观分析方法。

2.2.2.1 线性内插

线性插值是假定气象场的分布是线性的,这样,可以用已知观测量,根据线性公式求取网格点上气象场分布。

即任意网格 i,j 上的要素值 $\overline{F}(i,j)$ 为:

$$\overline{F}(i,j) = \sum_{l=1}^{m} W_l F_l \tag{2-2-14}$$

式中 l 为观测资料序号,$l=1,2,\cdots,m$。F_l 是第 l 个观测站的观测值,W_l 则为该站相应的权重函数,对于线性内插来说,权重函数可有多种形式,但它们应满足下列要求:

(1)它应是距插值点 (i,j) 距离 r 的简单解析函数,它随 r 减小而增大,但当 $r \to 0$ 时不会变为无穷大。

(2)对每个插值点,权重函数之和应等于 1。

如下式就是满足条件的一种权重形式:

$$W_l = \frac{(d-r_l)^2}{\sum_{l=1}^{m}(d-r_l)^2} \tag{2-2-15}$$

式中 r_l 是第 l 个资料距分析格点的距离,d 是分析半径,当 $r_l \geqslant d$ 时,W_l 取为零。

线性插值的分析方法简单易行,但分析精度相对较低,权重的选取和分析半径的大小,对分析结果有较大的影响。

2.2.2.2 逐步订正法

(1)基本原理

如流程图 2-2-2 所示,选择一个背景场(或称预备场),将背景场插值到观测站上,计算插值结果与观测资料的差值,得到站点的差值场,判断差值的误差是否符合精度要求,若不符合,使用站点的误差场线性插值对背景场进行订正,订正后的背景场再插值到观测站点上,计算插值结果与观测资料的差值,得到新点的差值场,再判断差值的误差是否符合精度要求,若不符合,继续重复该过程,直到符合预先给定的精度要求为止。

(2)技术问题

要在计算机中实现该过程,有些技术问题是必须解决的,而这些技术问题的解决好坏,直接影响分析的效果。

1)背景场的选取

逐步订正应选择一个背景场,背景场与观测场的误差越小,逐步订正的收敛速度

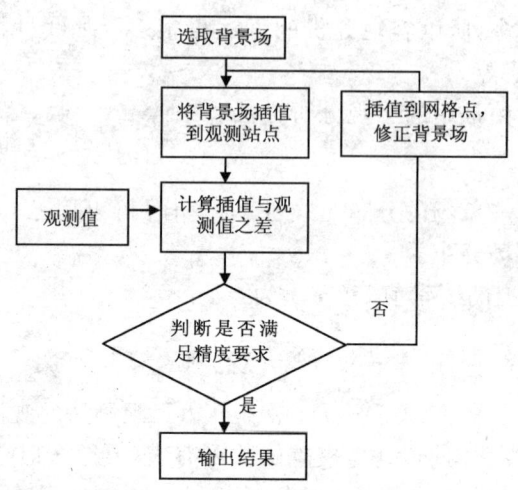

图 2-2-2 逐步订正法流程图

越快,而且在资料稀少或无资料地区(如海洋或高原地区),难以通过逐步订正对背景场进行修正,所以背景场将直接成为分析场,如果背景场与实际要素场差异较大,容易在海岸线或高原的边缘产生较大的梯度,产生虚假的密集等值线。所以选择一个合适的背景场是必要的。

背景场一般是格点场,可以选择平均场、气候场(月平均、季节平均场等)、数值预报场等。

2)插值方法的选取

在逐步订正方案中,涉及两类插值。一类是将网格点(背景场)插值到观测站点,一类是将站点资料插值到网格点上。

将资料从格点插值到站点上可以用双线性插值来实现。由站点插值到网格点上,采用线性插值方法:

$$F(i,j) = \sum_{k=1}^{K} w_k F_k / \sum_{k=1}^{K} w_k \qquad (2\text{-}2\text{-}16)$$

式中 w_k 是第 k 个格点在 (i,j) 格点分析中的权重。K 是参与 (i,j) 格点分析的测站总数。

3)权重的确定

权重反映测站对格点分析影响的大小,权重越大,说明测站要素值对格点分析的影响越大。一般而言,距离格点越近的测站对格点影响越大,所以权重就应该越大。根据这一思路可以设计出各种不同的权重,常用的是 Cressman 权重。

$$\begin{cases} w_k = \dfrac{R^2 - r_k^2}{R^2 + r_k^2} & r_k \leqslant R \\ w_k = 0 & r_k > R \end{cases} \qquad (2\text{-}2\text{-}17)$$

式中 R 为分析半径，r_k 为第 k 个站点到 (i,j) 格点的距离。

4) 分析半径和测站数目的确定

分析半径和参与分析的测站数目是分析中两个重要的参数，它们对于分析精度，分析收敛速度等都有重要影响。如分析半径越大，平滑作用越强，分析使大尺度系统的强度减弱作用越大，对中小尺度扰动的过滤作用越强，但收敛速度慢，甚至对给定的精度可能不收敛，容易导致分析程序的"死循环"；分析半径小，收敛快，但中小尺度扰动不易过滤，参与分析的测站数目少，甚至会出现无测站的情况。所以在分析时，必须选择合适的分析半径和分析测站数目，使得分析效果达到最优。

分析半径和参与分析的测站数目是两个相互关联的参数，确定其中一个，另一个也大体确定了。具体确定方法有三种：①确定分析半径，参与分析的测站数目由分析半径确定。这种确定方法最大的问题是在资料密度分布差异较大时，有些格点的分析测站数非常多，有些却非常少，甚至没有；②确定参与分析的测站数目，分析半径由分析的测站数目来确定。如每个格点分析时，都使用五个站点资料，分析半径确定在第五和第六个测站的平均位置处，这种确定方法容易导致分析半径差异过大；③两者结合来确定。给定一个分析半径和一个最低分析测站数，当在分析半径内测站数目超过最低分析测站数时，分析半径不改变，当低于最低分析测站数时，按一定间隔增加分析半径，直至达到最低分析测站数为止。

在分析过程中为了保证分析收敛，可以在分析过程中，逐步减小分析半径。分析半径大时可以保证分析的基本质量，而随着分析半径的减小，收敛的速度会逐渐加快。这样就可以解决分析效果和收敛速度的矛盾。

5) 资料的归一化处理

在分析之前，对观测资料和背景场通常要进行归一化处理。因为许多气象要素的变化量级达不到本身的量级，如地面气压、海平面气压、高层高度场等，经归一化处理后可以减小计算误差的累积。例如可用以下方法进行归一化处理：

$$F'(x,y) = \dfrac{F(x,y) - \overline{F}}{\sqrt{\sum (F(x,y) - \overline{F})^2}} \qquad (2\text{-}2\text{-}18)$$

客观分析针对归一化的物理量场进行，分析结束后再还原成原始格式。

2.2.2.3 统计最优插值

统计最优插值是均方根误差最小条件下的最优线性插值。分为单变量统计最优插值和多变量统计最优插值，下面以单变量统计最优插值为例介绍其基本原理。

(1) 单变量统计最优插值

统计最优插值是线性插值,类似于逐步订正的一次迭代过程,即先选择一个背景场,将背景场插值到站点上,计算插值结果与观测值的差,然后用此差值场去订正背景场。订正时采用的仍然是线性插值,在逐步订正时线性插值的系数是人为给定的,而在统计最优插值中是从统计误差最小的前提下,求出插值系数。

设 F_i^0 为第 i 个测站的观测值,F_i 为真值(是未知的),$e_i = F_i^0 - F_i$ 为观测误差,$\hat{F}_i$ 为背景场插值到第 i 个测站的值。则测站上观测值与插值之间的差为:

$$F_i^0 - \hat{F}_i = F_i + e_i - \hat{F}_i = e_i + f_i \tag{2-2-19}$$

其中 $f_i = F_i - \hat{F}_i$,如果忽略插值的误差,可以看成是背景场误差。

格点的分析值为:

$$F_G^a = \hat{F}_G + \sum_{i=1}^{n} a_i(e_i + f_i) \tag{2-2-20}$$

式中 $\hat{F}_G$ 是格点的背景场值,a_i 是插值系数,如果确定了 a_i,则分析场就可以得到了。余下的就是如何求插值系数使得分析的误差最小。

格点上的分析误差的平方为:

$$e_G^2 = (F_G - F_G^a)^2 = \left[F_G - \hat{F}_G - \sum_{i=1}^{n} a_i(e_i + f_i)\right]^2$$

$$= \left[f_G - \sum_{i=1}^{n} a_i(e_i + f_i)\right]^2 \tag{2-2-21}$$

全场平均误差为:

$$E_G^2 = \overline{\left[f_G - \sum_{i=1}^{n} a_i(e_i + f_i)\right]^2} \tag{2-2-22}$$

在已知观测误差和背景场误差的情况下,要使得 E_G^2 最小,就必须要求:

$$\frac{\partial E_G^2}{\partial a_i} = 0 \quad i = 1, 2, \cdots, n \tag{2-2-23}$$

得到:

$$\sum_{j=1}^{n} (\overline{f_i f_j} + \overline{f_i e_j} + \overline{e_i f_j} + \overline{e_i e_j}) a_j = \overline{f_i f_G} + \overline{e_i f_G} \tag{2-2-24}$$

$i = 1, 2, \cdots, n$ 共有 n 个方程

忽略观测场误差与背景场误差的协方差,则:

$$\sum_{j=1}^{n} (\overline{f_i f_j} + \overline{e_i e_j}) a_j = \overline{f_i f_G} \quad i = 1, 2, \cdots, n \tag{2-2-25}$$

如果知道背景场的协方差和观测场的协方差,则由上式的方程组可以求出 a_i ($i = 1, \cdots, n$),则可以求出分析场。

气象要素场的协方差由于不知道真值难于求出,所以通常假定协方差满足高斯分布,即(以高度场为例):

$$\overline{\delta z_i \delta z_j} = \sigma_z^2 \exp(-\mu_h s^2)/(1+\mu_p q^2) \tag{2-2-26}$$

式中 σ_z^2 是预报误差(或观测误差)方差,$s^2 = (x_i - x_j)^2 + (y_i - y_j)^2$ 是两点之间的距离,$q^2 = (\ln p_i - \ln p_j)$ 是垂直距离。μ_h,μ_p 是常数。可取 $\mu_h = 0.98 \times 10^{-6}$ km,$\mu_p = 5$。

从以上原理可以看出,在统计最优插值中,线性插值的系数是由协方差决定的,协方差越大其权重越大,协方差在(0,1)之间,当协方差为零时,表示两点之间没有相关关系,在分析时,其贡献就为零。另一方面,在确定权重系数时,只考虑距离的关系,与资料本身的数值无关,所以这里的"最优"是统计意义上的最优,并不是对于具体分析而言精度最高。在求系数时,要求解线性方程组,为了保证方程组有解或稳定,要尽量避免资料的重复使用,或两个测站距离过近,也就是说在资料过近时,通常只选择其中一个质量高的资料参与分析。

(2) 多变量统计最优插值

多变量统计最优插值的原理与单变量类似,只是涉及不同要素之间的协方差。

具体公式如下:

$$\sum_{l=1}^{m}\sum_{j=1}^{n_l}(\overline{f_{i,k}f_{j,l}} + \overline{e_{i,k}e_{j,l}})a_{j,l} = \overline{f_{i,k}f_{G,r}} \tag{2-2-27}$$

$$k = 1, 2, \cdots, k; \quad i = 1, 2, \cdots, n_k$$

式中 k 为参与分析的变量数目,n_k 为第 k 种变量的资料数目。比如在分析某个格点的高度时,用了 8 个高度资料,6 个风资料,3 个温度资料。这里就涉及不同要素之间的协方差。如果两个要素之间的协方差为零,在分析时是无法考虑的,比如同一个站点的高度与湿度之间没有什么确定关系,所以在分析高度时,湿度资料没有用处;反之,分析湿度时,高度资料也无法使用。

在气象要素中关系比较密切的是高度场与风场(地转关系),高度场与温度场(静力平衡关系),风场与温度场(热成风关系)。通过地转关系、静力平衡关系,可以求得它们之间的协方差关系,在客观分析时,可以考虑它们之间的相互影响。其协方差关系如下:

东西风与高度的协方差:$\overline{\delta u_i \delta z_j} = -\dfrac{\hat{G}g}{f}\dfrac{\partial}{\partial y_i}\overline{\delta z_i \delta z_j}$ (2-2-28)

高度与温度的协方差:$\overline{\delta z_i \delta T_j} = -\dfrac{g}{R}\dfrac{\partial}{\partial \ln p_j}\overline{\delta z_i \delta z_j}$ (2-2-29)

东西风与温度的协方差:$\dfrac{\hat{G}g^2}{fR}\dfrac{\partial^2}{\partial \ln p_i \partial \ln p_j}\overline{\delta z_i \delta z_j}$ (2-2-30)

其他的协方差可以类似地得到。其中 $\hat{G}$ 是地转偏差参数：

$$\hat{G} = \frac{|\vec{v}|}{|\vec{v}_g|} = 1 - \exp(-0.05|\varphi|) \qquad \varphi \text{ 是纬度} \qquad (2\text{-}2\text{-}31)$$

即 $\hat{G}=1$ 时，表示地转关系是严格维持的，上式表示随着纬度的增加，地转关系维持得较好，在赤道处，地转关系不存在，即风与高度场之间的协方差为零。在协方差关系中忽略了地转参数随纬度的变化。

在多变量统计最优插值中，由于考虑了地转关系、静力平衡关系，所以分析的结果，也能较好地维持地转关系和静力平衡关系，这一点对于诊断分析而言是非常重要的。

2.2.3 平滑与滤波

大气中所发生的扰动可以看成是不同频率和不同振幅简谐波的叠加。这些不同尺度的扰动对天气变化的影响不同，例如大气超长波制约着天气的中长期变化，大气长波和一般短期过程有关，中小尺度天气系统则与雷暴、暴雨等短时的激烈天气相应。这样，为了针对具体研究问题的需要，就产生了平滑与滤波的问题。所谓平滑与滤波就是这样一种过程：通过计算，保留所研究尺度有关的扰动，滤掉那些与研究无关的"噪音"。在 1980 年代以前，研究对象主要是天气尺度过程，一般用平滑的方法进行，所以平滑就是滤波（滤去短波）。近年来，随着中、小尺度的研究以及不同尺度之间相互作用问题研究的进展，因而波动分离方法问题也提出来了。所谓波动分离，就是将某一特定尺度单独分离出来，而滤掉除此之外的所有波动，尺度分离法也是滤波法的一类。

可见，平滑和滤波的问题主要属于基本资料处理的范畴，同时又联系着诊断方法问题，例如尺度的相互作用已不单单是初始资料的处理。为了方便，我们把这一类问题统统归入这一部分。

2.2.3.1 滤波的基本知识

(1) 滤波器的分类

按所处理的资料序列分时间滤波器和空间滤波器两种，前者用于时间序列的过滤，后者用于空间场的过滤。由于时间序列是一维的，所以时间滤波器很容易转用于一维的空间滤波。适当改造后很多也能够转用于二维空间滤波。

按滤波器性能分为：

低通滤波器：经过滤波后保留低频扰动（即大尺度系统）而滤掉高频扰动（中小尺度系统）的滤波器称低通滤波器。

高通滤波器：与低通滤波器相反，保留高频扰动的滤波器称高通滤波器。

带通滤波器:经过滤波后保留某特定波带的滤波器,称带通滤波器,带通滤波器用于特定尺度的分离。

(2)响应函数

滤波后与滤波前场函数的比值 $R(s,n)$

$$R(s,n) = \overline{f}_j / f_j \tag{2-2-32}$$

称为滤波响应函数,$\overline{f}_j$ 和 f_j 分别是经滤波后和未经波滤前的分布函数,响应函数是权重函数 s 和波长 n(以格距为单位)的函数。研究响应函数可以了解滤波器的性能。

2.2.3.2 m 点等权滑动平均及应用

m 点等权滑动平均的滤波算子为:

$$\overline{f}_{jm} = \frac{1}{m} \sum_{i=-\frac{m-1}{2}}^{i=\frac{m-1}{2}} f_{j+i} \tag{2-2-33}$$

式中 $\overline{f}_{jm}$ 为经 m 点平滑后 j 点的函数值,m 为滑动点数(它实际上是一种权重函数)。i 为以 j 为零点的函数序列数。

这种平滑算子主要是一种低通滤波器,最适宜于处理一维序列,故多用于时间滤波。

(1)用于低通滤波

由于诊断分析处理的多是二维的空间场,故使用这种平滑算子的方法有两种:

1)将诊断场的初始资料先进行时间平滑。

例如计算某月 20—22 日每 12 h 一次 850 hPa 的高度场,要滤去 2.5 d 以下的扰动,则需按以下步骤进行平滑:

选取诊断场范围内所有观测点的 19—23 日每 12 h 一次的 850 hPa 的高度场。对计算范围的每个观测点来说,都组成 10 个数的观测资料序列。对所有序列作 5 点滑动平均,即:

$$H_i = \frac{1}{5}(H_{i-2} + H_{i-1} + H_i + H_{i+1} + H_{i+2}) \quad i = 3,4,\cdots,8 \tag{2-2-34}$$

通过平滑,得到了一个新的高度序列,代表了 20 日 08 时到 22 日 20 时的平滑高度场。

从上式可以看出,经过滑动平均后,序列个数减少 $m-1$ 个,所以样本资料必须向前后延长 $(m-1)/2$ 个。

经滑动平均的资料,已经滤去 2.5 d 以下的扰动,这是由于 m 点滑动平均的响应函数:

$$R(m,n) = \frac{\sin m\pi/n}{m\sin\pi/n} \tag{2-2-35}$$

由上式可知当 $m=n$ 时，$R(m,n)=0$，即 m 点平滑能滤去 m 倍格距波。上述时间序列的步长为 12 h(半天)，故 5 点平滑滤掉 2.5 d 以下周期的扰动。

2)将一维滑动平均推广到二维空间场

平滑算子可用：

$$\bar{f}_0 = \frac{1}{m^2} \sum_{i=0}^{m^2-1} f_i \qquad (2\text{-}2\text{-}36)$$

表示。由上式可见，与一维 3 点平滑对应的二维平滑是 9 点平滑，一维 5 点平滑对应着二维 25 点平滑(参看图 2-2-3)，它们分别能滤去 3 倍和 5 倍格距波。

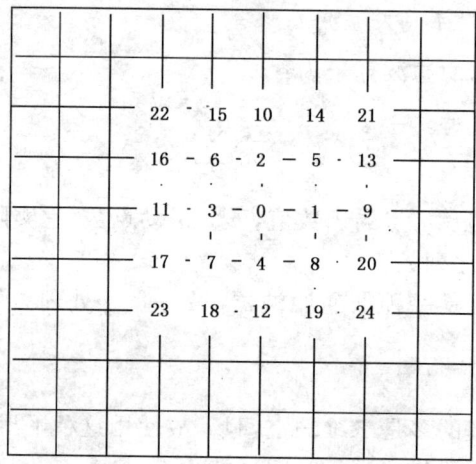

图 2-2-3 9 点和 25 点等权平滑算子格点

(2)用于高通滤波

将初始场减去过滤场，则得到高频扰动，即：

$$\bar{f}'_{jm} = f_j - \bar{f}_{jm} \qquad (2\text{-}2\text{-}37)$$

式(2-2-37)给出一个高通滤波算子(器)。由于由初始场(合成波)减去 m 点滑动平均场，则刚好得到被滤去的扰动，即得 m 倍格距波，其响应函数为：$R'(m,n) = 1 - \dfrac{\sin m\pi/n}{m\sin\pi/n}$

等权滑动平均的优点是计算简便，所以常在大尺度分析的平滑过程中使用，其主要缺点是其他波长的振幅也受到较大程度的削弱。例如，5 点平滑算子的响应函数：

$$R(5,n) = \frac{\sin 5\pi/n}{5\sin\pi/n} \qquad (2\text{-}2\text{-}38)$$

不仅 5 倍以下格距波基本被滤掉，12 倍格距波也仅余 0.75(图 2-2-4)。

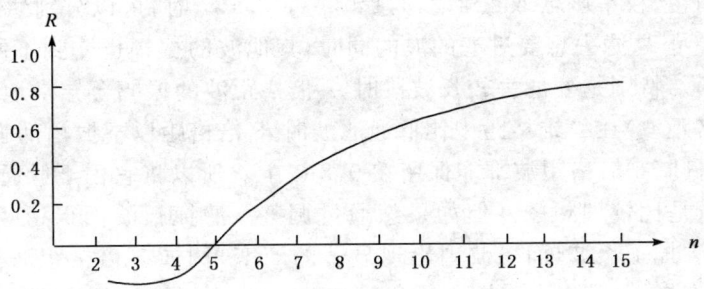

图 2-2-4　5 点滑动平均的响应函数曲线

2.2.3.3　加权平滑算子及应用

一维的加权平滑算子

$$\bar{f}_j = (1-s)f_j + \frac{s}{2}(f_{j-1} + f_{j+1}) \tag{2-2-39}$$

式中 s 为权重函数，它相当于式(2-2-33)中 m 的作用，f_{j-1}, f_j, f_{j+1} 是一倍格距的函数序列。式中可见，用一维加权平滑滤波算子只需连平滑点在内的 3 个步长的函数值，故最宜直接用于空间滤波。它与等权滑动平均算子的不同在于参加平滑的网格点的权重不同，而且调整权重函数 s 的值，各点权重也随之改变，波性能也跟着变化。这可由响应函数：

$$R(s,n) = 1 - 2s\sin^2\pi/n \tag{2-2-40}$$

看出。例如当 $s=1/2, n=2$（即波长为 2 倍格距波）时，响应函数的值为 0，即可滤去 2 倍格距波。

(1) 用于二维空间低通滤波

将式(2-2-39)推广到二维空间，其滤波算子为：

$$\begin{aligned}\bar{f}_{i,j} &= (1-s)^2 f_{i,j} + \frac{s}{2}(1-s)(f_{i,j+1} + f_{i,j-1} + f_{i+1,j} + f_{i-1,j}) \\ &\quad + \frac{s^2}{4}(f_{i+1,j+1} + f_{i+1,j-1} + f_{i-1,j+1} + f_{i-1,j-1})\end{aligned} \tag{2-2-41}$$

其响应函数为：

$$R(s,n) = \left(1 - 2s\sin^2\frac{\pi}{n}\right)^2 \tag{2-2-42}$$

从理论上讲，这种滤波方法适用于过滤任意波动。

令 $R(s,n)=0$，可得到 s 与波长 n 的关系为：

$$s = \frac{1}{2}\frac{1}{\sin^2\frac{\pi}{n}}$$

不难证明,当权重函数取 $1/2, 2/3, 1.0, \cdots, 13.137$ 时,可以分别滤去 $2, 3, 4, \cdots, 15$ 倍格距波。但是滤去想要过滤的波的同时,其他波的振幅也受到不同程度的歪曲(削弱或加强)。特别是要滤去较长波段时,2 倍格距波的振幅会异常地增长。如 $s=1$(滤去 4 倍格距波)在二维格距中作低通滤波时,8 倍格距以下振幅都削弱 50% 以上(表 2-2-1),超过 13 倍格距波都能保留在 0.8 以上。所以将它用于低通滤波,即日常的大尺度分析是比较理想的。但如果想通过调整 s 滤掉长波而保留短波,如取 $s=8.73$,则虽然去掉了长波,而短波则出现显著的畸变,例如 3 倍格距波波幅增长 146 倍,所以不能直接用于高通滤波。

表 2-2-1 $R(1,n)$ 和 $R(8.73,n)$ 滤波性能比较

波长	2	3	4	5	6	7	8	9	10	11	12	13
$R(1,n)$	1.0	0.25	0	0.1	0.25	0.36	0.50	0.59	0.65	⋯	⋯	0.78
$R(8.73,n)$	271	146	60	25	11	5	2.4	1.1	0.4	⋯	⋯	0.0

(2) 用于二维高通滤波

与等权滑动平均一样,取 s 值较小(低通滤波)的滤波算子过滤后,再用原始场减去这个平滑场,得到高通滤波场,即:

$$\bar{f}'_{i,j} = f_{i,j} - \bar{f}_{i,j} \qquad (2\text{-}2\text{-}43)$$

其中 $\bar{f}'_{i,j}$ 是高通滤波函数,相应的响应函数:

$$R'(s,n) = 1 - R(s,n) \qquad (2\text{-}2\text{-}44)$$

对二维的 9 点算子,应是

$$R(s,n) = 4s \sin^2 \frac{\pi}{n} - 4s^2 \sin^4 \frac{\pi}{n} \qquad (2\text{-}2\text{-}45)$$

(3) 用于带通滤波

由前述讨论易于推论,用两种不同 s 的滤波算子相减得不到好的带通滤波效果。多次使用不同的 s 能够解决这一缺点。

在一维数组上,使 $s = s_1, s = s_2$,可一次滤去两个短波分量,其滤波算子可由:

$$\bar{f}_j = (1-s_1)f_j + \frac{s_1}{2}(f_{j-1} + f_{j+1}) \qquad (2\text{-}2\text{-}46)$$

再作一次 $s = s_2$ 的过滤,则得

$$\bar{\bar{f}} = (1-s_2)\bar{f}_j + \frac{s_2}{2}(\bar{f}_{j-1} + \bar{f}_{j+1})$$

$$= [(1-s_1)(1-s_2) + \frac{s_1 s_2}{2}]f_j + \frac{1}{2}[s_1(1-s_2) + s_2(1-s_1)](f_{j+1} + f_{j-1})$$

$$+ \frac{s_1 s_2}{4}(f_{j+2} + f_{j-2}) \qquad (2\text{-}2\text{-}47)$$

如令 $s_1=1/2, s_2=2/3$,则使用式(2-2-47)同时滤去2倍和3倍格距波二个短波分量,然后用原始场减去上述过滤场,则得到全部的 2~3 倍格距波。但使用式(2-2-47)也会使波长较长的波幅严重削弱,反过来使分离出来的中、小尺度混杂较多的其他波长的分量,解决这个问题的方法是使用对较长波分量有恢复作用的滤波算子。令 $s_1=-s_2=s$,则代入式(2-2-46)得到:

$$\bar{f}_j = (1-\frac{3}{2}s^2)f_j + s^2(f_{j+1}+f_{j-1}) - \frac{s^2}{4}(f_{j+2}+f_{j-2}) \qquad (2\text{-}2\text{-}48)$$

此式在滤去某一个短波的同时,对长于这个短波的波幅削弱比式(2-2-47)少,用于带通滤波时混杂的其他波分量也随之减少。

如果在二维数组上使其具有相同的滤波性能,则将上述方法推广到二维空间,使 $s_1=-s_2=s_3=-s_4=s$,且纯粹为了写方便,依图 2-2-3 格点编号,得到对较长波有恢复作用的二维滤波算子为:

$$\bar{f}_0 = (1-\frac{3s^2}{2})^2 f_0 + s^2(1-\frac{3s^2}{2})\sum_{j=1}^{4}f_j + s^4\sum_{j=5}^{8}f_j$$
$$-\frac{s^2}{4}(1-\frac{3s^2}{2})\sum_{j=9}^{12}f_j - \frac{s^4}{4}\sum_{j=13}^{20}f_j + \frac{s^4}{16}\sum_{j=21}^{24}f_j \qquad (2\text{-}2\text{-}49)$$

其响应函数为:

$$R(s,n) = \left(1-4s^2\sin^4\frac{\pi}{n}\right)^2 \qquad (2\text{-}2\text{-}50)$$

比较 $s=1$(即滤去4倍格距波)时,式(2-2-50)与式(2-2-45)响应函数曲线(图2-2-5),可见用兼含恢复作用的滤波算子在滤去4倍格距波的同时,对6倍以上波有明显的恢复作用,但却使较短波波幅急剧增大,再经过带通滤波得到的波谱,虽然含有较长波分量减小了,但其短波分量也受到歪曲。衡量一个分离算子好坏的标准要求被分离的波幅基本不变而该波带以外的波幅基本被滤掉,即有效切断波长(保留波长与滤掉波长之间的过渡带)要窄,这是很不容易做到的。

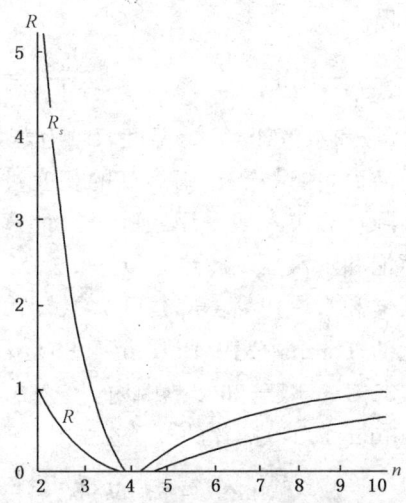

图 2-2-5 用兼含恢复作用的滤波算子响应曲线(R_s)与没有该项功能的响应曲线(R)比较

2.3 热力学物理量的诊断

水汽是地球大气特别是对流层大气中重要的组成部分,是云和天气现象的主要制造者之一。在天气系统的发生、发展及演变过程中,水汽相变所产生的凝结潜热释放和吸收常起到重要的作用,所以大气中水汽含量的多少及分布状况是天气过程分析与诊断中必须重点考虑的问题之一。

2.3.1 水汽状态分析

表征大气中水汽含量多少的物理量很多,但在一定的温度和气压条件下,知道其中一个物理量,其余物理量均可计算出来,所以这里只介绍其中的常用物理量。

2.3.1.1 水汽压

大气中的水汽所产生的分压强称为水汽压。在一定温度下,一定体积的空气中能容纳的水汽分子数量是有一定限度的。如果空气中的水汽含量正好达到某一温度下空气所能容纳水汽的限度,则水汽达到饱和,这时的空气称为饱和空气,饱和空气中的水汽压,称为饱和水汽压。

饱和水汽压是温度的函数,它们之间满足克劳修斯(Clausius)—克拉贝龙(Clapeyron)方程。

$$\frac{\mathrm{d}e^*}{\mathrm{d}T} = \frac{L_v e^*}{R_v T^2} \tag{2-3-1}$$

其中 e^* 为饱和水汽压,T 为温度,L_v 为蒸发潜热,R_v 水汽比气体常数。此方程仅仅适用于平液面,在讨论云、雨滴等的相变过程时必须考虑曲液面的影响。

在实际计算中一般采用经验公式计算。常用的公式如 Tetens 公式(1930):

水面饱和水汽压 $e^*_{水} = 6.11 \times 10^{7.5t/(237.3+t)}$ \tag{2-3-2}

冰面饱和水汽压 $e^*_{冰} = 6.11 \times 10^{9.5t/(265.5+t)}$ \tag{2-3-3}

修正的 Tetens 公式,Bolton(1980):$e^*_{水} = 6.112 \times 10^{17.67t/(243.5+t)}$ \tag{2-3-4}

在 $-35℃ \leqslant t \leqslant -30℃$ 范围内,该公式与 Tetens 公式的误差小于 0.3%。

Emanuel(1994)推荐的经验公式:

$$\ln e^* = 53.67957 - \frac{6743.769}{T} - 4.8451 \ln T \tag{2-3-5}$$

式中:T 为绝对温度,该公式与史密松(Smithsonian)气象表(List,1951)给出的值是匹配的:在 $0℃ \leqslant t \leqslant 40℃$ 范围内,它们的误差小于 0.006%。尽管 t 低于 $0℃$ 时过冷却水和水汽平衡的观测值不十分精确,但当温度低于 $-30℃$ 时,与史密松

(Smithsonian)表中的值的误差仍小于0.3%。温度低至-40℃时,误差也不超过0.7%。所以上述经验公式的结果在精度要求不十分高时,是可以信任的。

2.3.1.2 比湿和混合比

比湿是指某容积中水汽质量(m_v)与空气总质量(m_v+m_d)之比。饱和空气的比湿称为饱和比湿。

比湿的计算公式是:
$$q = 0.622e/(p-0.378e) \approx 0.622e/p \tag{2-3-6}$$

其中,e为水汽压,p为总气压。混合比(r)是指水汽质量(m_v)与同一容积中干空气质量(m_d)之比。饱和空气的混合比称为饱和混合比。

混合比计算公式是:
$$r = 0.622e/p_d \tag{2-3-7}$$

其中p_d是干空气的分压。在数值上比湿与混合比的差别较小,一般的精度要求下,可以忽略二者的差异。

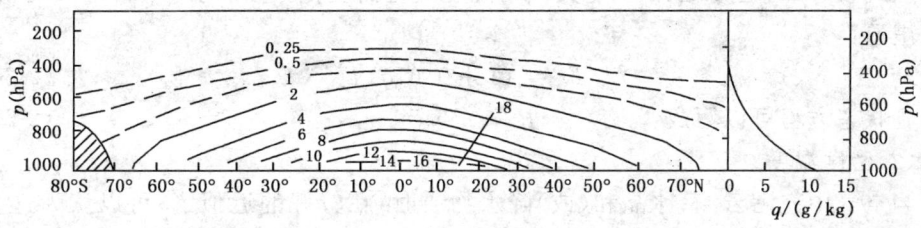

图 2-3-1 全球纬圈年平均比湿(g/kg)的垂直剖面图

比湿常用于分析大气中的水汽含量,比湿的垂直分布受到温度垂直分布、对流运动、湍流交换、云层的凝结和蒸发以及降水等多种因素的影响。图 2-3-1 是全球水汽年平均比湿随纬度分布的剖面图。由图可见,平均比湿随高度几乎是按指数规律快速减小。约 90% 的水汽在 500 hPa(中纬度地区约 5 km)以下,其中 50% 的水汽集中在 850 hPa(约 1.5 km)以下;赤道附近地面的比湿最大。

2.3.1.3 相对湿度和温度露点差

相对湿度是空气中实际水汽压与当时气温下的饱和水汽压的比值,用百分比表示,即:
$$f = \frac{e}{e^*} \times 100\% \tag{2-3-8}$$

式中 e 为实际水汽压,e^* 为饱和水汽压。温度露点差是温度与露点的差值。相对湿度和温度露点差是业务工作中用以表征大气饱和程度的物理量。

在天气分析和预报中,相对湿度达 100% 的情况是罕见的,但接近饱和则是正常的。为了确定准饱和情况,如空中是否有云,近地面是否有雾,通常需要给定一个准饱和判据,准饱和判据一般用临界相对湿度 f_c 和临界温度露点差 $(t-t_d)_c$ 来给定。即:$f \geqslant f_c$ 或 $t-t_d \leqslant (t-t_d)_c$ 时为准饱和。关于 f_c 或 $(t-t_d)_c$ 的取法目前尚不统一,比较常用的取法有 f_c 为 90% 或 95%,$(t-t_d)_c$ 为 2℃ 或 4℃,一般而言在高层 f_c 取 90%,$(t-t_d)_c$ 取 4℃ 较多,在 850 hPa 以下 f_c 取 95%,$(t-t_d)_c$ 取 2℃ 较多。

2.3.1.4 虚温与密度温度

(1)虚温 T_v

由干空气状态方程 $p_d = \rho_d R_d T$ 和水汽状态方程 $e = \rho_v R_v T$,可以将湿空气状态方程 $p = \rho R T$,其中 R 为干空气的比气体常数与水汽比气体常数的质量加权平均。考虑到 $\rho_v/\rho = q$,$\rho_d = \rho - \rho_v$ 以及 $R_d = 0.622 R_v$,得:

$$R = R_d \frac{\rho_d}{\rho_v} + R_v \frac{\rho_v}{\rho} = R_d \left(1 - q + \frac{1}{0.622} q \right) \tag{2-3-9}$$

整理得到:
$$R \approx R_d (1 + 0.61q) \tag{2-3-10}$$

从式(2-3-10)可以看出 R 随大气的湿度变化而变化,这在使用中很不方便,为此定义虚温:

$$T_v = (1 + 0.61q) T \tag{2-3-11}$$

则状态方程可以写成:
$$P = \rho R_d T_v \tag{2-3-12}$$

(2)密度温度

当空气中充满云滴、冰晶和(或)降水物质时,在较好的近似下,可以认为这些微粒是以它们的末速度降落的,亦即认为云和降水物质是大气中的悬浮物。这样,在很多场合,湿空气和凝结水的混合物可看成是一个多相系统。另外,大气湿对流中空气运动的尺度比凝结水粒子之间的典型距离大很多,因此,应考虑凝结水对多相系统密度的贡献。即考虑大气中既包含水汽,也包含液态水和固态水(冰晶)。如此可以将状态方程写成:

$$\alpha = R_d \frac{1}{p} T \left(\frac{1 + r/\varepsilon}{1 + r_T} \right) \tag{2-3-13}$$

其中 ε 为干空气比气体常数与水汽比气体常数之比($\varepsilon = R_d/R_v$),r 为水汽混合比,r_T 为水物质的总混合比。类似虚温,定义密度温度为:

$$T_\rho = T \frac{1 + r/\varepsilon}{1 + r_T} \tag{2-3-14}$$

不难证明,虚温是密度温度的一种特例,当大气中无液态和固态水物质时,密度温度就等于虚温。

2.3.2 热力学图解上的特征高度

2.3.2.1 抬升凝结高度(LCL)

如图 2-3-2 所示,当未饱和湿空气被抬升后,温度按干绝热递减率降低,与其温度对应的饱和水汽压也随之减小。当气块的饱和水汽压刚好等于其中的实际水汽压(温度等于露点温度)时,水汽开始凝结,水汽刚开始凝结的高度就是抬升凝结高度。

抬升凝结高度一般接近于动力性对流的云底高度。

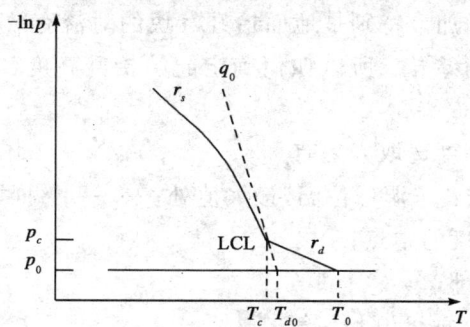

图 2-3-2 抬升凝结高度示意图

图 2-3-2 中,p_0 为地面气压,p_c 为云底气压,r_s 为湿绝热递减率,r_d 干绝热递减率,T_c 为对流云底温度,T_0 地面温度,T_{d0} 地面露点温度。

抬升凝结高度可用以下公式计算:

$$z = \frac{T(z_i) - T_d(z_i)}{r_d + \frac{dT_d}{dz}} \approx [T(z_i) - T_d(z_i)] / \left(\frac{g}{c_{pd}} - \frac{g}{R_d T} \frac{R_v T_d^2}{L_w} \right) \quad (2\text{-}3\text{-}15)$$

其中 $T(z_i)$ 和 $T_d(z_i)$ 分别是起始抬升高度的温度和露点温度,c_{pd} 为干空气定压比热;L_w 为凝结潜热。式中其他参数是气象中的常用参数。

将常数都代入上式,$\frac{dT_d}{dz}$ 取 $-0.17\,℃/100\text{ m}$,可得到近似计算公式:

$$z = 124(T(z_i) - T_d(z_i)) \quad (2\text{-}3\text{-}16)$$

对应抬升凝结高度的气压(p_c)和气温(T_c)的计算公式:

$$T_c = T(z_i) - \frac{g}{c_p} z \quad (2\text{-}3\text{-}17)$$

$$p_c = p(z_i) \left(\frac{T_c}{T(z_i)} \right)^{c_{pd}/R_d} \quad (2\text{-}3\text{-}18)$$

注意,利用式(2-3-16)计算出的抬升凝结高度往往比实际结果偏低,其原因是由于利用了下述假定:上升空气不与周围空气发生混合,为了考虑混合作用,可以不用地面混合比,而改用上升空气所通过的整个气层的平均混合比。这样算出的凝结高度称为混合抬升凝结高度(mixing condensation level,缩写为 MCL)。

2.3.2.2　起始抬升高度(z_i)

起始抬升高度是指气块开始抬升的高度。不同高度抬升的气块,其对流有效位能、对流抑制能量及气块浮力可能存在很大的差异。如表 2-3-1 给出的是根据 1994 年 7 月 18 日 1200UTC 探空计算的对流有效位能(CAPE)和对流抑制能量(CIN)。从中可以看出浮力即 CAPE 通常随气块起始抬升高度的增加而减小,而 CIN 则随起始抬升高度的增加而增加。特别是地面抬升气块的对流有效位能(CAPE)与其他高度抬升的气块有明显的差异。所以如何确定起始抬升高度(z_i)对诊断结果会产生很大影响。

常用的起始抬升高度选取方法有:

(1) 取在底层 θ_{se} 或 θ_w(湿球位温)最大值处;

(2) 取底部某一厚度的中点;

(3) 取在逆温层顶部;

(4) 其他取法,如地面、850 hPa 等。

表 2-3-1　对流有效位能(CAPE)和对流抑制能量(CIN)随起始抬升高度的变化

起始抬升高度	假绝热上升		可逆绝热上升	
(z_i) (gpm)	CAPE(J/kg)	CIN(J/kg)	CAPE(J/kg)	CIN(J/kg)
0	1837	0	1311	0
100	390	20	115	23
200	339	23	91	26
300	275	27	57	30
400	218	32	22	37
500	203	31	15	37

2.3.2.3　对流凝结高度(CCL)与对流温度

由于地面加热作用,地面气块沿干绝热线上升,当气块中水汽达到饱和时产生凝结。如图 2-3-3 所示,在热力学图解中层结曲线与地面比湿值所对应的等饱和比湿线相交点的高度,即为凝结高度(图中 C 点)。对应的地面温度(T_{A_2})称为对流温度。

对流凝结高度和对流温度的求解从图中可以看出,只要知道温度层结和地面湿度就可以求得。对流凝结高度从理论上就应该是热力对流云的云底高度。对流温度出现的时间就应该是热力对流出现的时间。所以对流凝结高度(CCL)与对流温度在

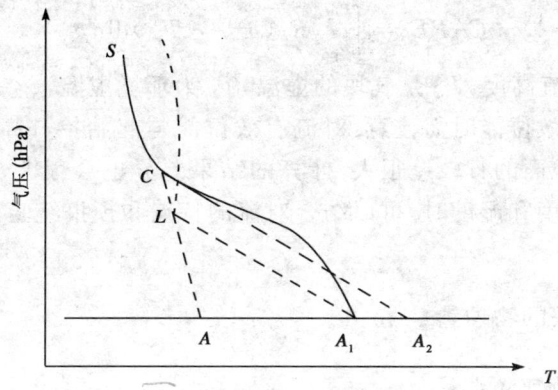

图 2-3-3 对流凝结高度与对流温度示意图

热力对流的预报中具有重要的意义。

2.3.2.4 对流有效位能(CAPE)

对流有效位能就是自由对流高度到平衡高度之间层结曲线与状态曲线所围成的正面积,又称浮力能(图 2-3-4)。它是一种潜在能量,是可能转化为对流上升运动动能的一种能量。在分析对流运动的可能性和对流强度时,是很有效的诊断物理量。

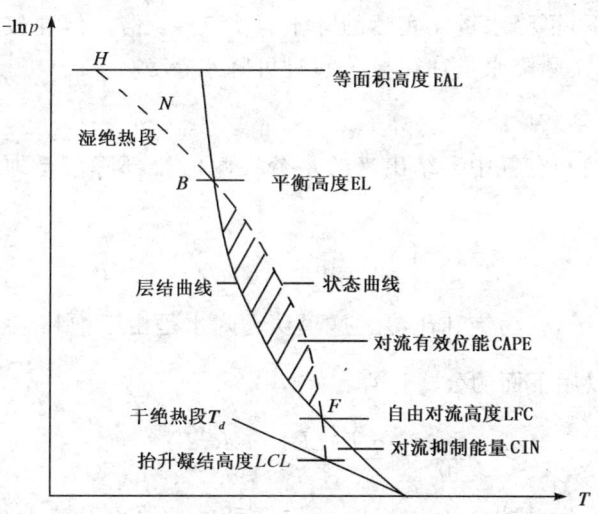

图 2-3-4 对流有效位能示意图

有效位能可用下面的公式进行计算。

$$CAPE = g \int_{z_{LFC}}^{z_{EL}} \left(\frac{T_{vp} - T_{ve}}{T_{ve}} \right) dz$$

或
$$CAPE = \int_{P_{EL}}^{P_{LFC}} R_d(T_{vp} - T_{ve}) \mathrm{d}\ln p \tag{2-3-19}$$

其中 z_{LFC} 是自由对流高度，T_{vp} 是气块的虚温，T_{ve} 为环境虚温，z_{EL} 是平衡高度。

在计算对流有效位能时需注意：对流有效位能与起始抬升高度有关。如果从地面开始计算，由于地面的日较差很大，计算的结果差异也会很大，所以在选择起始高度和起始高度的温度和湿度时，可以结合对流的特点和预报经验，通过试验给出合理的初值。

2.3.3 与降水有关的物理量

2.3.3.1 大气中的可降水量

大气中的可降水量（PW）是指地面直到大气顶的单位截面大气柱中所含水汽总量全部凝结并降落到地面可以产生的降水量。

通常以相同面积容器中的相当水量深度表示：
$$\int_0^\infty \rho g \mathrm{d}z \text{ 或 } \frac{1}{g}\int_0^{p_0} q \mathrm{d}p \tag{2-3-20}$$

诊断时可用差分形式：$PW = \sum_i (\frac{\overline{q}\Delta p}{g\rho_w})_i$ （cm） (2-3-21)

在一般情况下，可降水量比实际的降水量大 1～2 倍。但在较强的降水系统中，特别是在暴雨中，实际降水量往往显著超过可降水量。

2.3.3.2 凝结函数和降水率

降水率是指饱和空气中凝结出来的水分在瞬时全部降落至地面，所产生的降水量。其表达式为：
$$p = -\int_0^\infty \rho \frac{\mathrm{d}q_s}{\mathrm{d}t} \mathrm{d}z = -\frac{1}{g}\int_0^{p_s} \frac{\mathrm{d}q_s}{\mathrm{d}t} \mathrm{d}p \tag{2-3-22}$$

其中 p_s 为地面气压，q_s 为饱和比湿。这里认为降水是由于饱和湿空气上升凝结而产生。所以 $\frac{\mathrm{d}q_s}{\mathrm{d}t}$ 可以用下面的公式计算：
$$\frac{\mathrm{d}q_s}{\mathrm{d}t} = \frac{q_s T(LR - c_p R_v T)}{c_p R_v T^2 + q_s L^2} \frac{\omega}{p} \tag{2-3-23}$$

因为只有上升运动才会产生降水，所以这里 ω 必须小于零。

定义：
$$F = \frac{q_s T(LR - c_p R_v T)}{(c_p R_v T^2 + q_s L^2)p} \tag{2-3-24}$$

为凝结函数。

实际上凝结函数是指单位质量饱和湿空气上升 1 hPa 所能凝结出的水汽量，由温度和气压决定。

所以,降水率可表示成:

$$p = -\frac{1}{g}\int_0^{p_s} \delta\omega F \mathrm{d}p \tag{2-3-25}$$

其中 δ 为符号函数。当 $q \geqslant q_s$ 且 $\omega < 0$ 时,$\delta = 1$;否则,$\delta = 0$。因为当空气未饱和时,或虽已饱和但存在下沉运动时是不可能有凝结降水发生的。在实际应用中,可取当 $(T - T_d) \leqslant 2 \sim 4℃$ 时,即认为空气已饱和,即满足 $q = q_s$ 的条件。故若已计算出各等压面的上升速度 ω,则可用近似积分的梯形法或抛物线法计算降水率。

另外对于大尺度降水率和对流降水率也可按下式计算。

大尺度降水率的计算:

$$P = \frac{1}{g}\int_{p_b}^{p_t} \omega \frac{\partial q_s}{\partial p} \mathrm{d}p \tag{2-3-26}$$

对流降水率的计算:

$$p = -\frac{c_p}{gL}\int_{p_b}^{p_t} \frac{a(T_c - T)}{\tau} \mathrm{d}p \tag{2-3-27}$$

其中 a 为云覆盖率,p_b 为云底气压,p_t 为云顶气压,τ 为云的生命期。

2.3.3.3 降水效率

降水效率是指一个降水系统中,实际产生的降水总量除以理论上可能产生的最大降水量所得出的比值。

理论上可能的最大降水总量有几个定义,目前尚未统一。以云或风暴为例,一般采用:进入云或风暴系统的全部水汽总量;或云或风暴中凝结和凝华的全部水量。理论上最大可能降水量的这种估算很不精确,致使降水效率的估算也不精确。

从已有的结果看来,各种云和风暴降水效率差别很大:非降水云的降水效率为0;降水云的效率一般在 0.1~0.8 之间。层状云的降水效率一般比对流云高,上升气流过强的对流云(如雹云)降水效率低,在垂直切变强的大气环境中发展的积云,降水效率也低。

2.3.3.4 水汽通量和水汽通量散度

在分析讨论暴雨时,必须分析水汽的输送,在讨论水汽输送时,常用的是水汽通量和水汽通量散度。

(1)水汽通量

水汽通量是指单位时间流经与速度矢量正交的某单位面积的水汽质量。其表达式为 $\frac{1}{g}q\vec{v}$,单位为 g/(cm·hPa·s)。

水汽通量是一个矢量,它可以反映水汽的来源、输送的路径和输送的强度。其中

垂直水汽通量 $\rho w q$ 在讨论暴雨的形成机制时常使用。

(2) 水汽通量散度

在讨论暴雨落区、暴雨强度时，需要讨论局地的水汽得失。所以，常用水汽通量散度来分析。

其表达形式为：
$$\nabla \cdot \left(\frac{1}{g} q \vec{v}\right) \qquad (2\text{-}3\text{-}28)$$

水汽通量散度与降水量的关系可用下式近似表示（p_0 为地面气压）：

$$\text{降水量} \approx \Delta t \int_{p_0}^{0} \overline{\nabla_p \cdot \left(\frac{1}{g} q \vec{v}\right)} \mathrm{d}p \quad (\mathrm{g} \cdot \mathrm{hPa}^{-1} \cdot \mathrm{cm}^{-2} \cdot \mathrm{g}^{-1}) \qquad (2\text{-}3\text{-}29)$$

2.4 动力学物理量的诊断

2.4.1 散度和涡度的计算

散度和涡度是基本的动力学参量，它不但直接与天气和天气系统的发展相联系，而且其他一些较复杂的诊断场也离不开它。以下介绍几种计算方法。

2.4.1.1 三角形法

对任意地点来说，总可以在周围找到三个观测点组成一个三角形，则我们可利用这个三角形的三个点的测风记录，计算该点的散度和涡度。三角形多是任意的，也有可能找到正三角形，为便于推算任意三角形的计算公式，我们先讲正三角形法。

(1) 正三角形法

1) 求算涡度 ζ

如图 2-4-1 所示，△ABC 为三个观测点组成一个正三角形，在 A、B、C 三点观测到风为 $\vec{V}_A, \vec{V}_B, \vec{V}_C$。如求出沿 AB、BC、CA 三个线段的环流后除以三角形面积即得到涡度。

在 AB 线段的环流应等于气流在 AB 方向的分量乘以 AB 的长度，写成矢量式为：

$$\frac{1}{2}(\vec{V}_A + \vec{V}_B) \cdot \overrightarrow{AB} \qquad (2\text{-}4\text{-}1)$$

$\overrightarrow{AB}$ 指向环流积分路径的方向（北半球为逆时针方向）。同理得到在 BC 和 CA 线段上的环流为：

$$\frac{1}{2}(\vec{V}_B + \vec{V}_C) \cdot \overrightarrow{BC} \qquad (2\text{-}4\text{-}2)$$

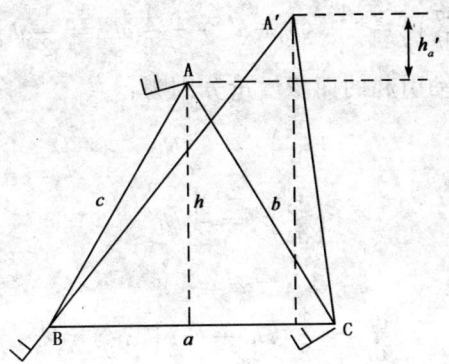

图 2-4-1 三角形法

$$\frac{1}{2}(\vec{V}_C + \vec{V}_A) \cdot \vec{CA} \tag{2-4-3}$$

则三角形 ABC 内的涡度为：

$$\begin{aligned}
\zeta &= \frac{1}{2\sigma}[(\vec{V}_A + \vec{V}_B) \cdot \vec{AB} + (\vec{V}_B + \vec{V}_C) \cdot \vec{BC} + (\vec{V}_C + \vec{V}_A) \cdot \vec{CA}] \\
&= \frac{1}{2\sigma}[\vec{V}_A \cdot (\vec{AB} + \vec{CA}) + \vec{V}_B \cdot (\vec{BC} + \vec{AB}) + \vec{V}_C(\vec{CA} + \vec{BC})] \\
&= \frac{1}{2\sigma}(\vec{V}_A \cdot \vec{CB} + \vec{V}_B \cdot \vec{CA} + \vec{V}_C \cdot \vec{AB}) \\
&= \frac{1}{2\sigma}(aV_{AS} + bV_{BS} + cV_{CS})
\end{aligned} \tag{2-4-4}$$

式中 σ 为三角形面积，V_{AS}，V_{BS}，V_{CS} 分别为三角形三顶点 A、B、C 的风平行于底边的风速分量，a、b、c 为 A、B、C 三角对边的边长，h 为三角形的高，而在正三角形中：

$$a = b = c$$
$$\sigma = \frac{1}{2}ah = \frac{1}{2}bh = \frac{1}{2}ch$$

故

$$\zeta = \frac{1}{h}(V_{AS} + V_{BS} + V_{CS}) \tag{2-4-5}$$

2）求算散度 D

在图 2-4-1 之三角形中，散度 D 可表示为：

$$D = \frac{1}{\sigma}\frac{d\sigma}{dt} \tag{2-4-6}$$

所以，如果由于 A 点的风矢在单位时间使这一空气微团移动到 A′则由此引起的面积增量为：

$$\left(\frac{d\sigma}{dt}\right)_A = \frac{1}{2}a(h+h'_a) - \frac{1}{2}ah = \frac{1}{2}ah'_a \qquad (2\text{-}4\text{-}7)$$

同时 B、C 点微团移动引起的面积增量分别为：

$$\left(\frac{d\sigma}{dt}\right)_B = \frac{1}{2}bh'_b \qquad (2\text{-}4\text{-}8)$$

$$\left(\frac{d\sigma}{dt}\right)_C = \frac{1}{2}bh'_c \qquad (2\text{-}4\text{-}8)$$

则总的增量为：

$$\frac{d\sigma}{dt} = \frac{1}{2}(ah'_a + bh'_b + ch'_c) \qquad (2\text{-}4\text{-}9)$$

将三角形面积和边长表达式代入得：

$$D = \frac{1}{\sigma}\frac{d\sigma}{dt} = \frac{h'_a}{h} + \frac{h'_b}{h} + \frac{h'_c}{h} \qquad (2\text{-}4\text{-}10)$$

由于 h'_a, h'_b, h'_c 分别由 A、B、C 三点风矢垂直于底边的分量引起，因此，在单位时间内：

$$h'_a = V_{An}, \quad h'_b = V_{Bn}, \quad h'_c = V_{Cn} \qquad (2\text{-}4\text{-}11)$$

其中 V_{An}, V_{Bn}, V_{Cn} 分别为 A、B、C 点风矢垂直于底边的风速分量，这样代入式(2-4-6)得：

$$D = \frac{1}{h}(V_{An} + V_{Bn} + V_{Cn}) \qquad (2\text{-}4\text{-}12)$$

(2)任意三角形法

1)求涡度

由于任意三角形中 $a \neq b \neq c$，而：

$$\sigma = \frac{1}{2}ah_A = \frac{1}{2}bh_B = \frac{1}{2}ch_C \qquad (2\text{-}4\text{-}13)$$

将这一关系代入式(2-4-5)得：

$$\zeta = \frac{V_{AS}}{h_A} + \frac{V_{BS}}{h_B} + \frac{V_{CS}}{h_C} \qquad (2\text{-}4\text{-}14)$$

2)求散度

同理，由 $h_A \neq h_B \neq h_C$，式(2-4-12)变为

$$D = \frac{V_{An}}{h_A} + \frac{V_{Bn}}{h_B} + \frac{V_{Cn}}{h_C} \qquad (2\text{-}4\text{-}15)$$

(3)计算步骤方法

1)根据计算点选好三角形，要使之尽量接近正三角形，计算点大体位于三角形的中心。

2)事先算出三角形三个高的长度，以 m 为单位。

3)计算 V_{in} 和 V_{is}，计算公式为：
$$V_{in} = |\vec{V_i}|\cos[F_i - (dd_i + 180)]$$
$$V_{is} = |\vec{V_i}|\sin[F_i - (dd_i + 180)] \quad (2\text{-}4\text{-}16)$$

其中 F_i 为风向（i＝A、B、C），dd_i 为三角形的高的延长线与正北方向的交角（以顺时针方向为正）。这样只要事先量出 dd_i，再将 A、B、C 三点的风的观测值，代入式(2-4-16)即可算出 V_{in}，V_{is}。还可利用式(2-4-16)制成表格，直接查算散度和涡度。

4)根据三角形的形状代入相应公式求涡度和散度，计算结果的单位为 s^{-1}。

2.4.1.2　差分方法

(1)计算公式

将涡度和散度的微分表达式，按第二节给出的一阶差分的中央差分格式在 i、j 点展开为：

$$D_{i,j} = \left(\frac{\partial u}{\partial x} + \frac{\partial v}{\partial y}\right)_{i,j} = \frac{1}{2d}(u_{i+1,j} - u_{i-1,j} + v_{i,j+1} - v_{i,j-1}) \quad (2\text{-}4\text{-}17)$$

$$\zeta_{i,j} = \left(\frac{\partial v}{\partial x} - \frac{\partial u}{\partial y}\right)_{i,j} = \frac{1}{2d}(v_{i+1,j} - v_{i-1,j} - u_{i,j+1} + u_{i,j-1}) \quad (2\text{-}4\text{-}18)$$

式中 i，j 分别为 x，y 方向格点序数。

(2)在正方形网格上计算

在正方形网格上计算流场参数时，必须作两种修正。

1)格距 d 的修正

由于地球球体是不可展开面，在天气图上的相同线段长度随纬度而变化，所以，在正方形网格上计算时，必须乘以地图投影放缩系数 m。在编制计算程序时，可根据 m 的表达式用格点经纬度直接计算。如式(2-4-17)订正后就变成：

$$D_{i,j} = \frac{m_{i,j}}{2d}(u_{i+1,j} - u_{i-1,j} + v_{i,j+1} - v_{i,j-1}) \quad (2\text{-}4\text{-}19)$$

2)风场订正

在图 2-4-2 中我们看到，除计算区中心附近外，正方形网格四边都不与经纬线平行。而我们得到的 u、v 分量，是与地理的经纬线平行的，因而必须将 u、v 转变到与正方形的横、纵坐标相平行的方向上。订正方法是：设计算基线（即通过计算区中心那一条经线，是唯一与正方形纵坐标的平行线）与计算点的经线夹角为 β（图 2-4-2），是锐角，并规定以逆时针方向为正，则由坐标转换关系可得网格风 u'，v' 为：

$$u' = u\cos\beta + v\sin\beta \quad (2\text{-}4\text{-}20)$$
$$v' = -u\sin\beta + v\cos\beta \quad (2\text{-}4\text{-}21)$$

而：
$$\beta = \tan^{-1}\left|\frac{AO}{PO}\right| \quad (2\text{-}4\text{-}22)$$

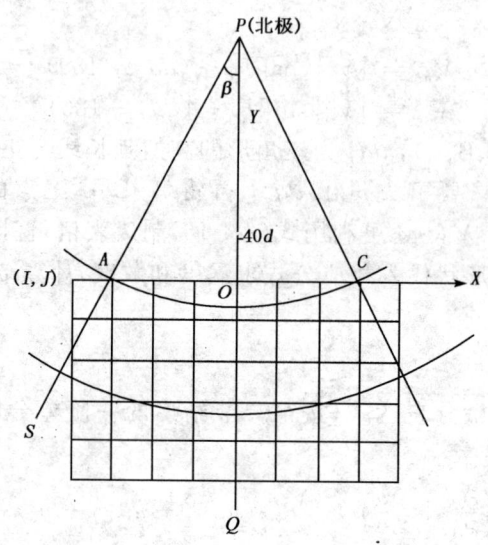

图 2-4-2 正方形网格风场的订正

(3)在经纬度网格上的计算

在球坐标系中,散度和涡度为:

$$\nabla_2 \cdot \vec{V} = \frac{1}{R\cos\varphi}\frac{\partial u}{\partial \lambda} + \frac{1}{R}\frac{\partial v}{\partial \varphi} - \frac{v}{R}\tan\varphi \tag{2-4-23}$$

$$\xi = \frac{1}{R\cos\varphi}\frac{\partial v}{\partial \lambda} - \frac{1}{R}\frac{\partial u}{\partial \varphi} + \frac{u}{R}\tan\varphi \tag{2-4-24}$$

式中 R 为地球半径,φ、λ 分别为纬度和经度,用经纬网格上的中央差分展开可得:

$$D_{i,j} = \frac{1}{2R\cos\varphi_i\Delta\lambda}(u_{i,j+1} - u_{i,j-1}) + \frac{1}{2R\Delta\varphi}(v_{i-1,j} - v_{i+1,j}) - \frac{v_{i,j}}{R}\tan\varphi_i \tag{2-4-25}$$

$$\zeta_{i,j} = \frac{1}{2R\cos\varphi_i\Delta\lambda}(v_{i,j+1} - v_{i,j-1}) - \frac{1}{2R\Delta\varphi}(u_{i-1,j} - u_{i+1,j}) + \frac{u_{i,j}}{R}\tan\varphi_i \tag{2-4-26}$$

(4)计算步骤

1)设计计算网格

在设计计算网格时,要注意一般将网格中心与系统中心或研究区域中心设计重合,在设计正方形网格时,以计算网格的纬线切线为基线,设计正方形坐标。

2)分解 u、v

①用公式:

$$u = |\vec{V}|\sin(F - 180)$$
$$v = |\vec{V}|\cos(F - 180) \tag{2-4-27}$$

其中 F 为气象观测风向,$|\vec{V}|$ 为全风速。

②查表法

3) 分析 u、v 场，获得网格点上 u、v 值

①手工分析(主观分析)

②客观分析

4) 用公式求解散度和涡度

2.4.2 垂直速度的计算

垂直速度场是最重要的诊断场之一。它不仅直接和云及降水等天气现象联系着，而且其分布和变化对天气系统的发展也有重大的影响。但到目前为止，还不能广泛进行垂直速度的直接观测，只能进行间接计算，所以，对于垂直速度计算方法的研究得到普遍的重视。计算垂直速度的方法很多，最常用的有积分连续方程法和 ω 方程法。其他如绝热法、降水量反推法等也有一定的实用意义。

本节重点介绍两种最常用的计算方法，简要介绍其他几种方法。

2.4.2.1 积分连续方程法

(1) 公式及计算方法

1) 积分公式

P 坐标连续方程可写为：

$$\frac{\partial \omega}{\partial p} = -\left(\frac{\partial u}{\partial x} + \frac{\partial v}{\partial y}\right) \tag{2-4-28}$$

其中 ω 称为 p 坐标的垂直速度，两边对 p 取积分得：

$$\int_{p_0}^{p} \frac{\partial \omega}{\partial p} \mathrm{d}p = -\int_{p_0}^{p} \left(\frac{\partial u}{\partial x} + \frac{\partial v}{\partial y}\right) \mathrm{d}p \tag{2-4-29}$$

$$\omega_p = \omega_{p_0} - \int_{p_0}^{p} \left(\frac{\partial u}{\partial x} + \frac{\partial v}{\partial y}\right) \mathrm{d}p \tag{2-4-30}$$

用梯形法则作积分数值计数，并用 $k=0,1,2,\cdots,9$ 表示 $1000, 900, \cdots, 100$ hPa 等压面序号，$D_k = \left(\frac{\partial u}{\partial x} + \frac{\partial v}{\partial y}\right)_k$，$\overline{D_k} = (D_{k-1} + D_k)/2$，则式(2-4-30)可写成如下形式：

$$\omega_1 = \omega_0 + \overline{D_1}(p_0 - p_1)$$

$$\omega_2 = \omega_1 + \overline{D_2}(p_1 - p_2) = \omega_0 + \overline{D_1}(p_0 - p_1) + \overline{D_2}(p_1 - p_2)$$

……

写成通式为：

$$\omega_k = \omega_0 + \sum_{i=1}^{k} \overline{D_i} \Delta p \tag{2-4-31}$$

式中 Δp 为两层等压面之间的气压差，按上述分层则恒等于 100 hPa，如直接采用标

准等压面,这时 Δp 不再是一个常数。

如果已经知道下边界条件 ω_0,则可用水平散度计算任意等压面上的垂直速度 ω_k。在地形比较复杂地区也可近似取大气上界或对流层顶($p=0$ 或 $p=100$ hPa)垂直速度为零作为上边界条件,由上向下积分,这时等压面序号可由上向下排列,式(2-4-31)变为:

$$\omega_k = \omega_0 - \sum_{i=1}^{k} \overline{D_i} \Delta p \qquad (2-4-32)$$

不过,由于高层的测风记录的误差较大,积累结果使中层的 ω 值更不可靠,所以一般少用。

2)计算步骤方法

①确定边界条件

在计算精度要求不是很高时,在海面和平原上一般取:

$$\omega_0 = 0 \qquad (2-4-33)$$

表 2-4-1　利用水平散度($10^{-5} s^{-1}$)计算垂直速度(10^{-3} hPa/s)

层次(hPa)	A				层次(hPa)	B			
	D	$\omega^*_\text{下}$	$\omega^{**}_\text{上}$	ω'		D	$\omega^*_\text{下}$	$\omega^{**}_\text{上}$	ω'
1000	1.2	0.0	−3.9	0.0	1000	−1.0	0.0	5.3	0.0
900	2.5	1.9	−2.0	1.8					
800	2.5	4.4	0.5	4.1	850	−2.0	−2.3	3.0	−2.1
700	2.0	6.7	2.8	6.2	700	−2.5	−5.7	−0.4	−4.9
600	1.0	8.2	4.3	7.3					
500	1.0	9.2	5.3	7.9	500	−1.0	−9.2	−4.0	−8.1
400	−0.8	9.3	5.4	7.5	400	0.0	−9.7	−4.5	−7.9
300	−1.7	8.0	4.1	5.6	300	−0.8	−8.7	−3.5	−5.9
200	−2.5	5.9	2.0	2.8	200	2.0	−6.7	−1.5	−2.8
100	−1.5	3.9	0.0	0.0	100	1.0	−5.2	0.0	0.0

②计算水平散度 D

③用式(2-4-31)计算各层 ω,注意在大尺度计算中一般 D 的量级为 10^{-6},计算结果 ω 为 10^{-4} hPa/s。表 2-4-1 为某日网格点 A、B 上计算的散度 D 及用式(2-4-31)和式(2-4-32)对 ω 的计算结果(分别用 $\omega^*_\text{下}$、$\omega^{**}_\text{上}$ 表示),可见从上向下积分得到

1000 hPa等压面有很强的垂直运动,这是与事实不符的。当然从下向上积分时,100 hPa上也有较大的垂直速度,这与对流层顶附近垂直运动也很弱的事实有出入。下面专门讨论对这一误差的修正。

(2) 计算结果的修正

从计算公式的推证来说,除静力平衡条件外,积分连续方程法计算垂直速度的公式未作任何假定。就计算结果而言,在 500 hPa 以下基本上正确,但水平散度对风的误差十分敏感,高层风速误差比低层要大 1~2 倍,而且从上例的计算可见,垂直速度是由下向上累积的(用从上向下积分顺序计算时,是由上向下累积的。见表 2-4-1 中 $\omega^{**}_{上}$,误差也积累),所以高层的计算结果常在误差范围外。在上例中对流层顶附近仍有明显的垂直运动,这显然是不合理的。为了减少风的观测引起的垂直速度误差,要对以上计算结果进行修正。

修正的基本原理是补偿原理。即假定水平散度的垂直积分为零,并假定误差随高度线性增加。粟原(1961)根据上述基本设想,用公式:

$$\omega'_k = \omega_k - \varepsilon(p)\omega_N \tag{2-4-34}$$

来修正垂直速度的计算值。式中 ω_k 为计算的第 k 层垂直速度, ω'_k 则是该层修正后的垂直速度, ω_N 是大气上边界的计算值, $\varepsilon(p)$ 是一个依等压面高度改变的权重函数,其取值见表 2-4-2。由表可见,500 hPa 以下,订正值很小,都在 20% 以下, 400 hPa 以上订正系数急剧增大,对流层顶订正值达到 100%,这是根据前述之观测误差随高度增大和误差随高度积累和对流顶附近 $\omega \approx 0$ 这些事实给定的。O'brien (1970)用更严格的推证,得到目前最常用的非线性修正公式。

表 2-4-2　$\varepsilon(p)$ 取值表

p(hPa)	100	200	300	400	500	600	700	800	900
$\varepsilon(p)$	1.00	0.81	0.44	0.29	0.19	0.12	0.07	0.028	0.0016

1) 修正公式的推导

将连续方程对 p 再作一次微商,并用 $D = \dfrac{\partial u}{\partial x} + \dfrac{\partial v}{\partial y}$ 代入,

$$\frac{\partial}{\partial p}\frac{\partial \omega}{\partial p} = -\frac{\partial}{\partial p}D \tag{2-4-35}$$

如边界条件为

$$p = p_0 \qquad \omega_0 = 0 \tag{2-4-36}$$
$$p = p_T \qquad \omega_0 = \omega_T \tag{2-4-37}$$

则式(2-4-35)能得到 ω 确定的解。其中 p_T 为大气上边界气压, ω_T 为大气上边界垂直速度。因为这里除满足下边界条件外,在计算的上边界 $p = p_T$ 处,还必须满

足物理上的合理值（若上边界在对流顶附近，一般取 $\omega_T = 0$），显然它约束着上边界的计算值不致于偏离实际值，而且同时约束了各中间层 ω 的分布。故由式（2-4-35）推出的 ω 应为垂直速度的修正值，将式（2-4-35）写成差分形式，并以上标"'"表示经过修正后 ω 值，则为：

$$\omega'_{k+1} - 2\omega'_k + \omega'_{k-1} = (D_{k+1} - D_{k-1})\frac{\Delta p}{2} \qquad (2\text{-}4\text{-}38)$$

式中下标 k 为 ω 的分层序号，是用二次差分和一次差分的中央差分格式展开的，如果我们按前述之分层将 1000～100 hPa 分为 10 层，每两层之间厚度 $\Delta p = 100$ hPa，由低层向高层取 $k = 0 \sim 9$，在 $p = 1000$ hPa，$k = 0$ 时，$\omega'_0 = 0$，则式（2-4-38）写在各层上为：

$$\omega'_2 - 2\omega'_1 = (D_2 - D_0)\frac{\Delta p}{2} \qquad (2\text{-}4\text{-}38\text{-}1)$$

$$\omega'_3 - 2\omega'_2 + \omega'_1 = (D_3 - D_1)\frac{\Delta p}{2} \qquad (2\text{-}4\text{-}38\text{-}2)$$

$$\cdots$$

$$\omega'_8 - 2\omega'_7 + \omega'_6 = (D_8 - D_6)\frac{\Delta p}{2} \qquad (2\text{-}4\text{-}38\text{-}7)$$

$$\omega'_9 - 2\omega'_8 + \omega'_7 = (D_9 - D_7)\frac{\Delta p}{2} \qquad (2\text{-}4\text{-}38\text{-}8)$$

将式（2-4-38-1）+式（2-4-38-2）×2＋…式（2-4-38-8）×8，得：

$$\omega'_8 = \frac{1}{9}\left(\frac{D_0 + D_1}{2} + \cdots + \frac{D_6 + D_7}{2} + \frac{D_7 + D_8}{2} - 8\frac{D_8 + D_9}{2}\right)\Delta p + \frac{8}{9}\omega'_9$$

$$(2\text{-}4\text{-}39)$$

上式中：

$$\left(\frac{D_0 + D_1}{2} + \cdots + \frac{D_6 + D_7}{2} + \frac{D_7 + D_8}{2}\right)\Delta p = \omega_8 \qquad (2\text{-}4\text{-}40)$$

$$\frac{D_8 + D_9}{2}\Delta p = \omega_9 - \omega_8 \qquad (2\text{-}4\text{-}41)$$

则上式变为：

$$\omega'_8 = \frac{1}{9}[\omega_8 - 8(\omega_9 - \omega_8)] + \frac{8}{9}\omega' = \omega_8 - \frac{8}{9}(\omega_9 - \omega'_8) \qquad (2\text{-}4\text{-}42)$$

以相同的方法，得到：

$$\omega'_7 = \omega_7 - \frac{7}{9}(\omega_9 - \omega'_9) \qquad (2\text{-}4\text{-}43)$$

写成通式，并以 ω_N，ω_T 代替上边界的计算值和合理值（即 ω_9 和 ω'_9），则：

$$\omega'_k = \omega_k - \frac{k}{N}(\omega_N - \omega_T) \qquad (2\text{-}4\text{-}44)$$

式中 N 为计算的总层次。这一修正公式的订正系数是一个 k 的线性函数,将这一公式写在 k 和 $k-1$ 层上,则为:

$$\omega'_{k-1} = \omega_{k-1} - \frac{k-1}{N}(\omega_N - \omega_T) \tag{2-4-45}$$

将式(2-4-44)和式(2-4-45)相减,得:

$$\omega'_k - \omega'_{k-1} = \omega_k - \omega_{k-1} - \frac{1}{N}(\omega_N - \omega_T) \tag{2-4-46}$$

又

$$\omega_k - \omega_{k-1} = \left(\frac{D_k + D_{k-1}}{2}\right)\Delta p \tag{2-4-47}$$

$$\omega'_k - \omega'_{k-1} = \left(\frac{D'_k + D'_{k-1}}{2}\right)\Delta p \tag{2-4-48}$$

代入(2-4-46)得:

$$D'_k - D'_{k-1} = D_k + D_{k-1} - \frac{2}{N\Delta p}(\omega_N - \omega_T) \tag{2-4-49}$$

可以将此式看作以下两式的和:

$$D'_k = D_k - \frac{1}{N\Delta p}(\omega_N - \omega_T) \tag{2-4-50}$$

$$D'_{k-1} = D_{k-1} - \frac{1}{N\Delta p}(\omega_N - \omega_T) \tag{2-4-51}$$

则通式应为:

$$D'_k = D_k - \frac{1}{N\Delta p}(\omega_N - \omega_T) \tag{2-4-52}$$

式(2-4-52)是式(2-4-44)相对应的散度修正公式,其修正系数 $1/(N\Delta p)$ 为一个与 k 无关的常数,这显然不符合散度误差随高度增大的事实。

如果水平散度的误差随高度线性增加,则垂直速度的误差应是一个 k 的二次函数。我们仍用式(2-4-34)的形式将修正系数记为 $\varepsilon(p)$,并令:

$$\varepsilon(p) = a(k^2 + k) + b \tag{2-4-53}$$
$$k = 0, \varepsilon(p) = 0$$
$$k = N, \varepsilon(p) = 1$$

解之,得 $b=0, a=1/(N^2+N)$,代入式(2-4-53)得:

$$\varepsilon(p) = \frac{k}{N}\left(\frac{k+1}{N+1}\right) \tag{2-4-54}$$

将式(2-4-54)代回式(2-4-44)得:

$$\omega'_k = \omega_k - \frac{k}{N}\frac{(k+1)}{(N+1)}(\omega_N - \omega_T) \tag{2-4-55}$$

与式(2-4-55)相匹配的散度修正公式能够推出为:

$$D'_k = D_k - \frac{2k+1}{N(N+1)\Delta p} \quad (2\text{-}4\text{-}56)$$

式(2-4-55)与式(2-4-56)即为常用的修正公式。

图 2-4-3 是 1980 年 7 月 29 日实例计算的气旋中心附近 ω 垂直分布及其修正结果,修正时将 200 hPa 取作上边界,修正结果显然比原来合理。

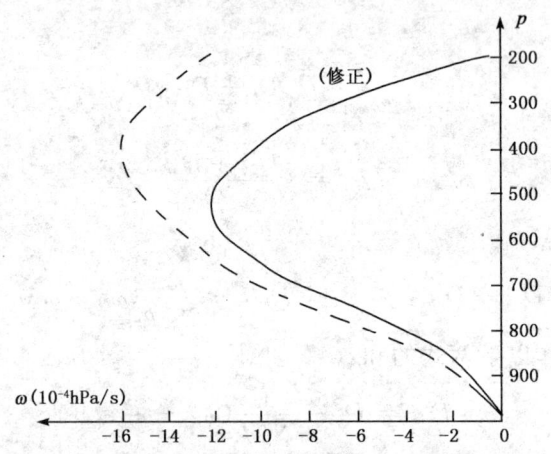

图 2-4-3　1980 年 7 月 29 日华北气旋中心附近 ω 计算值
(虚线)及修正值(实线)垂直廓线

用式(2-4-54)得到的修正系数,在等距分层时,各层值如表 2-4-3,它的分布与粟原的修正系数基本相似,只是比粟原的修正系数的垂直变化要和缓一些,也就是说,在中层以下修正值比粟原的方法要大,从中层到上层修正值比粟原方法要小。且订正值不只是 k 的二次函数,而且与上边界的计算值 ω_N 与合理值 ω_T 之差有关,只有在 $\omega_T = 0$ 时,才唯一与上边界的计算值成正比,这就比粟原的方法灵活。因为当计算层到达对流顶附近时,可取 $\omega_T = 0$ 进行修正,但当资料不足,计算层在 200 hPa 以下时,ω_T 可用绝热法得到(见本节后面介绍),仍然可以进行修正。而这种情况下,已无法用粟原的方法修正。

表 2-4-3　按式(2-4-55)得到的修正系数

hPa	100	200	300	400	500	600	700	800	900
$\varepsilon(p)$	1.00	0.8	0.62	0.466	0.333	0.222	0.133	0.067	0.022

式(2-4-55)与式(2-4-56)是在把大气层分为 10 个等差层得到的,从理论上讲应当把标准层用插值法插到上述等压面计算。但在精度要求不十分高时,也可直接用

1000,850,700,500,…,100 hPa 8 层计算,仍用式(2-4-55)与式(2-4-56)修正,这时各层修正系数如表 2-4-4,可见在低层修正量偏小,但最大误差仅 12%,这应当是允许的。表 2-4-1 中 B 点 ω' 即是按不等距分层修正的,修正结果合理。

表 2-4-4　不等压分层修正系数

hPa	100(7)	200(6)	300(5)	400(4)	500(3)	700(2)	850(1)
$\varepsilon(p)$	1.0	0.75	0.536	0.357	0.214	0.107	0.036

(3) 地形性垂直速度计算

地形地表都可以产生垂直运动。在计算精度要求较高时,下边界条件不能取 $\omega_0 = 0$,而要将这两项的作用考虑进去,在下边界中取:

$$\omega_0 = \omega_s + \omega_F \tag{2-4-57}$$

式中 ω_s 为气流爬坡引起的垂直速度,ω_F 为边界层摩擦引起的垂直速度。

1) 气流爬坡垂直速度的计算

由

$$W_s = \vec{V} \cdot \nabla z_s \tag{2-4-58}$$

式中下标 s 表示地面各种物理量,W 为 z 坐标垂直速度,z_s 表示地面海拔高度。在 p 坐标中地面垂直速度 ω_s 为:

$$\omega_s = \left(\frac{\mathrm{d}p}{\mathrm{d}t}\right)_s = \left(\frac{\partial p}{\partial t}\right)_s + (\vec{V} \cdot \nabla p)_s + \left(W \frac{\partial p}{\partial z}\right)_s \tag{2-4-59}$$

式中 $\vec{V}$ 为水平风矢量,由于右侧第三项比 1、2 项大 1~2 量级,这样:

$$\omega_s = -\rho_s g W_s = -\rho_s g \vec{V}_s \cdot \nabla z_s \tag{2-4-60}$$

式(2-4-60)用在小地形,且地面坡度比较平缓条件下是适当的,但对像青藏高原这样大地形特别是其边界地形很陡地方便发生了困难。这时,ω_s 不再代表 1000 hPa,地形极大高度以下散度的计算也会出现较大的误差。由:

$$\nabla \cdot \int_{p_s}^{p} \vec{V} \mathrm{d}p = \int_{p_s}^{p} \nabla \cdot \vec{V} \mathrm{d}p + \vec{V}_h \cdot \nabla p - \vec{V}_s \cdot \nabla p \tag{2-4-61}$$

$\vec{V}_h$、$\vec{V}_s$ 为积分上下界的水平风矢,式中等号右侧第二项为零,得:

$$\int_{p_s}^{p} \nabla \cdot \vec{V} \mathrm{d}p = \nabla \cdot \int_{p_s}^{p} \vec{V} \mathrm{d}p + \vec{V}_s \cdot \nabla p \tag{2-4-62}$$

代入连续方程式得:

$$\omega_p = \omega_s - \nabla \cdot \int_{p_s}^{p} \vec{V}_h \mathrm{d}p - \vec{V}_s \cdot \nabla p_s \tag{2-4-63}$$

式中 ∇p_s 为积分下限(地面)的气压梯度,它相当于式(2-4-59)等号右侧 2、3 项之和。这样将式(2-4-59)代入得:

$$\omega_p = \left(\frac{\partial p}{\partial t}\right)_s - \nabla \cdot \int_{p_s}^{p} \vec{V}_h \mathrm{d}p \tag{2-4-64}$$

略去 $\left(\frac{\partial p}{\partial t}\right)_s$，从而得：

$$\omega_p = -\nabla \cdot \int_{p_s}^{p} \vec{V}_h \mathrm{d}p \tag{2-4-65}$$

此式用风的积分散度代替了水平散度的积分求取垂直速度，已将地形强迫作用包含在内。

如果由下向上计算各等压面的 ω 值，各层编号为 P_1、P_2、$\cdots$，则：

$$\omega_{p_1} = -\nabla \cdot \int_{p_s}^{p} \vec{V} \mathrm{d}p \tag{2-4-66}$$

$$\omega_{p_2} = \omega_{p_1} - \nabla \cdot \int_{p_1}^{p_2} \vec{V} \mathrm{d}p = \omega_{p_1} - \int_{p_1}^{p_2} \nabla \cdot \vec{V} \mathrm{d}p \tag{2-4-67}$$

即在地形上空第二层标准等压面计算仍可用实测风计算散度值，按式(2-4-31)计算。

2）边界层垂直速度 ω_F

从摩擦层运动方程，解出摩擦层中风的埃克曼分布，据此得出的摩擦层顶垂直速度为：

$$\omega_F = -\rho_s g \zeta_g \sqrt{\frac{K}{2f}} \sin 2\nu \tag{2-4-68}$$

式中 ζ_g 为摩擦层顶的地转风涡度，K 为涡旋黏性系数，一般取 $K=5$ m/s，ν 为地面风和等压线的交角，它随地面海拔高度而变化。

2.4.2.2 ω 方程法

(1)公式的推导

1）准地转 ω 方程

假定大气是准地转的，则涡度方程和热力学方程为：

$$\frac{\partial \zeta_g}{\partial t} + \vec{V}_g \cdot \nabla(\zeta_g + f) = -f_0 \nabla \cdot \vec{V} \tag{2-4-69}$$

$$\frac{\partial T}{\partial t} + \vec{V}_g \cdot \nabla T + \frac{T}{\theta}\frac{\partial \theta}{\partial p}\omega = \frac{1}{c_p}\frac{\mathrm{d}Q}{\mathrm{d}t} \tag{2-4-70}$$

式中 $\vec{V}_g$ 和 ζ_g 分别是地转风和地转风涡度。利用连续方程和静力学方程可以得到：

$$\frac{\partial}{\partial t}\nabla^2 \varphi + f_0 \vec{V}_g \cdot \nabla(\zeta_g + f) - f_0 \frac{\partial \omega}{\partial p} = 0 \tag{2-4-71}$$

$$\frac{\partial}{\partial t}\left(\frac{\partial \varphi}{\partial p}\right) + \vec{V}_g \cdot \nabla\left(\frac{\partial \varphi}{\partial p}\right) - \frac{RT}{p\theta}\frac{\partial \theta}{\partial p}\omega + \frac{R}{c_p p}\frac{\mathrm{d}Q}{\mathrm{d}t} = 0 \tag{2-4-72}$$

令 $\sigma = -\frac{RT}{p\theta}\frac{\partial \theta}{\partial p} = -\frac{\alpha}{\theta}\frac{\partial \theta}{\partial p}$ 代表静力稳定度参数，α 为比容。

对上两式分别求 $f_0 \dfrac{\partial}{\partial p}$、$\nabla^2$，然后两式相减，消去带有时间导数项。得到：

$$\nabla^2 \sigma \omega + f_0^2 \dfrac{\partial^2 \omega}{\partial p^2} = f_0 \dfrac{\partial}{\partial p}[\vec{V}_g \cdot \nabla(\zeta_g + f)] - \nabla^2\left[\vec{V}_g \cdot \nabla\left(\dfrac{\partial \varphi}{\partial p}\right)\right] - \dfrac{R}{c_p p} \nabla^2 \dfrac{dQ}{dt}$$
(2-4-73)

如果等式右侧是一个已知函数，则式(2-4-73)就是一个关于 ω 的二阶偏微分方程。略去 σ 在水平方向的变化，并引入雅可比算子，式(2-4-73)可改写为：

$$\nabla^2 \omega + f_0^2 \dfrac{\partial^2 \omega}{\partial p^2} = \dfrac{1}{\sigma}\dfrac{\partial}{\partial p}\left[J\left(\varphi, \dfrac{\nabla^2 \varphi}{f_0} + f\right)\right] - \nabla^2 \dfrac{1}{\sigma f_0} \nabla^2 \left[J\left(\varphi, \dfrac{\partial \varphi}{\partial p}\right)\right] - \dfrac{R}{c_p p \sigma} \nabla^2 \dfrac{dQ}{dt}$$
(2-4-74)

如不计非绝热加热的贡献，或已知非绝热加热的空间分布，则只需位势场的资料，即可求解式(2-4-74)。但由于使用高度场计算的效果不很理想，也有将式(2-4-73)中关于风场的项目改用实测风求解。

2) 平衡模式的 ω 方程

由于地转平衡是最粗略的近似，是将散度方程简化为地转近似得到的。实际上大气运动许多重要性质都与非地转过程联系着，也就是说，略去了许多引发垂直运动的重要因子。这些因子都可能在一定条件下转变为主要项，因而希望有一个更完整的 ω 方程用于诊断分析。

平衡模式用的是平衡近似，在天气尺度运动中略去小项后的散度方程为：

$$\left(\dfrac{\partial u}{\partial x}\right)^2 + \left(\dfrac{\partial v}{\partial y}\right)^2 + 2\left(\dfrac{\partial u}{\partial y}\right)\left(\dfrac{\partial v}{\partial x}\right) = -\nabla^2 \varphi + f\zeta - \beta u$$
(2-4-75)

该式表示风场和位势场的一种平衡关系，称平衡方程，满足平衡方程的风场称为平衡风。当非线性项等于零，且地转参数取常数时，就是前述的地转平衡关系。可见平衡方程是比地转方程高一级的近似，平衡方程相应的涡度方程是：

$$\dfrac{\partial \zeta}{\partial t} + \vec{V} \cdot \nabla \eta + \omega \dfrac{\partial \eta}{\partial p} = -\eta \nabla \cdot \vec{V} - \left(\dfrac{\partial \omega}{\partial x}\dfrac{\partial v}{\partial p} - \dfrac{\partial \omega}{\partial y}\dfrac{\partial u}{\partial p}\right) + \left(\dfrac{\partial N_y}{\partial x} - \dfrac{\partial N_x}{\partial y}\right)$$
(2-4-76)

式中 N_y、N_x 分别是摩擦力在 y 和 x 方向的分量，$\eta = f + \zeta$ 是绝对涡度。

将平衡方程对 p 求微商得：

$$\nabla^2 \dfrac{\partial \varphi}{\partial p} = f \dfrac{\partial \zeta}{\partial p} - \beta \dfrac{\partial u}{\partial p} + 2 \dfrac{\partial}{\partial p} J(u, v)$$
(2-4-77)

再对热力学方程作 $\nabla \cdot$ 算子运算后将式(2-4-77)代入得：

$$\dfrac{\partial}{\partial t}\left[f \dfrac{\partial \zeta}{\partial p} - \beta \dfrac{\partial u}{\partial p} + 2 \dfrac{\partial}{\partial p} J(u, v)\right] = \nabla^2 \left[\vec{V} \cdot \nabla \left(\dfrac{\partial \varphi}{\partial p}\right)\right] - \nabla^2 \sigma \omega - \dfrac{R}{c_p p} \nabla^2 \left(\dfrac{dQ}{dt}\right)$$
(2-4-78)

$$\left(\frac{\partial u}{\partial x}\right)^2 + \left(\frac{\partial v}{\partial y}\right)^2 + 2\left(\frac{\partial u}{\partial y}\right)\left(\frac{\partial v}{\partial x}\right) = \left(\frac{\partial u}{\partial x} + \frac{\partial v}{\partial y}\right)^2 - 2\left(\frac{\partial u}{\partial x}\frac{\partial v}{\partial y} - \frac{\partial v}{\partial x}\frac{\partial u}{\partial y}\right) - 2J(u,v) \tag{2-4-79}$$

将涡度方程式作 $f\frac{\partial}{\partial p}$ 运算后与上式相减,整理得:

$$\nabla^2 \sigma\omega + f^2 \frac{\partial^2 \omega}{\partial p^2} = f\frac{\partial}{\partial p}(\vec{V}\cdot\nabla\eta) - \nabla^2\left[\vec{V}\cdot\nabla\left(\frac{\partial \varphi}{\partial p}\right)\right] + 2\frac{\partial}{\partial t}\left[\frac{\partial}{\partial p}J(u,v)\right]$$

$$+ f\frac{\partial}{\partial p}(\zeta\nabla\cdot\vec{V}) - f\frac{\partial}{\partial p}\left(\frac{\partial N_y}{\partial x} - \frac{\partial N_x}{\partial y}\right) - \frac{R}{c_p p\sigma}\nabla^2\left(\frac{dQ}{dt}\right)$$

$$+ f\frac{\partial}{\partial p}\left(\omega\frac{\partial \zeta}{\partial p}\right) + f\frac{\partial}{\partial p}\left(\frac{\partial \omega}{\partial x}\frac{\partial v}{\partial p} - \frac{\partial \omega}{\partial y}\frac{\partial u}{\partial p}\right) + \beta\frac{\partial}{\partial t}\frac{\partial u}{\partial p} \tag{2-4-80}$$

如果将平流项分为无辐散风平流和辐散风平流两部分,且将加热函数分解为显热和潜热之和,即令:

$$\frac{dQ}{dt} = H_s + H_l, \quad \vec{V} = K\times\nabla\varphi - \nabla\chi, \quad u = -\frac{\partial \varphi}{\partial y} - \frac{\partial \chi}{\partial x}, \quad v = -\frac{\partial \varphi}{\partial x} - \frac{\partial \chi}{\partial y}$$

则式(2-4-80)变为:

$$\nabla^2 \sigma\omega + f^2\frac{\partial^2 \omega}{\partial p^2} = f\frac{\partial}{\partial p}F(\varphi,\eta) - \frac{R}{p}\nabla^2 J(\varphi,T) + 2\frac{\partial}{\partial t}\left[\frac{\partial}{\partial p}J\left(\frac{\partial \varphi}{\partial x},\frac{\partial \varphi}{\partial y}\right)\right]$$

$$+ f\frac{\partial}{\partial p}(\zeta\nabla^2\chi) - f\frac{\partial}{\partial p}\left(\frac{\partial N_y}{\partial x} - \frac{\partial N_x}{\partial y}\right) - \frac{R}{c_p p}\nabla^2 H_l$$

$$- \frac{R}{c_p p}\nabla^2 H_s + f\frac{\partial}{\partial p}\left(\omega\frac{\partial}{\partial p}\nabla^2\chi\right) + f\frac{\partial}{\partial p}\left(\nabla\omega\cdot\nabla\frac{\partial \chi}{\partial p}\right)$$

$$- f\frac{\partial}{\partial p}(\nabla\chi\cdot\nabla\eta) - \frac{R}{P}\nabla^2(\nabla\chi\cdot\nabla T) + \beta\frac{\partial}{\partial t}\frac{\partial}{\partial p}\frac{\partial \varphi}{\partial y} \tag{2-4-81}$$

式(2-4-81)就是诊断计算中比较完整的 ω 方程。它的右端共有 12 个强迫因子,共同对垂直运动起作用。但这 12 个因子作用的大小并不是等同的,而且其相对重要性也随时间、地点和研究对象而异,所以,为避免繁杂的计算,一般都视不同条件采用不同的简化形式。

(2) ω 方程的求解

将式(2-4-80)和式(2-4-81)右端含有的 ω 看作是一个与公式左侧未知函数无关的已知量,且 $\sigma > 0$,则该式就是一个线性椭圆型偏微分方程,可写为:

$$\nabla^2\sigma\omega_l + f^2\frac{\partial^2\omega}{\partial p^2} = F_l \tag{2-4-82}$$

式中 F_l 代表第 l 个强迫函数,ω_l 为 F_l 引发的垂直速度分量,将所有 ω_l 相加,即得到总的 ω。

将式(2-4-82)改写为差分方程,即可求得其数值解,步骤如下:

1) 按研究对象确定计算区域和计算网格(步长),应将研究对象所在位置放在计算区中心,大尺度系统水平网格距一般 200~500 km,垂直格距取 200 hPa(图 2-4-4),图中 k 表示分层序号。输入 100、300、500、700、900 hPa 的资料(900 hPa 可用插值得到),计算输出 200、400、600、800 hPa 等层 ω 值。也可以将上边界取在 100 hPa 上,输入 200、400、600、800、1000 hPa 的资料,计算输出 300、500、700、900 hPa 的 ω 值,但不如前者方便。因为在求取 900 hPa 垂直速度时,垂直格距和其他层不同,给计算带来不便。

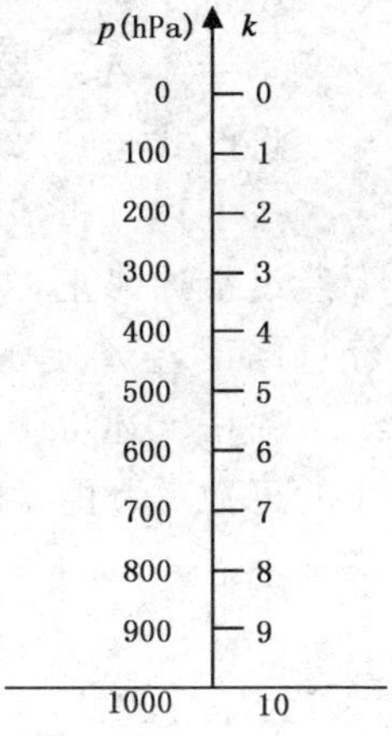

2) 将微分方程改写为差分方程

以 k、i、j 分别表示垂直方向、x 方向和 $-y$ 方向的网格序号,则式(2-4-82)可改写为:

图 2-4-4 垂直分层

$$\frac{\sigma m^2}{d^2}(\omega_{i,j+1,k} + \omega_{i,j-1,k} + \omega_{i+1,j,k} + \omega_{i-1,j,k} - 4\omega_{i,j,k})$$

$$+ \left(\frac{f_0}{\Delta p}\right)^2(\omega_{i,j,k+1} - \omega_{i,j,k-1} - 2\omega_{i,j,k}) = F_{i,j,k} \qquad (2\text{-}4\text{-}83)$$

式中已略去强迫函数的序号,m 为地图投影放大系数,d 为水平格距。在求解式(2-4-83)时,强迫函数已作为已知函数给出,因而该式是一个普通代数方程。

3) 用迭代法求解 ω 方程

式(2-4-83)虽然是一个普通的代数方程,但它仍有 7 个未知函数,需要用周围 6 个格点写出 6 个方程与该方程联立求解,但每一个新的方程又引入 5 个未知量,直到边界为止(假定已给出边界条件),这不仅用手算很困难,即使用计算机也不易做到。所以通常用张驰(迭代)法计算。用这种方法求解 ω 方程的思路是:

① 将边界条件、强迫函数及初始给定的任意猜值场即任意给定一个 ω 场的分布,例如可将所有点的 ω 给定为 0,代入式(2-4-83),得到:

$$A(\omega^{(1)}_{i,j+1,k} + \omega^{(1)}_{i,j-1,k} + \omega^{(1)}_{i-1,j,k} + \omega^{(1)}_{i+1,j,k}) + B(\omega^{(1)}_{i,j,k+1} + \omega^{(1)}_{i,j,k-1})$$
$$- (4A + 2B)\omega^{(1)}_{i,j,k} - F^{(1)}_{i,j,k} = R^{(1)}_{i,j,k} \qquad (2\text{-}4\text{-}84)$$

式中 $A = \frac{\sigma m^2}{d^2}$,$B = \left(\frac{f_0}{\Delta p}\right)^2$,$R$ 为方程的余差,上标"(1)"表示第一次猜值的结果。

② 根据余差求取第二次猜值场。

格点 (i,j,k) 上第二次猜值为:

$$\omega^{(2)}_{i,j,k} = \omega^{(1)}_{i,j,k} + R^{(1)}_{i,j,k}/(4A + 2B) \qquad (2\text{-}4\text{-}85)$$

式中右侧第二项称为余差修正量。这一项是设想经过修正后,将 $\omega^{(2)}_{i,j,k}$ 反代回式(2-4-83)时,余差减小为 0,即

$$A(\omega_{i,j+1,k}^{(1)} + \omega_{i,j-1,k}^{(1)} + \omega_{i-1,j,k}^{(1)} + \omega_{i+1,j,k}^{(1)}) + B(\omega_{i,j,k+1}^{(1)} + \omega_{i,j,k-1}^{(1)})$$
$$- (4A + 2B)\omega_{i,j,k}^{(1)} - F_{i,j,k}^{(1)} = 0 \qquad (2-4-86)$$

将此式与式(2-4-84)比较求得的。

按上述分析似乎经过第一次修正就能得到 ω 的真解。实际上由于所有网格点都要经过上述修正，这样将周围格点的修正值代入式(2-4-84)，又会产生新的余差。但经过修正，余差是减小的。

③按上述步骤，反复运算，直到所有网格点上余差绝对值减小到事前给定的任意小的正数 s 为止。误差满足要求的精度，即求得了方程的真解。将上述计算过程写成一个通式，即：

$$\omega_{i,j,k}^{(m+1)} = \omega_{i,j,k}^{(m)} + R_{i,j,k}^{(m)}/(4A + 2B) \qquad (2-4-87)$$

$$A(\omega_{i,j+1,k}^{(m)} + \omega_{i,j-1,k}^{(m)} + \omega_{i-1,j,k}^{(m)} + \omega_{i+1,j,k}^{(m)}) + B(\omega_{i,j,k+1}^{(m)} + \omega_{i,j,k-1}^{(m)})$$
$$- (4A + 2B)\omega_{i,j,k}^{(m)} - F_{i,j,k}^{(m)} = R_{i,j,k}^{(m)} \qquad (2-4-88)$$

在求取余差时，上式全部使用未经修正的猜值量。事实上，如果迭代顺序是由上向下，由左向右进行的话，则在计算 m 次 (i,j,k) 点的余差量时，$(i,j,k-1)$ 和 $(i-1, j,k)$ 及 $(i,j-1,k)$ 格点经修正的猜值（即 $\omega^{(m+1)}$）已经求得。事实证明，如果改用 $\omega^{(m+1)}$ 值求取，能够加快迭代收敛速度，这种方法称顺次张弛法，而前者叫同时张弛法。为了加快收敛速度，还可以在余差修正量上乘一个大于1的常数 α（一般取在1.4~1.6之间），这种方法称超张弛法，α 叫超张弛系数。式(2-4-87)相应写成：

$$\omega_{i,j,k}^{(m+1)} = \omega_{i,j,k}^{(m)} + \alpha R_{i,j,k}^{(m)}/(4A + 2B) \qquad (2-4-89)$$

总结以上步骤，可得到以下程序框图(图2-4-5)。

(3) 边界条件、地形和摩擦作用的计算方案

1) 水平边界条件

水平边界条件通常取

$$\omega_\Gamma = 0 \qquad (2-4-90)$$

Γ 表示计算区域的周边。显然这样取并不确切，因为计算区四周垂直速度不可能都是零。但我们取定的计算范围较大时，边界值对内部垂直速度影响较小，仍可认为距边界较远的中心附近计算结果是可靠的。所以，我们在取定计算区域时，要考虑这一因素，要把计算区域取得远大于研究对象的范围。

2) 垂直边界条件

计算区域的上边界，一般可取在大气上界，但也取100~200 hPa，因为那里的垂直运动已经很弱。

$$\omega|_{p=0} = 0 \text{ 或 } \omega|_{p=100} = 0 \qquad (2-4-91)$$

这个边界条件基本上是符合实际的。

下边界条件有各种不同的取法，最简单的取法是将海平面上垂直速度取为

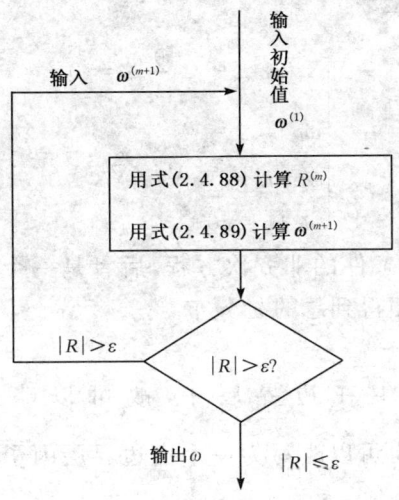

图 2-4-5 迭代框图

零,即:

$$\omega\mid_{p=1000}=0 \tag{2-4-92}$$

在山脉地区,就要考虑地形的强迫作用,这时下边界条件应取

$$\omega\mid_{p=p_s}=\vec{V}_s\cdot\nabla p_s \tag{2-4-93}$$

式中 $\vec{V}_s$ 及 ∇p_s 为地面水平风矢量和场面气压梯度。这样,在求解式(2-4-82)中,就变为如下的定解条件。

$$\begin{cases} \nabla^2\sigma\omega_l+f^2\dfrac{\partial^2\omega}{\partial p^2}=F_l \\ \omega_l\mid_{p=0}=0 \\ \omega_l\mid_{p=p_s}=\vec{V}_s\cdot\nabla p_s \\ \omega_l\mid_\Gamma=0 \end{cases}$$

这是一个具有非齐次边界的非齐次方程,一般说来,在数值计算中是比较繁杂的。而且,将地形作用引入到任意强迫函数中,将使我们无法单独估计这些强迫函数的贡献。

用分离方法可将上式分解为两部分,即:

$$\begin{cases} \nabla^2\sigma\omega_l+f^2\dfrac{\partial^2\omega}{\partial p^2}=F_l \\ \omega_l\mid_{p=0}=0 \\ \omega_l\mid_{p=p_s}=0 \\ \omega_l\mid_\Gamma=0 \end{cases}$$

和

$$\begin{cases} \nabla^2 \sigma \omega_l + f^2 \dfrac{\partial^2 \omega}{\partial p^2} = 0 \\ \omega_l \mid_{p=0} = 0 \\ \omega_l \mid_{p=p_s} = \vec{V} \cdot \nabla p_s \\ \omega_l \mid_{\Gamma} = 0 \end{cases}$$

前者是一个齐次边界条件的非齐次方程,后者是一个非齐次边界的齐次方程。将两类方程解线性相加,便得到总的 ω 分布。

3)摩擦作用的计算

摩擦作用主要发生在边界层中,故可以略去大气内摩擦,所以 $-f\dfrac{\partial}{\partial p}\left(\dfrac{\partial N_y}{\partial x} - \dfrac{\partial N_x}{\partial y}\right)$ 项也可以改写为一个由边界层因子表示的表达式(见式 2-4-68)。一般也可用式(2-4-88)表示该项的贡献。这样,式(2-4-81)中就只余下 11 个强迫因子了。

(4)加热函数的计算方案

1)感热(显热)加热项的计算

为求得感热加热对 ω 的贡献,首先要计算感热通量及其垂直分布。下垫面在单位时间内向单位气柱底面输送的感热通量可以用:

$$S_0 = c_p \rho_s C_D |\vec{V}_g|(T_s - T_a) \tag{2-4-94}$$

计算式(2-4-94)中 C_D 为拖曳系数,$|\vec{V}_g|$ 为地转风速,T_s、T_a 分别为地温(0 cm)和气温(百叶箱高度)。

由于感热向上呈线性递减,在热力混合层顶 p_a 时,$S_a = 0$,则 S 随高度的分布为:

$$S_p = S_0(p - p_a)/(p_s - p_a) \tag{2-4-95}$$

$$\dfrac{\partial S_p}{\partial p} = S_0/(p_s - p_a) = S_0/\Delta p \tag{2-4-96}$$

则单位时间加给单位气柱总热量为:

$$Q = \int_{P_a}^{P_s} \dfrac{\partial S}{\partial p} dp = \int_{P_a}^{P_s} dS = S_0 - S_a = S_0 \tag{2-4-97}$$

该气柱中单位质量加热率应为:

$$H_s = \dfrac{Q}{m} = g S_0/\Delta p \tag{2-4-98}$$

计算时,一般 Δp 取 200~300 hPa。C_D 的取值是一个很敏感的问题,一般考虑它是风速的函数,即:

$$C_D = \begin{cases} 1.0 \times 10^{-3} & \text{当 } |\vec{V}_s| < 5 \text{ m/s} \\ 0.2 \times 10^{-3} V_s & \text{当 } 5 \text{ m/s} \leqslant |\vec{V}_s| \leqslant 10 \text{ m/s} \\ 2.0 \times 10^{-3} & \text{当 } |\vec{V}_s| > 10 \text{ m/s} \end{cases}$$

在高原地区,一般取 $C_D = 5 \times 10^{-3} \sim 8 \times 10^{-3}$。$S$ 的观测记录一般采用卡*/(cm²·min),可用下式换算。

$$1 \text{ 卡}/(\text{cm}^2 \cdot \text{min}) = 7 \text{ hPa} \cdot \text{m/s}$$

将感热加热率代入感热函数表达式得:

$$F_l = -\frac{R}{c_p p} \nabla^2 \left(g \frac{S_0}{\Delta p} \right) = \frac{Rg}{c_p p \Delta p} \nabla^2 S_0 \tag{2-4-99}$$

2)潜热加热函数的计算方案

依层结稳定度的差别,潜热加热有两种计算方案。

① 大尺度的稳定性凝结加热

大尺度上升的饱和气层中,单位时间内能从单位质量的空气中凝结的水汽为 $-\dfrac{\mathrm{d}q_s}{\mathrm{d}t}$,所释放的潜热(即潜热加热率)$H_l = -L \dfrac{\mathrm{d}q_s}{\mathrm{d}t}$,其中 L 为凝结潜热。有两种方法计算 $-\dfrac{\mathrm{d}q_s}{\mathrm{d}t}$。

A. 计算饱和比湿的垂直梯度

将 $\dfrac{\mathrm{d}q_s}{\mathrm{d}t}$ 作局地展开:

$$\frac{\mathrm{d}q_s}{\mathrm{d}t} = \frac{\partial q_s}{\partial t} + \vec{V} \cdot \nabla q + \omega \frac{\partial q_s}{\partial p} \tag{2-4-100}$$

由于在饱和气层中上式右侧第1、2项较小,可以略去,这样得到:

$$H_l = -L\omega \frac{\partial q_s}{\partial p} \tag{2-4-101}$$

这里 $\dfrac{\partial q_s}{\partial p}$ 相当于 $T - \ln p$ 图上通过计算层温度的那一根湿绝热线上饱和比湿的垂直梯度。

根据计算点的 T、p 及 q_s,可以求取 $\dfrac{\partial q_s}{\partial p}$。

$$\frac{\partial q_s}{\partial p} = -\frac{0.622 \times 6.11}{p^2} \exp\left[\frac{a(T-273.16)}{T-b}\right] \left\{ 1 + \frac{RT}{c_p} \left[\frac{273.16a - ab}{(T-b)^2}\right](1 + 0.61q) \right\} \Big/$$
$$\left\{ 1 + \frac{0.622 \times 6.11 L}{c_p p} \exp\left[\frac{a(T-273.16)}{T-b}\right] \left(\frac{273.16a - ab}{(T-b)^2}\right) \right\} \tag{2-4-102}$$

---

* 1 卡 = 4.18 J

其中 a、b 为两个经验常数。上式右边都是已知量,故可直接求取 $\frac{\partial q_s}{\partial p}$,再代入式 (2-4-81) 式求取大尺度潜热加热函数。必须注意,式 (2-4-101) 右侧的 ω,应当是由除潜热加热以外所有强迫因子所引发的 ω 的总和,因此,常用连续方程的修正方案求得,也可将这一项放在最后计算,这样即可用除此项以外的 ω 总和计算。

B. 凝结函数法

对 $q_s = 0.622 \frac{e}{p}$ 两边取对数求导,结合克劳修斯—克拉贝龙方程得:

$$\frac{1}{q_s}\frac{dq_s}{dt} = \frac{1}{R_v T^2}\frac{dT}{dt} - \frac{\omega}{p} \tag{2-4-103}$$

式中 R_v 为水汽的比气体常数。在湿绝热过程中,单位时间放出潜热对外作功为:

$$-L\frac{dq_s}{dt} = \frac{dT}{dt} - \frac{RT}{p}\omega \tag{2-4-104}$$

由前两式消去 $\frac{dT}{dt}$,得到:

$$\frac{dq_s}{dt} = \frac{q_s T(LR_d - c_p R_w T)}{c_p R_v T^2 + q_s L^2} \frac{\omega}{p} \tag{2-4-105}$$

式中 R_d 为干空气比气体常数,其余为常用符号,再令:

$$F = \frac{q_s T(LR_d - c_p R_v T)}{(c_p R_v T^2 + q_s L^2)p} \tag{2-4-106}$$

F 称为凝结函数,则:

$$\frac{dq_s}{dt} = F\omega \tag{2-4-107}$$

这样,可以用各层的状态参量求取凝结函数,再用下式求取大尺度潜热加热率。也可以将凝结函数制成表格,以备查算。

$$H_l = -L\frac{dq_s}{dt} \tag{2-4-108}$$

此外,由于饱和空气层中稳定度必须用湿绝热线来衡量,所以,ω 方程中静力稳定度参数应改为湿静力稳定度参数 σ_e,为了对比,将干静力稳定度记为 σ_d,仿照干静力稳定度定义:

$$\sigma_e = -\frac{RT}{P\theta_{se}}\frac{\partial \theta_{se}}{\partial p} = \sigma_d - \frac{RT}{c_p p}\frac{\partial q_s}{\partial p} \tag{2-4-109}$$

满足稳定上升的饱和气层中 $H_l > 0$,否则 $H_l = 0$,写成数学表达式则为:

$$H_l = \begin{cases} -L\dfrac{dq_s}{dt} & \begin{array}{l}\sigma_d > 0, \sigma_e > 0 \\ T - T_d \leqslant 5℃ \text{ 或 } q/q_s > 0.75 \\ \omega < 0\end{array} \\ 0 & \text{不满足其中任何一条} \end{cases}$$

空气达到饱和所需最低条件是根据经验估计的,不同季节,地区和不同高度也有差别,要在计算前加以研究确定。

②对流性凝结加热函数的计算方案

对流凝结加热是在条件性不稳定大气中($\sigma_d > 0, \sigma_e < 0$),由积云对流造成的潜热释放。对流加热不仅对热带副热带系统发展的作用十分重要,而且对梅雨锋带上中、小尺度扰动的发生发展也有很大的贡献。由于对流加热是一次网格现象,无法在大尺度网格上直接计算,所以一般都采取参数化的方法加以处理。所谓参数化方法就是用大尺度量作为参数表示次网格贡献的处理方法。

积云对流参数化方法很多,大体可归纳为三类:第一类是考虑总静力能量守恒的对流调整方案,第二类是考虑积云尺度质量守恒的所谓质量守恒方案,这两种方案多用于大气环流和长期数值模拟中。对于短期过程常用第三类即积云对流方案,其中郭晓岚积云对流方案具有代表性。

郭晓岚最先给出的积云对流方案,假设对流加热是由总的水汽辐合造成的,而水汽辐合主要来自边界层,那么它的加热量应当和边界层顶的垂速速度成正比。如果环境温度为 T,比湿为 q,积云内部温度为 T_s,比湿为 q_s,则产生单位面积云柱(即设想的模式云)所需水汽量为:

$$Q = Q_1 + Q_2 \tag{2-4-110}$$

Q_1 和 Q_2 分别为使云区增温和增湿所需水汽量,它们分别用下式计算:

$$Q_1 = \frac{1}{g}\int_{p_B}^{p_T} \frac{c_p}{L}(T_s - T)\mathrm{d}p \tag{2-4-111}$$

$$Q_2 = \frac{1}{g}\int_{p_B}^{p_T} (q_s - q)\mathrm{d}p \tag{2-4-112}$$

下标 T 和 B 分别表示云顶和云底高度的参量,由于在云区实际的水汽辐合 I 为:

$$I = \frac{1}{g}\int_{p_B}^{p_T} \nabla \cdot (q\vec{V})\mathrm{d}p - \frac{1}{g}\omega_B q_B \tag{2-4-113}$$

式中第一项是云柱内水平辐合,第二项是通过云底的水汽流入。考虑边界层的流入是主要的,这时近似有:

$$I = -\frac{1}{g}\omega_B q_B \tag{2-4-114}$$

如定义 $\Delta\tau$ 表示积云的生命周期,成云百分比面积用 a 表示,则:

$$a = \frac{I\Delta\tau}{Q} \tag{2-4-115}$$

而积云对流加热率为:

$$H_c = \begin{cases} \dfrac{ac_p}{\Delta \tau}(T_s - T) & \begin{cases} I > 0 \\ \sigma_d > 0, \sigma_e < 0 \end{cases} \\ 0 & \text{不满足其中任何一条} \end{cases} \quad (2\text{-}4\text{-}116)$$

必须注意,计算对流加热并不需要满足大尺度场达到饱和的条件,而只需有净水汽辐合和条件不稳定这两条。这时,在 ω 方程的左侧,仍需使用干静力稳定度 σ_d。

用上式计算对流加热需要确定云底和云顶高度,在 $T-\ln P$ 图上是方便的,在计算机中必须用迭代法求取。由于它对计算结果影响不大,实际计算中常根据不同季节、不同地区取在一个固定等压面上。如一般平原上取云底为 900 hPa,云顶取在计算上界。这样剩下的问题就是求取云内温度。在云底取云内温度和周围环境温度相等,云底以上各层云中温度是沿着通过云底温度那一根湿绝热线而变化的,所以,如以 $T_s(p)$ 代表任一高度 p 的云中温度,那么:

$$T_s(p) = T_s(p + \Delta p) - \Gamma_m \Delta p \quad (2\text{-}4\text{-}117)$$

式中 Γ_m 为气压坐标表示的湿绝热递减率,Δp 为所取两气层的厚度,这样如果已知底层的云中温度,即可计算上层云中温度。

Γ_m 可用下面的公式计算:

$$\Gamma_m = \frac{RT}{c_p p} \frac{1 + \dfrac{0.622 LE}{pRT}}{1 + \dfrac{0.622 \times 25.22 T_0 LE}{c_p p T^2}\left(1 - \dfrac{5.31 T}{25.22 T_0}\right)} \quad (2\text{-}4\text{-}118)$$

其中 E 为饱和水汽压。

这样用式(2-4-117)计算出云中温度 $T_s(p)$,再用 $T_s(p)$ 计算 $q_s(p)$,代入式(2-4-116)求取 H_c。

在计算中,式(2-4-117)中 Δp 不能取得过大,常常要将两标准等压面分割成 10 层(10~15 hPa 为一层),结果才较可靠。

式(2-4-116)是计算对流加热的常用方法,但它也有一些不足之处,郭晓岚此后作了不少改进,详细情况可参阅有关文献。

也可以仿照稳定加热函数式(2-4-101)给出另一种简便的参数化形式。假设对流加热与摩擦层顶垂直速度、云中饱和比湿的垂直梯度成正比,即:

$$H_c = ALgI \frac{1}{q_{sB}} \frac{\partial q_s}{\partial p} \quad (2\text{-}4\text{-}119)$$

式中 A 是一个比例常数,它代表积云覆盖面积,一般取 $A = 0.2$。q_{sB} 代表云底饱和比湿。

(5)流函数和势函数的计算

为了解风的辐散分量和旋转分量分别对 ω 的贡献,要将原始风场分解为流函数和势函数。

由

$$u = \frac{\partial \varphi}{\partial y} - \frac{\partial \chi}{\partial x} \tag{2-4-120}$$

$$v = \frac{\partial \varphi}{\partial x} - \frac{\partial \chi}{\partial y} \tag{2-4-121}$$

得

$$\zeta = \frac{\partial v}{\partial x} - \frac{\partial u}{\partial y} = \nabla^2 \varphi \tag{2-4-122}$$

$$D = \frac{\partial u}{\partial x} + \frac{\partial v}{\partial y} = -\nabla^2 \chi \tag{2-4-123}$$

这样,我们可利用计算的散度场和涡度场计算流函数和势函数,计算步骤方法如下:

1) 根据上式,将流函数和势函数表达式改写为差分方程:

$$(\varphi_{i+1,j} + \varphi_{i-1,j} + \varphi_{i,j+1} + \varphi_{i,j-1})/d^2 = \zeta_{i,j} \tag{2-4-124}$$

$$(\chi_{i+1,j} + \chi_{i-1,j} + \chi_{i,j+1} + \chi_{i,j-1})/d^2 = -D_{i,j} \tag{2-4-125}$$

2) 确定边界条件

① 流函数的边界求法

第一种边界:设边界上流函数与位势高度场之间有地转平衡关系,则边界上:

$$\varphi = \frac{\Phi}{f} \tag{2-4-126}$$

第二种边界:设研究区四周净质量通量 M 等于零,即:

$$M = \oint_L v_n^c \mathrm{d}L = 0 \tag{2-4-127}$$

其中,L 为线积分的自变量,v_n 是边界上风的外法向分量。在前述假定下必须将这个风的外法向分量进行修正,即 v_n^c 是修正后的外法向分量,即

$$v_n^c = v_n + \varepsilon |v_n| \tag{2-4-128}$$

$$\varepsilon = -\oint_L v_n \mathrm{d}L \Big/ \oint_L |v_n| \mathrm{d}L \tag{2-4-129}$$

在正方形计算区四周:

$$(v_n)_{南边界} = -v, (v_n)_{北边界} = v, (v_n)_{西边界} = -u, (v_n)_{东边界} = u \tag{2-4-130}$$

假设研究区西北角一点流函数为已知,如 $\varphi = 0$,则边界上其余点可用订正后的外法向分量按:

$$\frac{\partial \varphi}{\partial L} = v_n^c \text{ 或 } \varphi_2 = \varphi_1 + \frac{(v_n^c)_1 + (v_n^c)_2}{2} \cdot d \tag{2-4-131}$$

求算,d 为格距。

② 势函数的边界条件

一般取边界上 $z=0$，但如果在计算区有大地形，如青藏高原，则可利用计算好的上层势函数，用：

$$\left(\frac{\partial \chi}{\partial n}\right)_{下层} = 0.7\left(\frac{\partial \chi}{\partial n}\right)_{上层} \tag{2-4-132}$$

求取地形高度以下各层地形内边界值。

3)用超张弛法解前述两个 Poisson 方程

ω 方程法是目前诊断分析中常用的计算垂直速度的方法之一，它不但能够算出总的 ω 分布，而且能够使我们诊断出各种不同因子对天气和天气系统发展的贡献。

2.4.2.3 绝热法

运动着的气块的位温变化，在绝热条件下可表示为（θ 为位温）：

$$\frac{d\theta}{dt} = \frac{\partial \theta}{\partial t} + \vec{V} \cdot \nabla \theta + \omega \frac{\partial \theta}{\partial p} = 0 \tag{2-4-133}$$

或

$$\frac{dT}{dt} = \frac{\partial T}{\partial t} + \vec{V} \cdot \nabla T + w \frac{\partial T}{\partial z} = \gamma_d w \tag{2-4-134}$$

整理得：

$$\omega = -\left(\frac{\partial \theta}{\partial t} + \vec{V} \cdot \nabla \theta\right) \bigg/ \frac{\partial \theta}{\partial p} \tag{2-4-135}$$

$$w = -\left(\frac{\partial T}{\partial t} + \vec{V} \cdot \nabla T\right) \bigg/ (\gamma_d - \gamma) \tag{2-4-136}$$

式中局地变化项 $\frac{\partial \theta}{\partial t}$ 用计算时位温与前 12 h 之差求取。一般用实际风计算位温平流。在中、高纬地区也可直接按地转风公式用高度场计算。在低纬地区，如果要用高度场资料计算平流项，必须求解平衡方程用无辐散流函数代替风速。

根据单站的高空风和探空资料，也可以求得该站的垂直速度。温度的局地变化可以从单站连续两次探空资料获得，而温度平流变化则可通过单站高空风分析图求出。在图 2-4-6 中 OA 与 OB 分别代表下层(850 hPa)和上层(700 hPa)风矢，则 AB 即两层之间的热成风矢量 $\vec{V}_T$，其大小为 $|\vec{V}_T|$，并由：

$$|\nabla \overline{T}| = \frac{f|\vec{V}_T|}{R \ln\left(\frac{p_A}{p_B}\right)} \tag{2-4-137}$$

计算出平均温度梯度，$|OC|$ 代表垂直于温度梯度的平均风分量。$|OC| \cdot |\nabla T|$ 即温度平流值。由 AB 的方向可判定高温区（在右）和低温区（在左），图 2-4-6 中为冷平流，显然

$$\vec{V} \cdot \nabla T < 0 \tag{2-4-138}$$

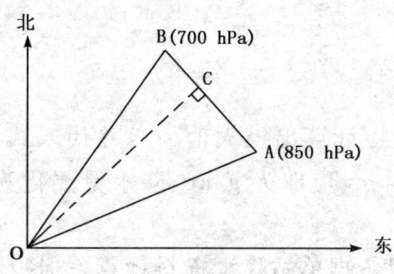

图 2-4-6 用单站高空风求垂直速度

用绝热法求算垂直速度,方法简单,易于掌握,且其误差没有随高度叠加的毛病,故在对流层高层效果较好,这是其他方法所不及的。所以常用其作运动学法的上边值。但也有如下几个问题:

1)在低层当 $\frac{\partial \theta}{\partial p}$ 接近于 0 时,会使计算的垂直速度产生极大误差。

2)计算结果表示的是 12 h 平均值,如果在 12 h 内系统发生了急剧变化(如暖平流转冷平流),则计算结果便会产生较大误差。

3)在近地层或有凝结发生时,绝热假定便不再成立,计算结果就不可靠了。

2.4.2.4 降水量反推法

降水率 R(单位时间的降水量)由下式给出:

$$R = -\int_0^\infty \rho \frac{dq_s}{dt} dz = \frac{1}{g} \int_{p_0}^p \frac{dq_s}{dt} dp \tag{2-4-139}$$

又

$$\frac{dq_s}{dt} = \frac{dq_s}{dp} \frac{dp}{dt} = \omega \frac{dq_s}{dp} \tag{2-4-140}$$

则对 ω 取平均时:

$$R = \frac{1}{g} \int_{p_0}^p \omega \frac{dq_s}{dp} dp = \frac{\bar{\omega}}{g} q_{s0}$$

即

$$\bar{\omega} = -gR/q_{s0} \tag{2-4-141}$$

利用式(2-4-141)计算出的是整层平均的垂直速度。如果设 ω 随高度作正弦分布,且无辐散层位于 P_0/α,ω_a 为这一正弦曲线的振幅,则:

$$\omega = \omega_a \sin\left(\frac{p}{p_0}\pi\right) \tag{2-4-142}$$

因

$$\bar{\omega} = \frac{1}{p_0} \int_{p_0}^p \omega_a \sin\left(\frac{p}{p_0}\pi\right) dp = \frac{2}{\pi} \omega_a \tag{2-4-143}$$

得

$$\omega_a = \frac{\pi}{2}\bar{\omega} \tag{2-4-144}$$

这样即可用式(2-4-144)计算出极大值 ω_a，并代入式(2-4-142)求取各层 ω 值。计算中要注意单位换算，如 q_{s0} 应取为 g/kg，降水量要化为 g/(cm·s)等，为了方便可制成表格。

这种方法简便，且可只依据单站降水资料计算。但没有降水的地区便无法确知其垂直运动。

例如：某地在 24 h 内降水 72 mm，地面饱和比湿平均 14 g/kg，地面气压 1000 hPa，求算这段时间平均 ω 分布。

(1)根据 $q_{s0}=14$ g/kg，$R=72/24=3$ mm/h。计算得 $\omega_a=-9.2\times 10^{-3}$ hPa/s。

(2)根据式(2-4-142)计算得：

$$\omega_{800} = \omega_a \sin\frac{800}{1000}\pi = -5.4\times 10^{-3} \text{ hPa/s}$$

2.4.3 其他动力学物理量的诊断

动力学物理量很多，不可能一一介绍，在此仅简要介绍准地转 Q 矢量和锋生函数的诊断方法，以便参考。

2.4.3.1 准地转 $\vec{Q}$ 矢量的诊断

准地转 $\vec{Q}$ 矢量是 Hoskins 和 Davis(1978)提出的，在现代天气分析与诊断中越来越受到重视。Hoskins 导出了以准地转 $\vec{Q}$ 矢量为唯一强迫项的 ω 方程，适用于大尺度和中尺度系统的诊断分析，$\vec{Q}$ 矢量也因此被认为是计算垂直速度的最好工具。

(1)准地转 $\vec{Q}$ 矢量的表达式

$\vec{Q}$ 矢量有两种常用的形式：Doswell(1998)给出了一种容易记忆的形式：

$$\vec{Q} = -R(\nabla \vec{V}_g) \cdot \nabla T \tag{2-4-145}$$

式中右端 $(\nabla \vec{V}_g)$ 是矢量的"梯度"，实际上是一个并矢(二阶张量)。将其展开，有：

$$Q_x = -R\frac{\partial u_g}{\partial x}\frac{\partial T}{\partial x} - R\frac{\partial v_g}{\partial x}\frac{\partial T}{\partial y} \tag{2-4-146}$$

$$Q_y = -R\frac{\partial u_g}{\partial y}\frac{\partial T}{\partial x} - R\frac{\partial v_g}{\partial y}\frac{\partial T}{\partial y} \tag{2-4-147}$$

另一种形式为：

$$Q_x = -f_0\frac{\partial v_g}{\partial \ln p}\frac{\partial v_g}{\partial y} - f_0\frac{\partial u_g}{\partial \ln p}\frac{\partial v_g}{\partial x} \tag{2-4-148}$$

$$Q_y = f_0 \frac{\partial v_g}{\partial \ln p} \frac{\partial u_g}{\partial y} + f_0 \frac{\partial u_g}{\partial \ln p} \frac{\partial u_g}{\partial x} \qquad (2\text{-}4\text{-}149)$$

这两种形式可以证明是完全相同的。

除准地转 $\vec{Q}$ 矢量外，还有半地转 $\vec{Q}$ 矢量、非地转 $\vec{Q}$ 矢量、湿 $\vec{Q}$ 矢量等 $\vec{Q}$ 矢量形式。

(2) 准地转 $\vec{Q}$ 矢量的意义：

用 $\vec{Q}$ 矢量表示的准地转 ω 方程：

$$\left(\nabla^2 + \frac{f_0^2}{\sigma_s} \frac{\partial^2}{\partial p^2}\right)\omega = -\frac{1}{p\sigma_s} \nabla \cdot \vec{Q} \qquad (2\text{-}4\text{-}150)$$

令 $S_p = -T \frac{\partial \ln \theta}{\partial p}$，则式中 $\sigma_s = RS_p/p$，$\bar{\sigma}_s = RS_p/(2p)$。

对比前面给出的准地转 ω 方程，不难看出，右端的涡度平流项和温度平流项合并成一项即 $\vec{Q}$ 矢量散度。在实际计算中发现，原准地转 ω 方程中涡度平流项和温度平流项有很大一部分是抵消，未抵消部分是非地转的部分。所以 $\vec{Q}$ 矢量反映的正是其中非地转的部分。所以 $\vec{Q}$ 矢量是破坏地转平衡的因子，而非地转因子是系统发生、发展、演变的决定因素。所以诊断 $\vec{Q}$ 矢量可以帮助分析系统的发生、发展、演变过程和机理，为实际天气预报提供思路和方法。

由准地转 ω 方程不难证明：$\omega \propto \nabla \cdot \vec{Q}$，即对应于 $\vec{Q}$ 矢量的辐散区有下沉运动，对应于 $\vec{Q}$ 矢量的辐合区有上升运动，$\vec{Q}$ 矢量的流线由下沉区流向上升区。

2.4.3.2 锋生函数

锋生、锋消表示锋面强度的变化，在对锋面的诊断分析时，可用锋生函数来表示，锋生函数分标量和矢量锋生函数，其中标量形式为：

$$F \equiv \frac{d|\nabla_h \theta_{se}|}{dt} \qquad (2\text{-}4\text{-}151)$$

取 y 轴与 θ_{se} 等值线平行，x 轴指向高值区，则可展开为：

$$F = -\frac{\partial \theta_{se}}{\partial x} \frac{\partial u}{\partial x} - \frac{\partial w}{\partial x} \frac{\partial \theta_{se}}{\partial z} + \frac{\partial Q}{\partial x} \qquad (2\text{-}4\text{-}152)$$

其中右端三项分别为水平气流的辐合辐散、空气的垂直运动、气团的非绝热变化。上式在诊断分析时，难以直接用于计算，因为坐标很难确定，所以伍荣生推导出了在局地直角坐标系下的锋生函数计算公式。

$$\frac{d}{dt}|\nabla_h \theta| = T_1 + T_2 + T_3 + T_4 \qquad (2\text{-}4\text{-}153)$$

非绝热加热项： $T_1 = \left(\frac{\partial \theta}{\partial x}\frac{\partial Q}{\partial x} + \frac{\partial \theta}{\partial y}\frac{\partial Q}{\partial y}\right)/|\nabla_h \theta| \qquad (2\text{-}4\text{-}154)$

垂直运动(绝热)项： $T_2 = -\left(\frac{\partial w}{\partial x}\frac{\partial \theta}{\partial x} + \frac{\partial w}{\partial y}\frac{\partial \theta}{\partial y}\right)\frac{\partial \theta}{\partial z}/|\nabla_h \theta| \qquad (2\text{-}4\text{-}155)$

散度项: $$T_3 = -\frac{D}{2}|\nabla_h \theta| \qquad (2\text{-}4\text{-}156)$$

水平变形项: $$-\frac{1}{2}\left[E_{st}\left(\frac{\partial \theta}{\partial x}\right)^2 + 2E_{sh}\frac{\partial \theta}{\partial x}\frac{\partial \theta}{\partial y} - E_{st}\left(\frac{\partial \theta}{\partial y}\right)^2\right]/|\nabla_h \theta| \qquad (2\text{-}4\text{-}157)$$

其中 $E_{st} = \frac{\partial u}{\partial x} - \frac{\partial v}{\partial y}$ 称为伸展变形,图 2-4-7 的形变描述了对锋生的影响。

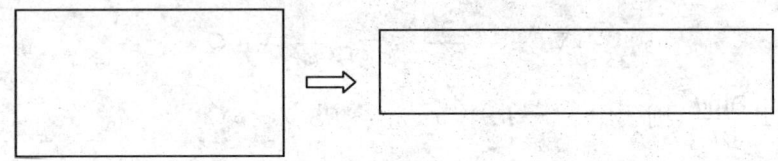

图 2-4-7 伸展变形示意图

$E_{sh} = \frac{\partial v}{\partial x} + \frac{\partial u}{\partial y}$ 称为切变形变,图 2-4-8 的情形描述了对锋生的影响。

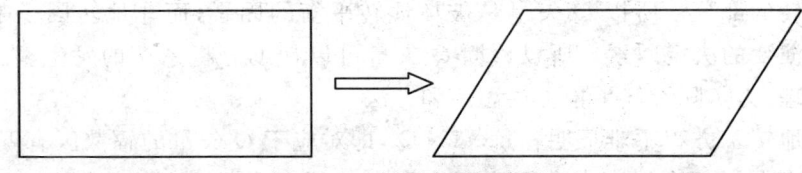

图 2-4-8 切变变形示意图

用以上公式就可以比较方便地计算锋生函数,以及各个因子对锋生、锋消的影响大小,对于研究不同地区、不同类型、不同季节的锋生、锋消特点和物理机制是非常有用的。

实习与练习

实习二　诊断分析实习

(1) 目的要求:

　　1) 初步掌握资料处理与客观分析的基本原理与方法。

　　2) 学会利用客观分析资料进行物理量场的计算。

(2) 实习内容:

　　1) 利用某日填图资料,编程进行气候极值检查和水平一致性检查。

　　2) 利用给定的逐步订正程序,调节其中的主要参数,分析各种方案对分析效果的影响。

　　3) 利用数值预报结果计算锋生函数,并进行 9 点平滑。

第 3 章 温带天气系统的分析

活动于温带的天气系统主要是斜压系统,但在这些系统发展的不同阶段,其结构和影响其发生发展的因子也是不同的。本章介绍温带天气系统性质、结构及其发生发展的分析方法。

3.1 锋面分析

3.1.1 锋面位置和性质的分析

3.1.1.1 利用地面图分析锋面

我们知道,向暖空气一侧移动的是冷锋,向冷空气一侧移动的是暖锋,24 h 移动不超过一个纬距的是静止锋。这是利用相邻两次天气图作比较很容易确定的,但也有在相邻时段中前半段移向暖空气一侧而后半段移向冷空气一侧,这时要参考瞬间天气图上锋前后垂直于锋并指向锋的气流分量强度才能确定锋的性质。冷空气分量大的是冷锋,相反为暖锋,两者相当时为静止锋。在我国,发展完好的锢囚锋较为少见,但地形强迫作用形成的地形锢囚锋较多,追踪和比较锢囚锋的形成过程,比较原冷锋后暖锋前或两段冷锋后空气性质的差异,很容易确定锢囚锋的类型。而做到这一点的基础是正确的锋面位置。所以这里主要介绍锋面位置的确定方法,同时也涉及锋面性质的判定方法。

锋是冷暖气团的界面,穿越锋面所反映的各种气象要素的不连续是确定锋的很好标志。地面天气图上填绘的并不限于海平面的气象要素,实际是一种综合天气图,是分析地面锋线位置的主要依据。但实际经验告诉我们,应用地面天气图分析锋面是一项复杂而困难的分析程序,首先,由于地面上记录的代表性不良,加以地形的复杂、测站拔海高度相差悬殊,分析时会感到特别困难。另一方面,由于锋面的构造、性质和与之相应的天气条件是受复杂因子支配的,具有明显的区域性特征和多变的性质,长期细致地注意在不同的地理条件和天气情况下各种锋面过境时的一些特殊表现,总结这些特点,对于提高锋的分析技术能力有着极大的帮助。锋面分析的地面图分析过程是最细致、费时的一项工作任务,其分析的方法和步骤一般如下:

首先，按照历史连续性原则确定锋面位置的大致区域：这一点一般比较容易，只要我们仔细地查看一下过去几张连续历史天气图锋的位置，便可知道锋的移动方向以及大致的移动速度。需特别重视最近一张图上锋的移向和速度，结合地形等条件，就可判断出本张图上锋面可能的位置。在分析地面天气图以前，为顺利地应用历史连续性原则，需要将提前 6 h 或 12 h 锋面的历史位置描在本张图上，其目的是帮助我们初步订出锋来。不过应用这个方法时，必须注意：(1)过去锋面是否真正存在，位置有无不妥之处；(2)在锋面移动过程中有无受地形等的阻碍减慢或突然变快现象；(3)有无新生锋或原来的锋有消失的可能。

其次，根据锋可能达到的地理区域，详查以下各种气象要素的分布情况，确定锋面的位置。具体方法是：根据锋附近具有气温、露点(湿度)、风场、气压场、变压场以及云和天气现象的剧烈变化这一特征，综合考虑并作出判断，下面分别进行讨论。

(1) 气温

按照锋的定义，锋线两侧应该有较大的气温差异。一般说来在地表性质相近，地势平坦地区，这一特征是比较明显的，特别是冬季，气温差异还要大一些。但是，地面气温是受多种因素影响的要素。由于受到别种因素的影响，锋附近的气温差可以变得不明显，或者没有锋的地区可以有比较大的气温差，故在分析时应注意以下几点：

1) 地理条件的影响

在高原和平原之间，大陆和海洋之间，总是存在着温差的，有时风也存在差异，甚至还有云雨天气。这时如果分析出一条锋，通常称为"虚锋"，实际上是不存在的。但是，当我们了解了这些地区经常存在的温差以后，只有出现超过这些温差的现象时，才应考虑是否有锋存在。

2) 云和降水的影响

一般在地面锋线冷气团一侧的上空都有较厚的云层及降水，地面锋线暖气团一侧的上空多为少云天气。所以白天锋两侧气温差比较明显，但在夜间及清晨，暖区天空晴朗，辐射降温较多，而冷区受云层阻挡，辐射降温较少，于是近地面层锋两侧的温差就变得模糊不清。例如，云贵地区及华南地区的准静止锋通常就具有这种特点。同样，在冷气团内部，有云区与无云区之间反会出现较明显的温差，这在冬半年早晨比较常见。

3) 风的影响

如冷区风速很大，扰动较强，则低层夜间不易降温，而如果暖区风速较小，天气又晴朗，夜间经过辐射冷却后，低层降温较多，于是锋两侧温度差就减小，单凭气温不易分析出锋来。

4) 冷空气膜的影响

冬季，有时在盆地区域近地面层中存在着一层较薄的冷空气膜。如果锋在冷空气膜上滑行,这时根据地面气温记录就很难将锋面分析出来。这种情形在我国塔里木盆地、四川盆地较为多见。

(2) 露点

通常,冷气团内水汽较少,暖气团内水汽较多,所以锋两侧有明显的露点差。由于露点不像气温那样容易变化,所以它是分析锋的较好的依据。例如在我国南方,因冷空气南下变性增温,锋线两侧的温差往往不太明显,而露点差却比较清楚。但是,当冷气团中有降水时,降水蒸发会使冷气团内的露点升高,或者当暖气团比较干燥(如我国西北地区的暖气团),暖气团中的露点也比较低,锋两侧的露点差就不甚明显了。

(3) 风

分析锋的另一重要依据是锋两侧的风呈气旋式切变。位于气旋内部的锋,两侧的风向差异比较明显;而位于高压边缘的锋,风的差异往往表现在风速上。例如,影响我国的冷锋,有时锋的前后都吹西北风,但锋后的风速比锋前的风速要大得多。

一般说来,我国的冷锋锋后多吹偏北风,冷锋前多吹偏南风或较弱的偏北风;暖锋前多吹东南风或偏北风,暖锋后多吹西南风或偏南风。但由于受地形的影响,与一般情况相异的例子也是很多的。例如,塔里木盆地的北面、西面和南面为马蹄形的山脉环抱,当冷空气从北边进入时,锋后常为东北风,当冷空气从西边进入时,则锋后常为西南风。

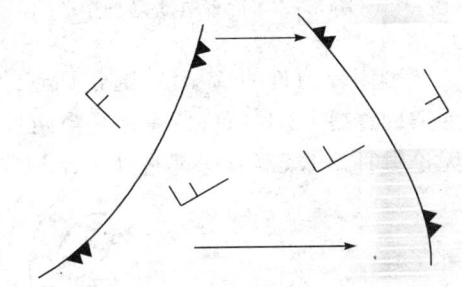

图 3-1-1　冷锋各段移速不同时对风切变的影响

由于锋各段的移速不同,也会使风的差异发生变化。例如我国东北地区的冷锋,有时因北段少动,而南段移动较快(图 3-1-1),则锋后可能变成吹偏西或西南风,锋前吹偏南风或东南风,看起来类似于暖锋式切变,实际上是冷锋。东北地区的暖锋也有类似的情况。当暖锋锋线的走向为南北或东北—西南向时,锋前往往吹偏南风,锋后可能吹西风或西北风。总之,锋两侧的风都呈气旋性切变,但风的差异的具体情况,必须结合当地的地形条件和当时的具体情况进行分析。

应当指出,风速较大时,风的代表性较好,能作为分析锋的依据;风速较小时,往往受地方性风影响大,不宜作为分析锋的依据。此外,还要注意到局部热力环流以及雷暴等中、小尺度现象对风的影响。

(4) 气压

地面锋线大多处于明显的低压槽中。因此,当我们根据气温、露点、风或其他要素场的分析大致将锋确定出来以后,还可依据气压场的分析进一步校准锋的位置。

锋附近的气压场除了天气学原理所介绍的几种基本情况以外,还有一些特殊的形式也是实际工作中可能见到的,例如图 3-1-2,就是一种常见的冷锋处在隐槽中的形式;图 3-1-3 是我国北方常见的"穿心冷锋"的气压场形式。一般来说,冷锋穿过的低压只有一根闭合等压线,范围也不大,而且锋北侧为正变压,有较大的偏北风,锋南侧的偏南风不强,因此即使处于低压东部的锋,同样也是向暖区移动的,故分析成"穿心冷锋"。

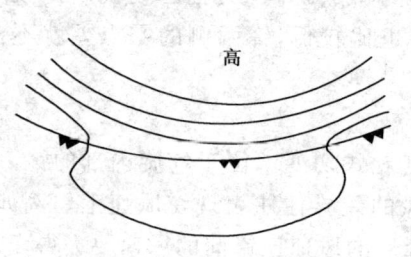 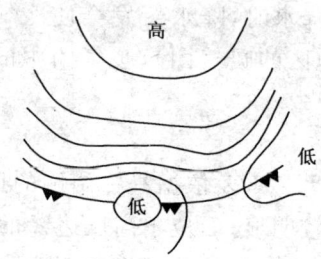

图 3-1-2　冷锋处于隐槽中　　　　图 3-1-3　穿心冷锋

锢囚锋附近的气压场,通常见到的有如下两种形式:一种是冷锋追上暖锋而形成的锢囚锋(图 3-1-4a);另一种是当两条冷锋相向而行时所形成的锢囚锋(图 3-1-4b)。无论哪种形式,锢囚锋都是处于比较狭长的低压槽中。

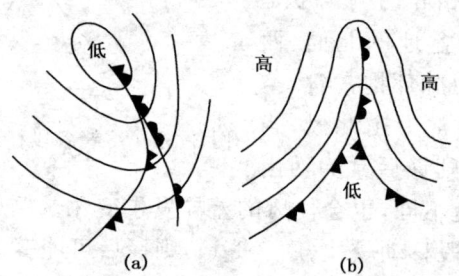

图 3-1-4　锢囚锋附近的气压场

应当注意,有气压槽的地方不一定都有锋存在。例如:我国的东北、华北和台湾海峡等地常有地形槽出现,地形槽内虽有明显的风切变,但风力微弱,温度分布比较均匀,因而没有锋。又如,在暖性低压槽内,温度较高,温度梯度小,其中也是没有锋面的(图3-1-5a)。但是,当暖性低压槽北缘的冷锋进入暖性低压槽以后(图3-1-5b),暖性低压就改变了性质,低压槽中就有锋了。

(5) 3 h 变压

如前所述,暖锋前有明显的 3 h 负变压,冷锋后有明显的 3 h 正变压,暖锋后、冷锋前变压都很小。锢囚锋后往往是 3 h 正变压,锋前往往是 3 h 负变压。但当两条

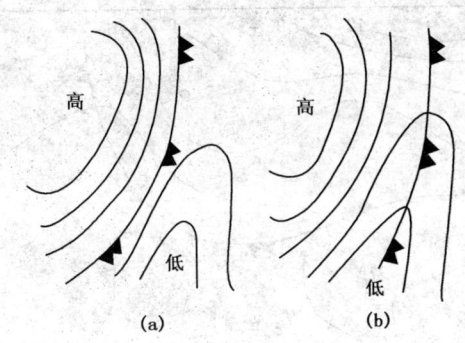

图 3-1-5 冷锋进入暖性低压槽中

冷锋相向而行形成锢囚锋后,锢囚锋两侧都会出现 3 h 正变压。例如我国的华北锢囚锋,两侧均为 3 h 正变压,其西侧较强,东侧较弱。

应用 3 h 变压分析锋时,要考虑到气压系统的加强或减弱,气压日变化等的影响。这些影响明显时,甚至会掩盖锋所造成的 3 h 变压。

(6) 24 h 变压 (Δp_{24}) 和 24 h 变温 (ΔT_{24})

应用 24 h 变压和 24 h 变温来分析锋,其优点是不受日变化的影响。特别是在山地和高原地区,因为那里海拔高度相差悬殊,地面气象要素不便直接比较,利用 24 h 变压和 24 h 变温可以部分地克服这一缺点。

从分析实践得知,一般在冷锋后有正 24 h 变压和负 24 h 变温,而在冷锋前有负 24 h 变压和正 24 h 变温。但冷锋并不与零变压线重合,而多半在负变压中心与零变压线之间等变压线比较密集地带前沿。这是因为 24 h 零变压线位于锋前暖平流减压与锋后冷平流加压相抵消的地区,即是说,位于锋后一段距离的地方。图 3-1-6 表示冷锋附近 24 h 变压分布的例子。图 3-1-7 是冷锋附近 24 h 变温分布的例子。

在高原山区,有时还可借助于空间垂直剖面图上 24 h 变温的分布来分析锋的位置。如图 3-1-8 所示,天山北面为较强的负变温。南面为正变温,其间等变温线比较密集,锋就可以分析在天山北坡上。

必须指出,由于时间间隔较长,对于一些行速较快的短冷锋或当锋的活动频繁,一个地区在 24 h 内有两条以上的锋过境时,24 h 变温和 24 h 变压就不好用了,此时需要配合其他要素进行分析。

(7) 云和降水

分析锋时,还可以参考各类锋的天气模式。但锋的天气复杂多样,使用时必须结合各地的经验和当时的具体情况。

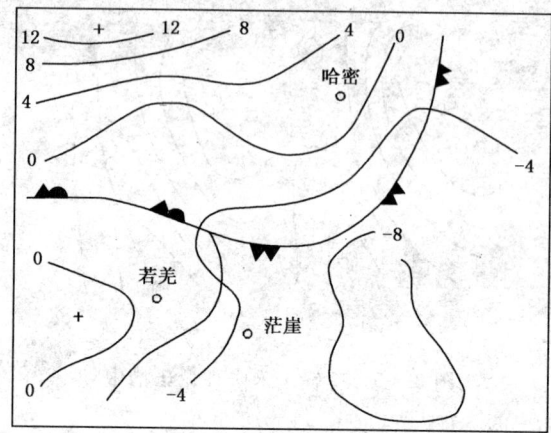

图 3-1-6 冷锋附近 Δp_{24} 的分布

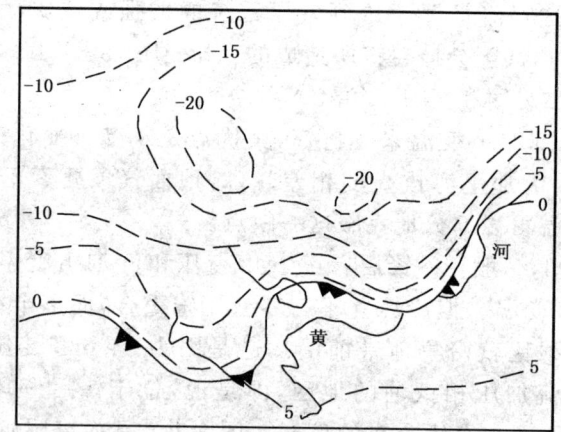

图 3-1-7 冷锋附近 ΔT_{24} 的分布

3.1.1.2 利用高空图分析锋面

除了垂直伸展高度很低(1.5 km 以下)的地面锋以外,所有对流层锋都在等压面上有所反应。因为锋是向冷空气方向倾斜的,所以高度越高锋区向冷区方向偏离越远。但在 850 hPa 等压面图上的锋区,则和地面锋线比较靠近而且接近于平行,如图 3-1-9 所示。所以,根据 850 hPa 图上的锋区,可以帮助我们找出或修正地面锋线的位置。

在我国南方,有时高空锋区不明显,但在中、低空却有风场切变线相配合,随着高度的增加,切变线逐渐向北偏移。地面锋线位于高空切变线的南侧。

分析高空锋区附近的冷暖平流,还可以帮助我们确定锋型。当有冷平流时,可判断为冷锋;当有暖平流时,则可判断为暖锋;如果冷暖平流很弱,则可能是准静止锋。

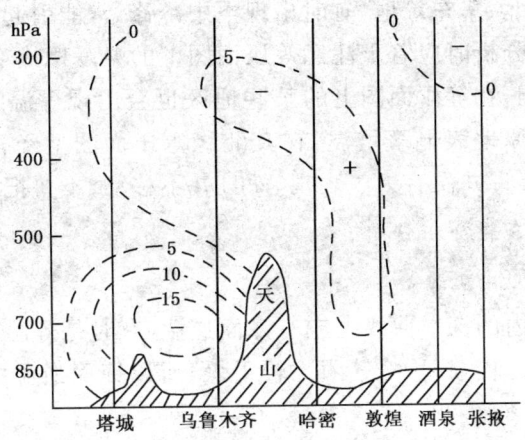

图 3-1-8　剖面图上 ΔT_{24} 分布

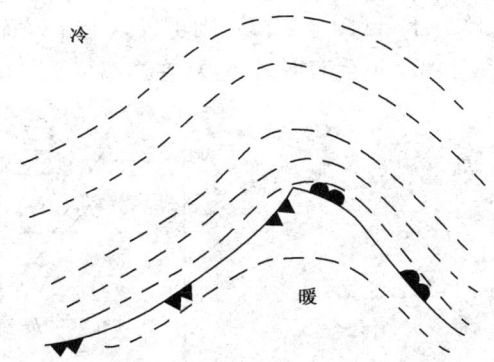

图 3-1-9　850 hPa 图上的锋区和地面锋线的关系

出现锢囚锋时,高空图上往往有一个狭长的暖舌相配合。暖式锢囚锋,暖舌位于地面锢囚锋线的前方(图 3-1-10a);冷式锢囚锋,暖舌位于地面锢囚锋线的后方(图 3-1-10b)。

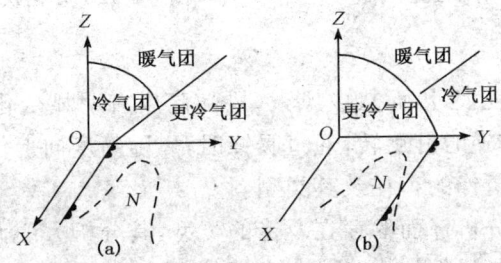

图 3-1-10　地面锢囚锋线与高空暖舌配置示意图

夏季,在我国华北、华东等地,有时出现空中冷锋,常能引起雷雨天气。这种锋的高空锋区不甚明显,分析时应着重注意等压面图上的温度槽或冷中心的位置和移动。

由于地形的影响,在等压面图上的某些地区也会出现等温线的密集带。例如夏季,由于我国西藏高原地表显著增温,在其北缘等压面图上经常有一个等温线密集带。这种等温线密集带并没有天气表现,而且并不移动,不要把它误认为是锋区。

3.1.1.3 利用辅助资料分析锋

(1)探空资料

有锋时,冷气团内的探空曲线上应有锋面逆温(有时是等温或温度直减率很小的层次)。一般暖气团比较潮湿,冷气团比较干燥,所以锋面逆温的特点是上界湿度大于下界湿度(图3-1-11)。

但当暖气团非常干燥时,上界湿度也可以很小。为了将锋面逆温和下沉逆温相区别,可将锋过境前后两次探空曲线描绘在一张图上,如果逆温层以下有明显降温,逆温层以上温度变化不大或略有上升(图3-1-12),则可以认为是锋面逆温。而下沉逆温的特点与上述恰好相反,在逆温下不会有明显降温,在逆温层上却出现显著升温。

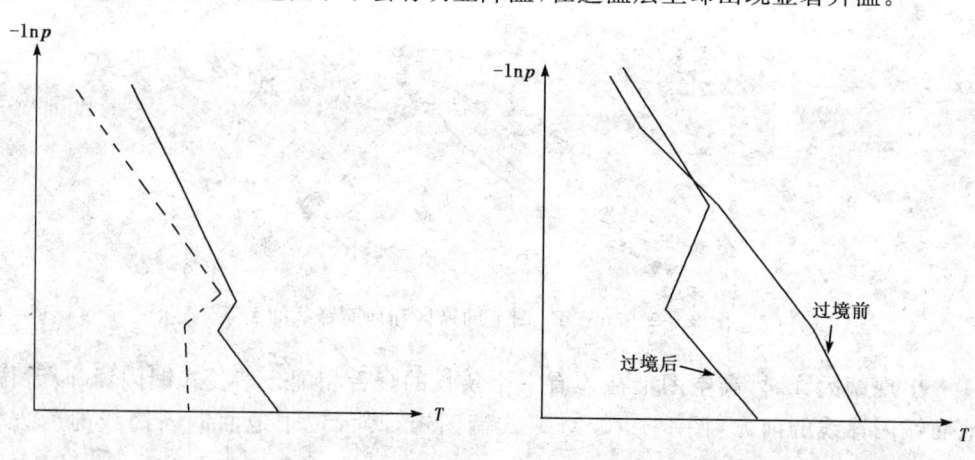

图3-1-11 锋面逆温　　图3-1-12 用两次探空判断锋面逆温

(2)高空测风资料

锋区水平温度梯度大,因而热成风大,风随高度有明显变化。通过冷锋时,因冷平流,风随高度向上作逆时针旋转;通过暖锋时,风随高度向上作顺时针旋转。据此,应用风的记录可以分析锋的存在及其类型。

利用单站测风来分析锋面的存在及锋的类型,其分析方法大致有以下4个步骤:

1)先在图上看有无较大的热成风现象,如有,则可能有锋面出现于该高度层内。

2)分析温度平流符号以确定是冷锋还是暖锋。

3)由垂直于锋面的地转风风速大小来判断锋面的移动速度;由此还可以区分出:该锋面究竟是冷暖锋还是静止锋。

4)配合上述所分析的气压系统方法可以判断分析的锋面是否正确。例如分析的结果指出为一暖高压,而同时又分析出该系统内有一锋面,这是有矛盾的,在这种情况下,应仔细检查才能得出最后的结论。

图 3-1-13a 是一个冷锋的例子。从图中可以看出,在 2000~2500 m 的空气层内,热成风很大,说明有锋区存在。2500 m 以下为偏北风或东北风,2500 m 以上为西南风。通过锋区,风随高度向上逆转,说明有冷平流,因而可以判断是冷锋,垂直于锋面的地转风风速 V_D 相当于锋面的移速。图 3-1-13b 是一个暖锋的例子。在 1500~2000 m 之间,热成风很大,而且风随高度顺转,说明有暖锋存在。

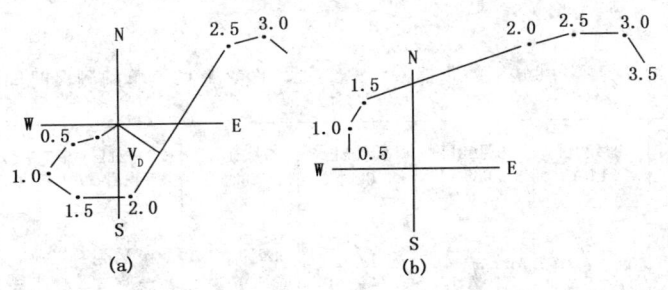

图 3-1-13 用高空测风分析冷暖锋

图 3-1-14 是一个准静止锋的例子。在 1500~2000 m 空气层之间,热成风很大,而且这两层的风向几乎相差 180°,因此有锋区存在。还可以看出,在 1500~2000 m 的空气层内,实测风垂直于该层热成风的分量较小,说明锋的移速很慢,应为准静止锋。

单站测风时间剖面图,也可以用来分析锋。如图 3-1-15 所示,冷锋前低层是西南风,冷锋后转成西北风,锋区位于西北风与西南风的气层之间。

(3)天气实况

天气实况演变图是分析锋面位置以及掌握锋的移动情况的一种常用的辅助工具。例如,2010 年 9 月 21—22 日有一条冷锋从河套地区向东南移动,我们可以通过天气实况演变图(图 3-1-16)来掌握它的动态。从图中各种要素变化综合考虑,可以看出,冷锋大约在 21 日 8 时经过济南,20 时已过了合肥,开始影响南京,9 月 22 日 8 时到达杭州。冷锋经过时,气温、变压、风向、风速以及天气现象都有明显的变化。

· 98 · 天气学分析

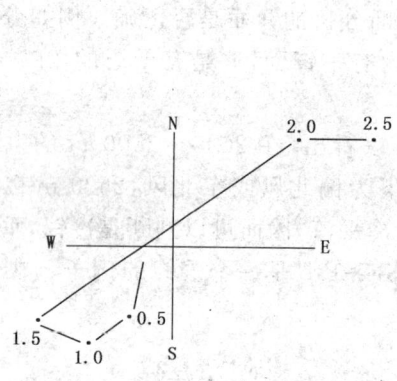

图 3-1-14 用高空风分析静止锋

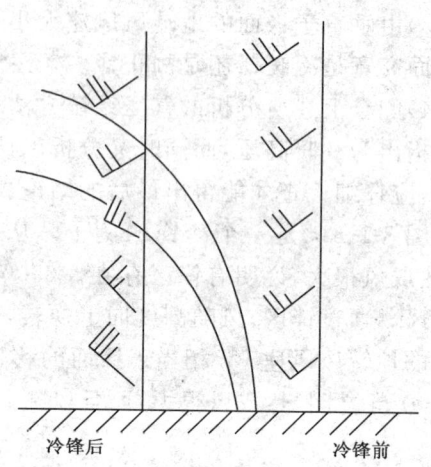

图 3-1-15 单站测风时间剖面图

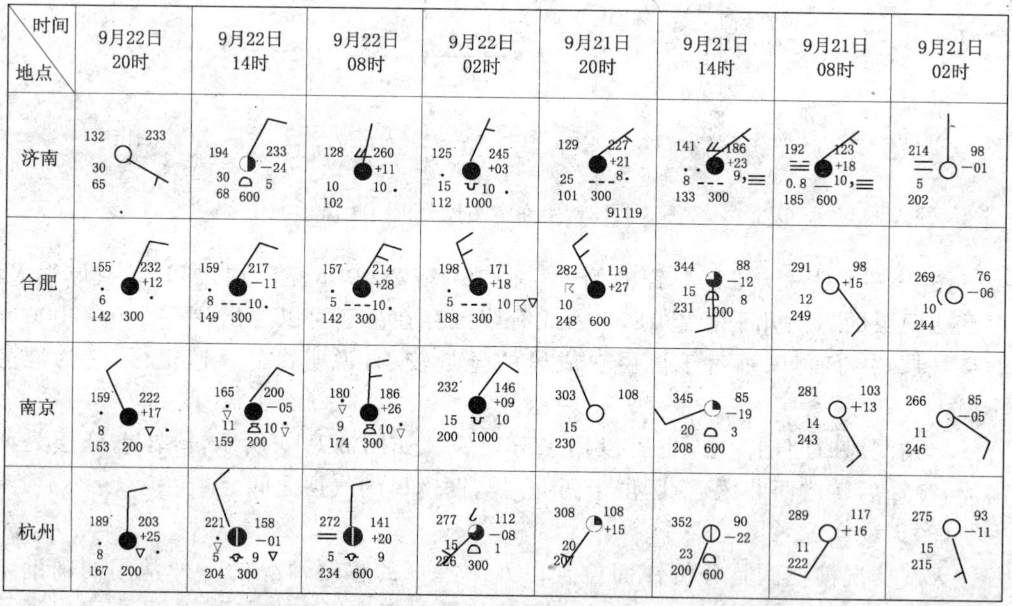

时间 地点	9月22日 20时	9月22日 14时	9月22日 08时	9月22日 02时	9月21日 20时	9月21日 14时	9月21日 08时	9月21日 02时
济南	132 233 30 65	194 233 30 -24 68 600	128 260 +11 10 102	125 245 15 +03 10 112 1000	129 227 25 +21 — 8 101 91119	141 186 8 +23 — 9 133 300	192 123 0.8 -10 — 185 600	214 98 5 -01 202
合肥	155 232 6 +12 142 300	159 217 8 -11 149 300	157 214 5 +28 142 300	198 171 5 +18 188 300	282 119 10 +27 248 600	344 88 15 -12 231 1000	291 98 12 +15 249	269 76 -06 244
南京	159 222 8 +17 153 200	165 200 11 -05 159 200	180 186 9 +26 174 300	232 146 15 +09 200 1000	303 10 15 230	345 85 20 -19 208 600	281 103 14 +13 243	266 85 11 -05 246
杭州	189 203 8 +25 167 200	221 158 5 -01 204 300	272 141 5 +20 234 600	277 112 15 1 226 300	308 108 20 +15 207	352 90 23 -22 200 600	289 117 11 +16 222 600	275 93 15 -11 215

图 3-1-16 2010年9月21—22日锋面过境天气实况演变图

(4) 卫星云图

在卫星云图上,锋往往表现为一条巨大的云带,一般长可达数千千米,宽度平均 400~500 km,最宽的有 800 km,窄的也有 200~300 km。根据不同的锋面在卫星云图上云系特征的差别,能够帮助我们确定锋的存在和性质。在资料稠密地区并不需要用卫星云图来确定地面锋的位置,但在海面、高原和沙漠地区就是十分有用的了。

根据卫星云带确定地面锋的位置。锋面云系通常位于锋的北部,最厚云层距地面锋线 100～200 km。活跃的冷锋通常位于 500 hPa 槽前,高空风大致与冷锋平行,冷锋位于连续云带的前沿,暖区则是破碎的低云。但有时冷锋位于云带的后部,这是锋面坡度较大的所谓第二型冷锋的情况。不活跃的冷锋云区破碎,在卫星云图上很难找到锋面确切位置。图 3-1-17 为南方气旋中冷暖锋所对应的云系。

华南准静止锋云系宽广,特别是锋前也有缓慢上升的潮湿气流,故也为云层所覆盖,这时锋线大体位于连续云带的前沿,锋前的云系有明显的开裂。

昆明准静止锋云系成南北分布,在静止锋前为季风控制。锋前为不连续的季风云团。在我国,很少有发展完好的暖锋云系,特别是我国地形复杂,锋面云系也很复杂,必须熟悉这些具体情况,才能对锋面分析有所作用。

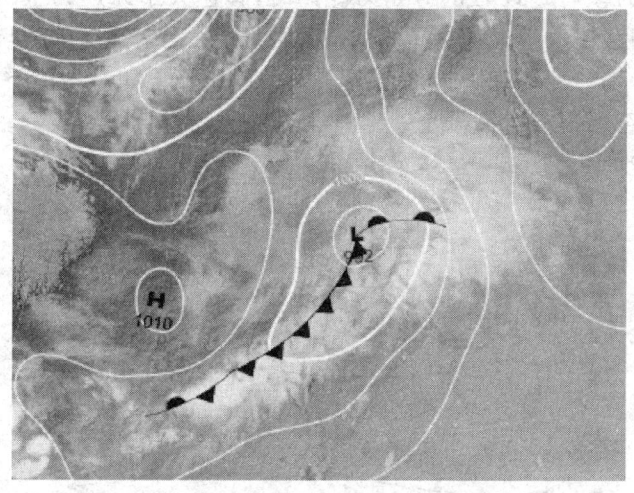

图 3-1-17 2010 年 5 月 23 日 02 时红外云图及地面天气系统

3.1.2 锋面的综合分析

综合应用各种图表和资料,分析锋的三维空间结构,例如锋面的坡度、厚度、三维气流分布、散度、涡度等,统称为锋的综合分析。

3.1.2.1 锋的空间结构分析

用垂直于地面锋线的空间剖面,可以确切地了解锋的厚度、坡度及其随高度的变化,例如有些地面锋和高空锋只有在剖面图上才可以确切判断。有时还要从不同的角度作锋的空间剖面(剖面的绘制方法见 1.5 节)。但日常分析中不可能经常作剖面分析,而只有在研究工作或有特殊的任务时才作这项分析。在日常分析中常常是用地面图和高空图和其他资料配合定性分析。

地面锋线与高空锋区上限之间的水平距离表示锋的坡度,水平距离越大,锋面坡度越小。在卫星云图上,云带宽而不完整的锋面坡度小,而云带狭窄边缘陡的锋面坡度大。

在地面图有明显锋面而 850 hPa 或 700 hPa 锋区已消失的是地面锋,地面图上找不到锋的表现而高空图上有锋区结构的是空中锋。

3.1.2.2 锋上的二维气流分析

在垂直剖面图上,计算该剖面上相对风分量和垂直速度,能够直接分析相对于锋的垂直环流(见 1.5 节),在日常分析中,也可以利于高空和地面图定性判断。高空图方法是首先计算锋面在垂直于锋线方向的平均移动速度(用最大移速与最小移速的平均值,见图 3-1-18),再用 700 或 500 hPa 高空图计算垂直于锋线的高空风分量(见图 3-1-18,与锋的移向一致为正),如为冷锋时,移速大于风速为上滑锋,反之为下滑锋。如为暖锋则移速大于风速为下滑锋,反之为上滑锋。如为锢囚锋则冷式锢囚锋与暖式锢囚锋分别与冷锋和暖锋的情况相同。静止锋上如有向冷空气一方的高空风分量为上滑锋,否则为下滑锋。

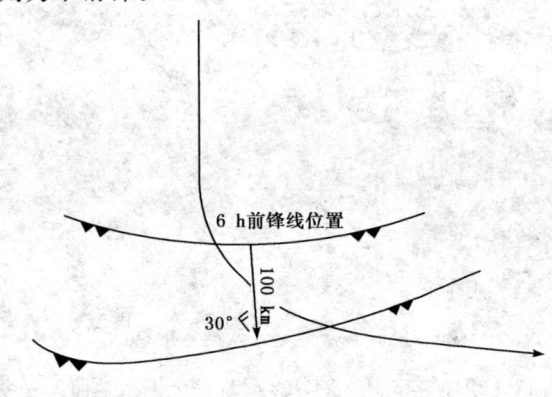

图 3-1-18 锋上相对气流计算

3.1.2.3 锋上的云层和天气分布的分析

根据卫星云图和地面图上云状和天气现象,能够定性判断锋上云层和天气分布。为了航线飞行需要,在垂直剖面上可以详细地分析出云层的高度、厚度、云的层次。具体方法是:

(1)根据剖面图上层结曲线和露点曲线特征将各探空点的饱和层底和层顶勾出。有几个要标出几个。并不是温度和露点完全相等时才有云层出现,一般来说在对流层低层 $T-T_d \leqslant 2℃$ 都可认为达到饱和,而对流层中层 $T-T_d \leqslant 4℃$,上层在 6℃ 以下都可以认为是饱和层,温度露点曲线突然接近和突然分离点是云底和云顶的标志。

(2)根据卫星云图上云区范围和剖面下方所填稠密的地面实况,将各探空站间的饱和层连接成连续云层,注意两探空站上虽然都已饱和但在卫星云图和地面图上仍有云隙时一定要分析断裂区。

(3)根据地面图上云状,卫星云图上云的结构特征和探空曲线上层结性质,确定锋上云层的性质。

(4)根据地面图上天气现象和前述云层性质分析云中降水区和降水性质。

3.1.3 锋生锋消分析

锋生锋消就是锋的生消和演变,其中包含着锋面强度的变化过程。这里主要介绍使用常规天气图上判断锋生锋消及其原因的方法。

3.1.3.1 锋生锋消的判定

在一张天气图上,是否有新的锋生成,或者原有的锋是在加强减弱或者已经消失了,这是首先要考虑的重要问题。在地面天气图中锋的发展有一定的过程,比较一下过去连续几张历史图上各要素的变化(特别是温度场的比较),如果在某一个地区,过去没有锋,而这张图上温度水平对比非常明显,且对其他要素也相应表现了许多特征,那便是锋生。但如果已有的锋面由于气团的变性或流场的辐散使等温线逐渐散开,且对其他要素在锋附近所表现的特征亦不明显,那便是锋消。从理论上看来并不复杂,因为锋面结构的生成或消失及其强度变化就标志着锋生和锋消。但在实际中并不那么简单,因为无法划出一个锋面存亡和强度的统一的数值界限,手头的资料也无法确实度量出锋面强度的数值。至于锋生锋消的温度水平对比究竟达到什么样的临界值才够得上锋生和锋消的条件,至今还没有可靠的数值,所以必须配合各要素共同判断后方可确定。在日常的天气分析中,主要是根据锋面附近要素场的一些不连续现象综合判定。

锋面附近要素场的不连续表现已在天气学原理中介绍过,但并不是所有这些不连续都要明显存在或消失才构成锋生锋消的。一般说来日常分析中主要考虑的因子是:

(1)对流层中、下层等温线相对的密集带;

(2)在地面图上有明显的气压槽,而且气压槽的走向与上空等温线走向大体一致;

(3)与锋面相配合有天气分布的不连续带。

一般来说,这三条中任何一条不具备都不能判定为锋生,而任何一条的消失锋面也就不再存在。但由于这三条都是相对的,所以只有在实践中积累了丰富的经验,才能准确判定。

关于锋面强度的判断,有两种不同的着眼点:一方面是从温度对比来判断锋的强度,可以了解锋的生命史及维持时间,另一方面是从锋面天气的发展趋向,了解锋的活跃程度。分析方法一般从连续几张天气图上锋面两侧温度的对比以及锋附近天气的表现,大致即可确定。如果锋附近温差随时间越变越大,或者天气表现越变越强,我们称这条锋是增强的;反之则成为减弱。锋面天气活跃程度,还可以借助于锋面区域垂直运动发展的一些间接判断方法及气团性质的分析。

3.1.3.2 锋生锋消因子的分析

为了预报未来的锋生锋消趋势,必须分析以往影响锋面变化的原因。在天气学原理中,从运动学和动力学两个侧面介绍过,运动学锋生的公式是:

$$F = \frac{\partial v}{\partial y}\frac{\partial \theta}{\partial y} + \frac{\partial \omega}{\partial y}\frac{\partial \theta}{\partial p} - \frac{\partial}{\partial y}\left(\frac{dQ}{dt}\right) \tag{3-1-1}$$

在诊断分析中可利用以上公式定量计算锋生函数。在日常业务分析中一般从以下几个方面综合考虑上述公式的综合效应。

(1) 高空槽的结构和变化

变形场是最有利的运动学锋生的流场形势。在实际的天气图上,很难找到典型的变形场。但是,一般说来,活动于对流层中、下层的高空槽都可以算作一个变形场。因为槽前槽后总有两个高压脊组成变形场的一对成员,在发展较强的低层高空槽南端往往有倒槽与之配合,这又构成变形场另一对成员。特别是发展中的高空槽往往具有运动学锋生和动力学锋生的很多有利条件。例如由于温度槽落后于气压槽,这相当于等温线与收缩轴交角在 45°以内,槽后冷平流,槽前暖平流,以及槽线附近的辐合作用,是运动学锋生的主要因子,槽前上升,降水凝结,一般也含有锋生作用。因此,分析高空槽的生成、发展和移动,实际上也就综合了锋生锋消的各种作用。在我国,东移的西北槽,越过高原的康藏槽和南支槽都可以在我国东部诱发新的锋生。相反与正在减弱的高空槽配合的锋面将逐渐减弱消失。

(2) 地面气压形势

锋生过程虽然主要是对流层三维现象,但在地面气压场上却能明显表现出各锋生因子的综合结果。在我国,锋生过程多伴随着低压槽的加强而出现。常见的气压场形势有两类:一类是暖倒槽中锋生,这种过程往往伴随着气旋的产生过程,在倒槽顶端新生低压中心以东有暖锋锋生,而其以西为冷锋锋生。从东北平原到蒙古一线,以及长江流域常有这类锋生过程。另一种是锋前低压槽中锋生。这种过程可以发生在冷锋南下过程中逐渐脱离锋面而超前的低压槽中,或者发生在因冷锋逼近而加强的低压槽中。

(3) 分析云系的发生发展过程

冬半年,当冷锋南下入海消失之后,常常在我国江南近地面层残留一动力稳定层。这时如有南支波移出,北上的暖平流首先在中低层出现运动学锋生。上滑的暖湿平流同时产生锋生环流而最终导致锋生。这种锋生过程首先在卫星云图上出现一块中低云区,东移发展中云区扩大并伴有降水。当云系和降水区由块状逐渐变成带状云系时,锋生过程在云系中部或南部边缘形成。

3.2 气压系统的结构分析

3.2.1 气压系统的静力结构

气压系统的静力结构是指气压系统的热力结构和空间结构。

热力结构指的是气压系统中的热力分布,气压系统与什么样的温度场相配合,即温压场的配置关系。由于气压有高低,温度有冷暖,所以实际大气中气压系统常见的热力结构有以下 4 种:暖性的高压(如副热带高压),冷性的高压(如蒙古高压),暖性的低压(如夏季季风低压),冷性的低压(如东北冷涡)。如果温度场与气压场重合,该气压系统称为温压场对称系统,如活动在低纬度地区的热带气旋(图 3-2-1),反之则为温压场不对称系统,如活动在中高纬度的锋面气旋(图 3-2-2)及中高纬度槽脊系统等。实际大气中严格的温压场对称系统是不存在的,大量存在的是温压场不对称系统。从天气图上看,如果温度中心与气压系统中心接近,等温线与等高线交角较小,温度场相对均匀,通常就认为是温压场对称系统。

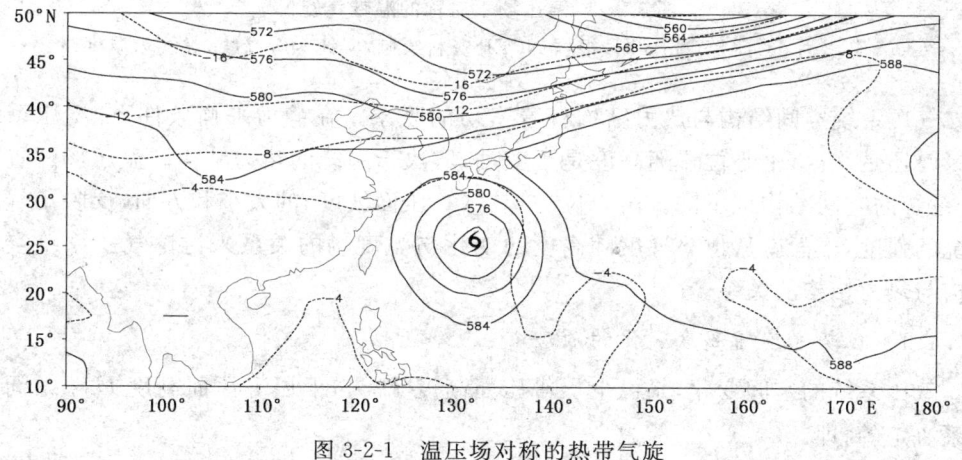

图 3-2-1　温压场对称的热带气旋

(2005 年 9 月 4 日 500 hPa 图,根据 NCEP 资料绘制,实线为等高线,虚线为温度线)

空间结构指的是气压系统的强度及系统中心位置随高度的变化。气压系统具有三维结构,在水平方向有一定的范围(用最外圈闭合等压线的范围来表示),在垂直方向有一定的厚度,不同的气压系统其水平范围大小,垂直厚度都可能不同。地面气压系统到了一定高度上(通常以 500 hPa 为准)仍然为与低层相同的气压系统,说明该气压系统有一定的强度,垂直方向有一定厚度,称为深厚系统,如副热带高压;如果地面气压系统到了一定高度上(通常以 500 hPa 为准)变为与低层相反的气压系统,说明该气压系统随高度减弱,垂直方向厚度较浅,这种系统称为浅薄系统,如夏季季风低压。

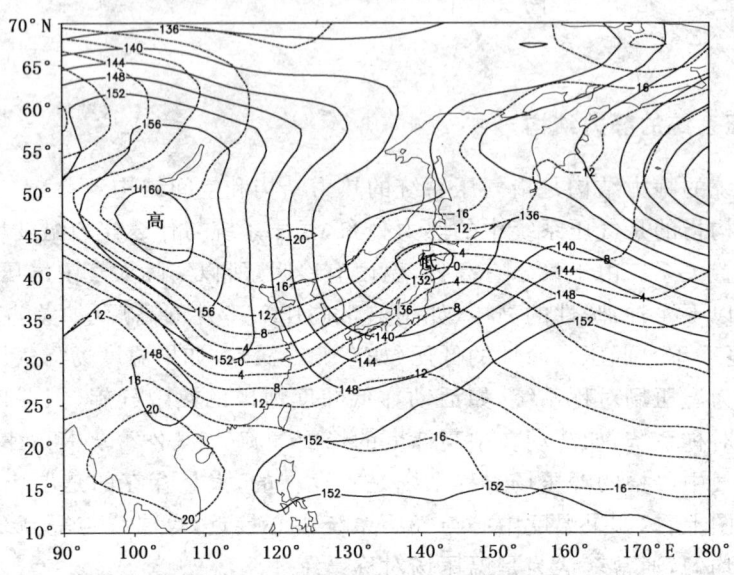

图 3-2-2　温压场不对称的温带气旋

(2005 年 3 月 11 日 850 hPa 图,根据 NCEP 资料绘制,实线为等高线,虚线为温度线)

气压系统空间结构与热力结构有着密切的联系。在静力平衡条件下,气压系统是深厚还是浅薄,中心位置随高度是否变动,取决于系统的热力结构。温压场配置不同,系统的空间结构也不同。由于位势梯度(等压面坡度)的大小和方向,反映了气压系统的强度,下面就从位势梯度随高度的变化与温度场的关系来讨论气压系统空间结构与热力结构的关系。

3.2.1.1　位势梯度随高度变化的原理

气压系统的空间变化,是由上层等压面高度 H_P 与下层等压面高度 H_{P0} 之间的关系决定的,即:

$$H_P = H_{p0} + H_{p0}^p \tag{3-2-1}$$

其中 H_{p0}^p 为该两层等压面的厚度。在静力平衡条件下,两层等压面的厚度是由

$$H_{p0}^p = \frac{R}{9.8}\ln\left(\frac{p_0}{p}\right)T_m \tag{3-2-2}$$

决定的,其中 T_m 为气层的平均温度。将其代入式(3-2-1),并求二维算子,则:

$$\nabla_2 H_p = \nabla_2 H_{p0} + \frac{R}{9.8}\ln\left(\frac{p_0}{p}\right)\nabla_2 T_m \tag{3-2-3}$$

平均温度梯度反映了气压系统的热力结构,位势梯度则反映了气压系统的强度和位置,上式将气压系统空间结构与热力结构联系在一起。由上式可知,位势梯度自某一等压面到另一等压面的变化只与两层等压面之间的平均温度梯度有关,上层等压面的位势梯度是由下层等压面的位势梯度和两层等压面之间的平均温度梯度 T_m 决定的,是两者的矢量和。下面就来详细分析一下平均温度梯度是如何影响位势梯度随高度变化的。

当两层等压面之间的平均温度梯度为零时,高层等压面的位势梯度等于低层等压面的位势梯度,等压面的位势梯度随高度大小和方向没有变化;当平均温度梯度方向和低层等压面的位势梯度方向一致时,高层等压面的位势梯度将加大,方向与低层等压面一致;当平均温度梯度与低层等压面的位势梯度相反时,则位势梯度随高度增高而减小,达到一定高度后,位势梯度变为零,再向上,等压面的位势梯度方向转为和平均温度梯度一致而与低层等压面的位势梯度反向;当平均温度梯度的方向和低层等压面的位势梯度有交角时,则随着高度的升高,上层等压面的位势梯度为它们的矢量和,方向将发生变化而逐渐趋向于平均温度梯度方向。

3.2.1.2 不同性质气压系统随高度变化的规律

以上分析,我们知道气压系统随高度的变化是由气压场和平均温度场的配置关系决定的。归纳起来,气压场和平均温度场有三种不同的配置情况,即三种不同性质的气压系统,它们随高度变化的规律各有不同。

(1)深厚系统

深厚系统的伸展范围很大,一直可以伸展到对流层顶,甚至平流层。当气压系统温压场对称,且为冷性低压或者暖性高压,由于这种热力结构的气压系统温度梯度方向和位势梯度方向近乎一致,因此随着高度的升高,等压面的凹凸度随高度加大,高、低压系统随高度加强,如太平洋暖高压和我国东北地区上空有时出现的冷性低压就是这样的深厚系统。图 3-2-3 是这类系统垂直剖面示意图。

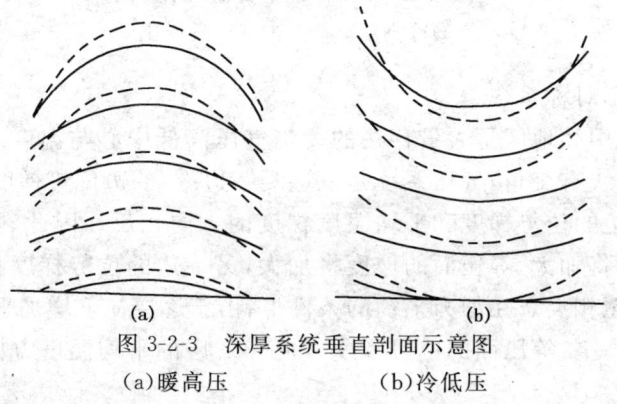

图 3-2-3　深厚系统垂直剖面示意图
(a)暖高压　　　　　(b)冷低压

(2)浅薄系统

在 500 hPa 等压面图的位势场上已看不到地面系统痕迹时,这种气压系统我们称为浅薄系统。当气压系统温压场对称,且为冷性高压或者暖性低压,由于这种热力结构的气压系统温度梯度与气压梯度相反,因此,随着高度的升高,上层等压面坡度愈来愈小,到达某一个高度上,等压面近似水平,高、低压系统的痕迹全部消失。若温度场形势特征没有变化,再往上,就变成和底层符号相反的气压系统,如低层冷高压到了一定高度上变为低压,低层暖低压到了一定高度变为高压,因此,这类热力结构的气压系统随高度强度是减弱的,这个转换的高度就是该气压系统在垂直方向上伸展的最大高度。这类热力结构的气压系统到了多高会变为与低层相反的气压系统,一方面取决于低层气压系统本身的强度,另一方面还取决于温度场的强度,所以当气压系统本身很强时,其伸展的高度仍然会很高,厚度较厚。所以以上所指浅薄和深厚是就系统强度随高度的变化说的,而不是指其绝对的深厚程度。热带气旋是暖性的,但却是十分深厚的。通常如果系统在 500 hPa 等压面图上已看不到它的痕迹,称为浅薄系统,反之称为深厚系统。夏季大陆上的热低压和冬季大陆上的冷高压便属于浅薄系统。图 3-2-4 就是这类气压系统等压面和等温面的空间结构示意图。

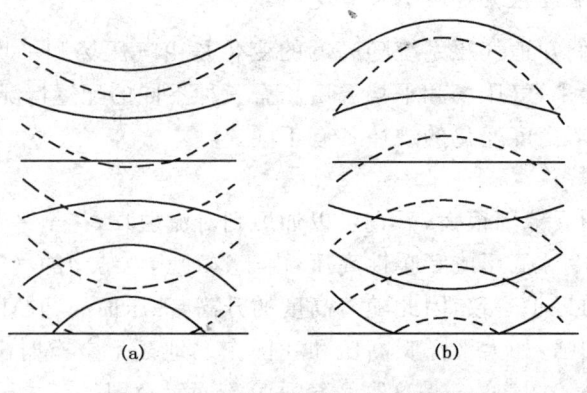

图 3-2-4 浅薄系统垂直剖面示意图
(a)冷高压 　　　 (b)暖低压

(3)温压场不对称系统

这类系统在中纬地区是大量存在的。当气压高低中心与温度冷暖中心不重合,且等高线与等温线有交角,气压系统是一边暖一边冷,一边位势梯度和平均温度梯度的方向一致,一边的位势梯度和平均温度梯度的方向相反。因此,随着高度的升高,一边的位势梯度将加大,等压面的坡度将加大,另一边的位势梯度将减小,等压面的坡度将减小,甚至相反。在静力平衡的条件下,由于逐层向上增加平均温度梯度矢量求和,所以越到高空,等压面的位势梯度方向和气层的平均温度方向越接近一致,即低位势中心逐渐趋向冷中心靠近,高位势中心逐渐趋向暖中心靠近。实际大气中由于温度场南北梯度大,等温线多呈东西向槽脊状,底层的闭合气压系统,到了对流层中上层,等高线的形状逐渐接近平均等温线的形状,成了以北极为中心的沿纬圈方向的槽脊波状分布了,如图3-2-5所示。温压场不对称系统虽然在500 hPa等压面图上不能保持闭合等高线的气压形势,但未全部消失其痕迹,尚有槽或脊的形式出现,因此,温压场不对称系统有时也称为中性系统。

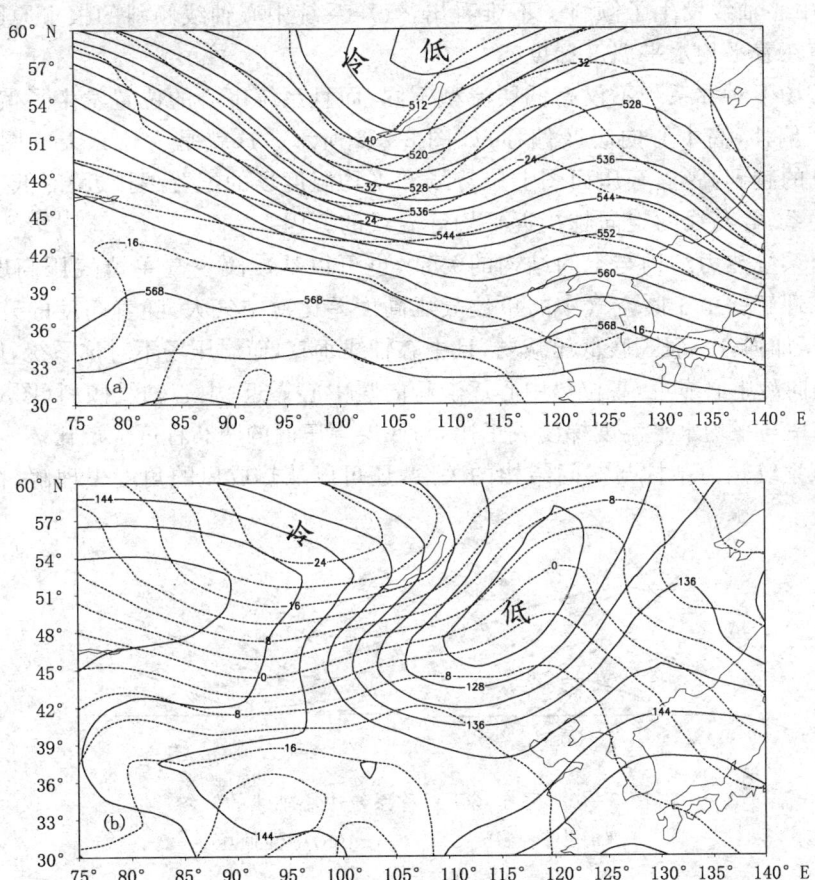

图 3-2-5 温压场不对称系统结构随高度的变化
(1971年3月27日20时天气图)(a)500 hPa,(b)850 hPa

3.2.1.3 气压系统中心轴线的倾斜

同一气压系统各高度上中心点的连线称为气压系统的中心轴线。在气压系统中心轴线上任何点的水平气压梯度(或位势梯度)等于零。

温压场对称系统由于气压系统中心点上空平均水平温度梯度也为零,该点垂直上空的等压面上位势梯度仍等于零,系统中心位置随高度没有发生偏移,即中心轴线是垂直的。相反,温压场不对称系统由于气压系统中心点上空有平均水平温度梯度存在,那么该点垂直上空的等压面上位势梯度便不再等于零。而在某一点上空,由于平均水平温度梯度和底层等压面的位势梯度方向相反,对上层等压面坡度的影响作用相等时,使得这里的位势梯度等于零。因此,气压系统中心随高度的升高发生了位移,系统中心轴线发生了倾斜。不难看出,气压系统中心轴线倾斜的根本原因是中心点上空存在着平均水平温度梯度。

温压场不对称系统不仅高低层流型不同,而且系统中心的位置发生了偏移,低中心向冷区偏移,高中心向暖区偏移,如图3-2-5所示。这就是为什么天气图分析中,我们常见的越到高空,等压面图上位势场和平均温度场的配置越接近"冷低","暖高"的配置关系,等高线的走向越接近平均等温线的原因。

气压系统热力结构与空间结构的关系,也可以从冷暖空气单位气压高度差不同的角度来理解。由于暖空气中的单位气压高度差比冷空气大,随着高度的升高,暖高压、冷低压加强,冷高压、暖低压减弱,且中心轴线垂直,而温压场不对称系统,低位势中心逐渐趋向冷中心靠近,高位势中心逐渐趋向暖中心靠近,中心轴线倾斜(图3-2-6),其倾斜的速率与平均水平温度梯度成正比,与底层等压面的凹凸程度成反比。

气压系统热力结构与空间结构的关系,还可以从热成风的角度去理解,在此不再详述。

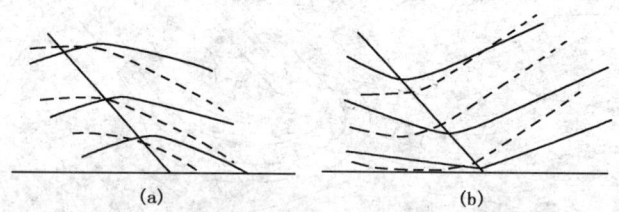

图 3-2-6　温压场不对称系统中心轴线的倾斜
(a)中性高压　　　　(b)中性低压

以上分析了系统空间结构、热力结构及其两者之间的关系,就实际的气压系统温压场配置来说,严格的深厚系统或浅薄系统是很少见的,尤其是在中高纬度地区,大多是处于不同发展阶段的温压场不对称系统。而在其发展过程中,随着系统热力结构的变化,系统的空间结构也在跟着变化,即静力结构有动态演变,气压系统中心轴线的倾角由小变大,由温压场不对称逐渐发展成深厚系统。

中心轴线的倾角(中心轴线与水平面的夹角)一般是很小的,气压系统发展的初期,只有几十分钟,有的甚至不到30秒,如发展初期的锋面气旋就是如此。随着系统的发展，冷中心逐渐与低中心接近，暖中心逐渐与高中心接近，当中心轴线的倾角超过 5°时，在天气图上看起来已接近垂直，500 hPa 高度上已有闭合中心出现，已经是深厚系统了。所以，一般天气学上所说的气压系统中心轴线的"垂直"，不能按几何学的意义去理解。

在西风带中，高空等压面图上活动的是大量的槽脊系统，这些系统绝大部分是中性的不对称系统，一般气压槽和温度槽配合，而高压脊和暖脊配合，且一般温度槽脊多比气压槽脊落后 1/4 波长。在垂直于槽脊线的剖面上，研究槽脊线随高度的变化，可得到与中心轴线变化相同的规律。

利用地面图配合各等压面上系统中心和槽脊的位置变化，定性判断轴线的倾角，能够帮助我们判断系统的发展阶段。同时，系统空间结构的分析是否合理又能够反过来验证系统位置分析的可靠性，纠正分析错误。但是系统的结构并不像上述典型情况那样简单，例如低层向西偏移的一个系统它可能在上层等压面上变成所谓"前倾槽"这种复杂的结构。如有可靠记录证实，就不应当作分析错误加以改变。

3.2.1.4 利用高空风图分析气压系统的方法

气压系统分析完全依靠地面图和气压形势图已足够解决问题，在平时没有依赖高空风分析图的必要，但遇有特殊情况（例如特殊条件下不许可有完全资料分析天气图时），有可能临时施放单点测风，大致了解本站位于哪一类气压系统的部位是可以办到的。

我们已经知道气压系统垂直结构及风随高度变化的理论，下面先就各种气压系统在高空风分析图上所表现的特点加以简单归纳，以便于我们利用单站高空风来进行分析。

(1) 浅薄系统

1) 暖低压前部（东部）的特点是：近地面为一低压，风向偏南；至高层转变为高压，风向与低层相反。风向随高度向上有顺时针旋转（即有暖平流），风速随高度向上有一减小层。

2) 冷高压前部（东部）的特点是：近地面为一高压，风向偏北；至高层转变为低压，风向与低层相反。风向随高度向上有逆时针旋转（即有冷平流），风速随高度向上有一减小层。

(2) 深厚系统

1) 冷低压和暖高压的特点是：上下系统近于一致，风向随高度向上无显著变化（即无显著的冷暖平流现象），风速一般向上增大。

2) 暖高压中心的特点是：风速小，风向不定，此种现象能达到较高的高度。而冷低压中心则因有强烈的辐合上升作用，常因天气恶劣不易得到测风记录，所以对冷低压中心的特点不加归纳。

由上述特点我们可以很容易地发现分析气压系统的简单方法：即由各层地转风可以初步定出气压系统的性质，再结合风随高度的顺转和逆转（即平流现象）及风速随高度变化的特点，就可以确定该气压系统的性质及其在本站的厚度。

现在举例来说明分析的方法和步骤：

由图 3-2-7，我们从 1000 m 高度开始分析（设 1000 m 以下为摩擦层）。在 1000 m 高度上的风为东北，由图 3-2-8 可知该站处于高压之前端。再加上逐层分析，至 3000 m 高度处风已转为西南，即在 3000 m 处该站已转变为位于低压的前部。可见该系统的结构是：下层为高压，至高层转变为低压，必属于冷高压的类型。

其次，风向是逆时针的旋转，有冷平流，这也是冷高压前部的现象。风速在 2500～3000 m 之间有减小层，说明冷高压在本站的厚度为 2700 m 左右。

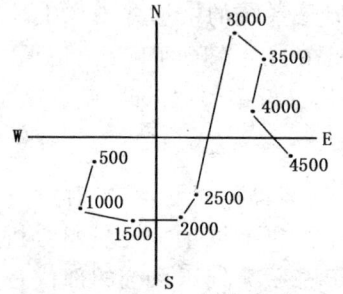
图 3-2-7　某站高空风分布

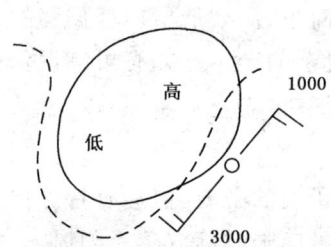
图 3-2-8　根据某站高空风分布分析的该站高低层所处气压系统位置

再举一个深厚气压系统的分析例子（图 3-2-9）。

我们也从 1000 m 开始分析。1000 m 高度为西南风，即本站处于低压前部，随着高度向上风向无大改变，即上下均为低压系统，也无显著的平流现象，同时风速向上递增，均可说明位于一个深厚冷低压系统的东部。

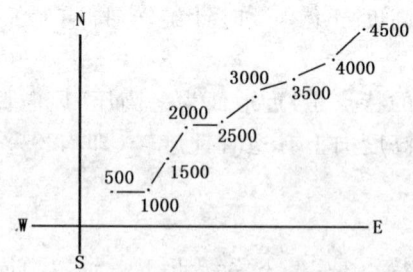
图 3-2-9　某站高空风分析图

分析单站测风，只能使我们了解小范围内的气压系统情况（一般在 300 km 范围内），不能掌握和高空图那样的绝对形势，而只是了解气压系统与本站的相对位置。例如分析单站测风得出本站处于高压前部时，但本站并不一定位于高压范围内，也许位于低压后部。

分析单站测风时必须很好地配合地面图、高空图和温压曲线才能发挥单站测风分析的效用，也才能详细了解气压系统的各层情况。

3.2.2 气压系统的动力结构

气压系统的水平环流及其随高度的变化，以及相应的涡度、散度、垂直运动的分布，经向剖面和纬向剖面上二维气流的分布等总称气压系统的动力结构。

由于大尺度运动是准地转的，所以水平环流及其空间变化与气压系统是适应的，一般不需要另作分析。但有时也用流线分析来补充。

3.2.2.1 水平涡度场及其空间分布

正负涡度中心一般并不一定与温带气旋反旋中心重合，这是由于涡度是曲率项和切变项二项之和来定的。一般正(负)涡度中心偏向气旋(反气旋)移动的方向，并大体与负(正)变压中心相近。在气旋的锢囚阶段，反气旋发展到阻塞阶段，两者才逐渐接近。

温带气旋的正涡度中心轴线也是向冷区倾斜的，倾斜角的大小也随斜压性的减弱而增大。总之，分析涡度场的水平分布和空间变化，及其与气压系统的配置规律，是了解气压系统动力结构的重要内容之一。

3.2.2.2 水平散度场及其空间分布

地面气旋(反气旋)中心大体与低层的辐合(辐散)中心吻合。但根据补偿原理，相应的气旋(反气旋)上空应是辐散(辐合)，而且对于不是处于消亡阶段的气旋来说，高层的辐散(合)量往往比低层大，无辐散层的高度大约在 600 hPa，发展较强的气旋(反气旋)比初生阶段低层辐合(辐散)量和高层辐散(辐合)量要大。在日常天气分析中，必须注意高低层的水平散度场及其与气压系统的配置关系，而作气旋(反气旋)中心附近平均散度垂直廓线，能够形象看到该系统的散度空间分布。

3.2.2.3 ω 场及其空间分布

ω 场是直接关系云、雨等天气现象的因子，它是水平气压系统及其空间变化发展过程的产物，同时又反馈地影响着系统的发展和变化。分析 ω 场时要注意以下几个方面：

(1) 水平 ω 场与云、雨区的配置；

(2) 水平 ω 场与温压场的配置；

(3) ω 随高度的分布。

3.3 西风带高空槽脊发展和移动分析

由于槽脊前后大气运动及天气的特征有显著不同,因此正确地分析和判断槽脊的发展和移动是十分重要的。在理论上常用各种条件下的动力不稳定性来研究其发展。这里仅介绍在天气图上常规的分析方法。

3.3.1 西风带高空槽脊发展和移动的判定

槽区位势高度随时间降低,脊区位势高度随时间升高,称为槽脊发展了,反之称为槽脊减弱了。槽、脊的移动常用两个不同时次的槽线(脊线)之间的水平距离来表示。在日常天气分析中常用如下方法判定槽脊的变化情况。

3.3.1.1 变高与槽脊的发展和移动

变高是引起气压系统变化的各种因子综合反映。

取固定坐标:x 轴取在系统移动方向。对于固定坐标有:

$$\frac{d}{dt} = \frac{\partial}{\partial t} + \vec{V} \cdot \nabla$$

取移动坐标:将坐标原点取在槽脊线上,移动坐标和槽脊系统一起移动,x 轴取在系统移动方向,移动坐标相对于固定坐标的移动速度 $\vec{C}$,也就是槽脊系统的移动速度。对于移动坐标有:

$$\frac{d}{dt} = \frac{\delta}{\delta t} + (\vec{V} - \vec{C}) \cdot \nabla$$

其中 $\frac{\partial}{\partial t}$ 是固定坐标系下的局地变化,$\frac{\delta}{\delta t}$ 是移动坐标系下的局地变化。

根据以上两式,得到移动坐标与固定坐标的关系:

$$\frac{\delta}{\delta t} = \frac{\partial}{\partial t} + \vec{C} \cdot \nabla$$

上式也可以这样来理解:$\frac{\delta}{\delta t}$ 对移动坐标来说是局地变化,但是对于固定坐标来说,也可看成是以速度 C 运动的某点的个别变化,这个个别变化同样可以分为两部分,一部分是局地变化 $\frac{\partial}{\partial t}$,一部分是负的平流变化 $\vec{C} \cdot \nabla$。

对某一物理量 $F(x,y,t)$,有:

$$\frac{\delta F}{\delta t} = \frac{\partial F}{\partial t} + \vec{C} \cdot \nabla F$$

取 $F = \dfrac{\partial H}{\partial x}$

由于槽(脊)线上 $\dfrac{\partial H}{\partial x}$ 始终等于零,故在移动坐标中,槽(脊)线上 $\dfrac{\partial H}{\partial x}$ 的局地变化为零,即:

$$\frac{\delta}{\delta t}\left(\frac{\partial H}{\partial x}\right) = \frac{\partial}{\partial t}\left(\frac{\partial H}{\partial x}\right) + \vec{C} \cdot \nabla \left(\frac{\partial H}{\partial x}\right) = 0$$

由于 x 轴取在系统移动方向,$C = C_x, C_y = 0$,故有 $\vec{C} \cdot \nabla\left(\dfrac{\partial H}{\partial x}\right) = \vec{C} \cdot \dfrac{\partial^2 H}{\partial x^2}$

则槽脊线的移动速度 C 为:

$$C = -\frac{\partial}{\partial t}\frac{\partial H}{\partial x} \bigg/ \frac{\partial^2 H}{\partial x^2} \tag{3-3-1}$$

式中 $-\dfrac{\partial^2 H}{\partial t \partial x}$ 为沿槽(脊)线的变高梯度,$\dfrac{\partial^2 H}{\partial x^2}$ 表示槽脊的凹凸程度,槽脊越强,其绝对值越大。根据式(3-3-1)可以判断槽脊的移向和移速。

槽线上 $\dfrac{\partial^2 H}{\partial x^2} > 0$,故槽沿变高梯度方向移动,在强度相同时,变高梯度愈大,C 愈大,脊线则相反;在变高梯度相同时,$\dfrac{\partial^2 H}{\partial x^2}$ 绝对值越大,槽脊越强,移动速度越慢,强槽(脊)比弱槽(脊)移动慢。

取 $F = H$

在槽脊线上有:$\dfrac{\partial H}{\partial x} = 0, C_y = 0$

于是有:$\dfrac{\delta H}{\delta t} = \dfrac{\partial H}{\partial t} + C_x \dfrac{\partial H}{\partial x} + C_y \dfrac{\partial H}{\partial y} = \dfrac{\partial H}{\partial t}$

上式说明:槽(脊)线上瞬时变高即可反映槽脊强度变化,所以可以根据槽脊线上的正负变高来判断槽脊的强弱变化。槽线上有负变高,说明等压面降低了,槽加强了,反之槽减弱了。

以上用变高来讨论槽脊系统的移动和强度变化,都是指瞬间情形,$\dfrac{\partial H}{\partial t}$ 指瞬时变高,但是实际工作中则用 3 h 变高(或变压)和 24 h 变高(或变压)这些有限时间的变化来代替瞬时变化。由于当槽脊系统强度不变时,仅仅由于移动一段距离,槽脊线上也有变高(在槽中仍可出现负变高,在脊中仍可出现正变高,变高零线落在槽脊后)(图 3-3-1a),此时槽脊线上的变高不是系统强度变化造成的,仅仅是系统移动造成的,尤其当槽脊移动迅速,槽移到上一时次脊的位置,脊移到上一时次槽的位置时(图 3-3-1b),槽上出现了负变高中心,脊上出现正变高中心,但这些中心并不表示槽(脊)在这一时间段有了强烈发展。同理,这时在槽(脊)上变高梯度(升度)等于零,也不能说明槽(脊)没有移动(相反,移动迅速)。以上讨论说明:当系统移速快时,由于有限时间的变高与瞬时变高差别较大,而不能反映系统强度及移动的变化。在实际中当系统 3 h(或 24 h)移动距离远小于系统波长时,应用以上原理分析系统移动发展时效果较好。

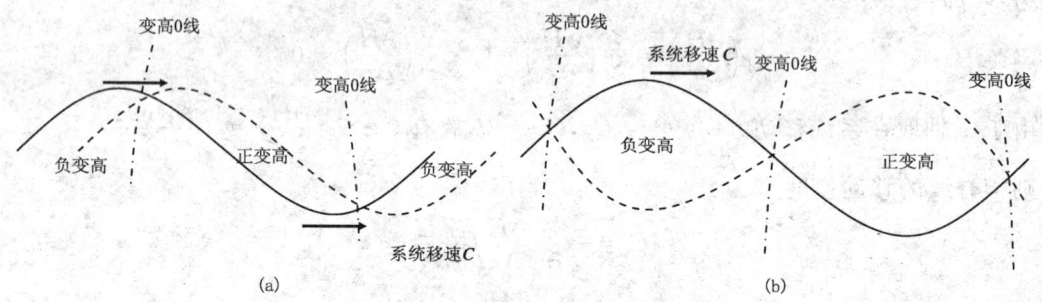

图 3-3-1 移动系统中的变高分布
(实线为前一时次等高线,虚线为本时次等高线)

变高是引起气压系统变化的各种因子综合反映。实际变高当中既包含有移动引起的变高,也包含有强度变化引起的变高,以及其他因子引起的变高(如日变化),达到多大强度才能判断是槽脊发展的反映,视槽的强度、移速不同而异。

虽然当槽脊系统移动较快时槽脊线上的变高不能很好地反映槽脊强度变化,但是可以看到,仅由移动产生的变高,在前后槽(脊)的平均位置上变高为零,如果前后槽平均位置上为零变高,说明槽(脊)无发展,负(正)变高说明槽(脊)发展了,正(负)变高说明槽(脊)减弱了。

3.3.1.2 涡度场的变化

与槽(脊)相应的正(负)涡度中心强度、范围及其变化,可以表示槽脊的强度变化。

3.3.1.3 特性等高线

在等压面图上选择一根最能反映所要分析和预报的槽(脊)的等高线,称为特性等高线。可以把特性等高线形象地近似为西风带扰动曲线,从而定量取其位相、振幅和波长,而对相邻时次同一数值特性等高线上述要素的比较,能够定量地表示出西风带扰动的移动和发展(图 3-3-2)。在实际工作中,有时西风槽扰动的振幅并无大变化,但特性等高线最南点(即槽底)却随时间向低纬伸展,这对于较低纬度来说,与槽的发展有同等价值,在实际分析中也常常作为低槽发展来看待。

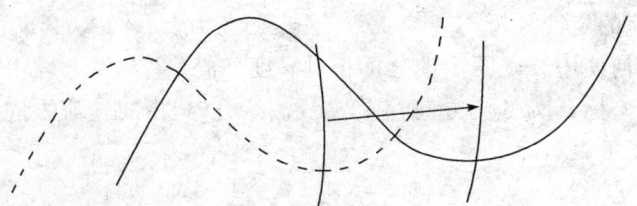

图 3-3-2 特性等高线及其变化

3.3.2 影响西风带扰动移动发展的因子分析

3.3.2.1 诊断分析

目前常用三种诊断方程诊断西风带系统的发展和移动：

（1）位势倾向方程

$$\left(\nabla^2 + \frac{f^2}{\sigma}\frac{\partial^2}{\partial p^2}\right)\frac{\partial \Phi}{\partial t} = -f\vec{V}_g \cdot \nabla(f+\zeta_g) + \frac{f^2}{\sigma}\frac{\partial}{\partial p}\left(-\vec{V}_g \cdot \nabla \frac{\partial \Phi}{\partial p}\right) - \frac{f^2 R}{c_p p \sigma}\frac{\partial}{\partial p}\frac{dQ}{dt}$$

(3-3-2)

（2）ω 方程（2-4-73 式）

（3）涡度平衡方程

$$\frac{\partial \overline{\zeta}}{\partial t} = -\overline{V}\cdot\nabla(f+\overline{\zeta}) - (f+\overline{\zeta})\nabla\cdot\overline{V} - \overline{\omega}\frac{\partial \overline{\zeta}}{\partial p} - k\cdot\nabla\overline{\omega}\times\frac{\partial \overline{V}}{\partial p} - \overline{\omega'\frac{\partial \zeta'}{\partial p}}$$

(3-3-3)

式(3-3-2)中 Φ、Q、σ 分别为位势高度、热量和静力稳定度参数，式(3-3-3)中的上划线"—"表示网格平均量，"'"表示次网格的扰动量。

利用式(3-3-2)右端各因子对位势倾向分布的贡献，能够得出所研究的槽脊发展和移动的结论，同时得到不同因子在该系统发展中的作用。用 ω 方程能够计算出不同因子对所研究系统的垂直速度的贡献，而我们可以认为垂直速度的大小是该系统发展强度的一个度量。涡度平衡方程直接从各种因子在维持系统的涡度平衡出发，来研究系统维持和发展的原因，而且可从通过计算结果的余差估计次网格对流的贡献。

3.3.2.2 定性分析

通过前面学习，我们知道，变高与槽脊的发展和移动关系密切。如果槽线上有负变高，槽发展，所以判断槽未来发展主要看槽线上有没有负变高；槽通常沿变高梯度向负变高中心方向移动，所以判断槽未来移动方向及移动快慢主要看槽线附近变高梯度的方向及大小。从位势倾向方程可知，正涡度平流、冷温度平流、非绝热冷却引起负变高，所以当槽线上有正涡度平流、温度冷平流、非绝热冷却时，均有利于槽的发展。这三个因子都可以利用常规天气图及资料加以定性估计。

(1) 涡度平流的定性分析

以下讨论如何使用天气图定性分析相对涡度平流。

取如下自然坐标:s 为气流方向,n 为流线法线方向,指向气流方向的左侧为正。在自然坐标中,涡度可表示为

$$\zeta = \frac{V}{R_s} - \frac{\partial V}{\partial n} = K_s V - \frac{\partial V}{\partial n}$$

其中 R_s:流线曲率半径;K_s:流线曲率。

气旋式曲率半径 $R_s > 0$,曲率 $K_s > 0$;相反,反气旋式曲率半径 $R_s < 0$,曲率 $K_s < 0$。

上式表达了涡度与曲率 K_s、风速 V 及风切变的关系,由于它们的不同使得涡度在空间分布不均,大气在运动过程中就会将涡度属性从一个地方带到另一个地方,引起该地涡度的增大或减小的变化,这种变化,称为涡度的平流变化,简称涡度平流。

自然坐标中,相对涡度平流表示为:

$$-\vec{V} \cdot \nabla \zeta = -V \frac{\partial \zeta}{\partial s}$$

若大气运动使某地涡度增加,为正涡度平流,$-\vec{V} \cdot \nabla \zeta > 0$

若大气运动使某地涡度减小,为负涡度平流,$-\vec{V} \cdot \nabla \zeta < 0$

将涡度表达式代入有

$$-V \frac{\partial \zeta}{\partial s} = -V \left(K_s \frac{\partial V}{\partial s} + V \frac{\partial K_s}{\partial s} - \frac{\partial^2 V}{\partial s \partial n} \right)$$

由上式可见,当曲率 K_s、风速 V 及风切变沿气流方向不均匀时,就会有涡度的平流变化,即涡度平流由沿流线方向风场不均匀 $\frac{\partial V}{\partial s}$、流线曲率不均匀 $\frac{\partial K_s}{\partial s}$ 和风切变的不均匀 $\frac{\partial}{\partial s}\left(\frac{\partial V}{\partial n}\right)$ 引起。

天气图上曲率的不均匀,可以通过等高线上的槽脊反映出来。

天气图上风场、风切变的不均匀,可以通过等高线的疏密变化反映出来。

在地转假定下,用 $V = V_g = -\frac{9.8}{f} \frac{\partial H}{\partial n}$ 代入得:

$$-V \frac{\partial \zeta}{\partial s} = -\left(\frac{9.8}{f}\right)^2 \frac{\partial H}{\partial n} \cdot \left(K_s \cdot \frac{\partial}{\partial s}\left(\frac{\partial H}{\partial n}\right) + \frac{\partial H}{\partial n} \frac{\partial K_s}{\partial s} - \frac{\partial}{\partial s} \frac{\partial^2 H}{\partial n^2} \right)$$

由于在所取自然坐标中 $\frac{\partial H}{\partial n} < 0$,涡度平流的性质由式中括号内三项符号决定。

下面就来定性分析槽脊附近涡度平流的分布情况。

1) 曲率项 $\frac{\partial H}{\partial n} \frac{\partial K_s}{\partial s}$ (图 3-3-3a)

该项反映了曲率涡度不均匀引起的涡度平流。由于在所取自然坐标中 $\frac{\partial H}{\partial n} < 0$,

当流线的气旋式曲率沿流线减小,或反气旋曲率沿流线加大,即 $\frac{\partial K_s}{\partial s} < 0$ 的地方,有正涡度平流。高空槽前脊后是 $\frac{\partial K_s}{\partial s} < 0$ 的地方,所以高空槽前脊后区是正涡度平流区(Ⅰ区)。同理,槽后脊前为负涡度平流区(Ⅱ区)。

2)散合项 $K_s \cdot \frac{\partial}{\partial s}\left(\frac{\partial H}{\partial n}\right)$ (图 3-3-3b)

$\frac{\partial H}{\partial n}$ 反映等高线的密集情况,反映了风场的大小,当等高线沿气流方向密集程度有变化时,等高线表现为沿气流方向聚拢(等高线辐合)或散开(等高线辐散),所以该项称为散合项,反映了风场不均匀引起的涡度平流。当气旋式曲率($K_s > 0$)等高线沿气流方向有辐散 $\frac{\partial}{\partial s}\left(\frac{\partial H}{\partial n}\right) > 0$(图 3-3-3b Ⅰ区)时,有 $K_s \cdot \frac{\partial}{\partial s}\left(\frac{\partial H}{\partial n}\right) > 0$ 正涡度平流,反之有负涡度平流(Ⅱ区),反气旋曲率沿气流方向等高线辐合时有正涡度平流(Ⅳ区),反之有负涡度平流(Ⅲ区)。

3)疏密项 $-\frac{\partial}{\partial s}\frac{\partial^2 H}{\partial n^2}$ (图 3-3-3c)

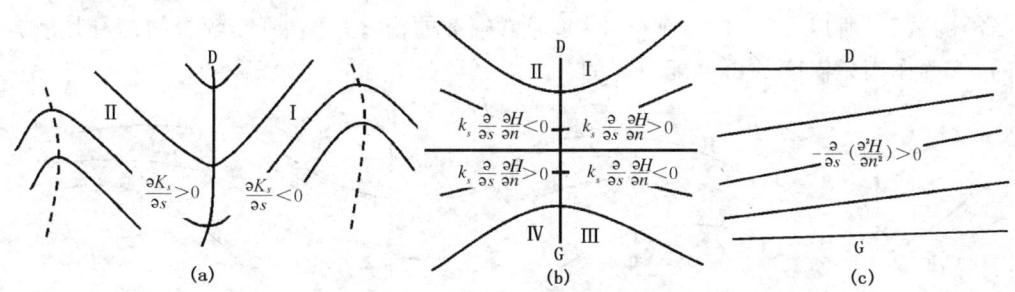

图 3-3-3 等高线分布与涡度平流

$\frac{\partial^2 H}{\partial n^2}$ 为等高线密集区由高压一侧向低压一侧变化,反映了切变涡度,所以该项反映了切变涡度沿气流方向上的不均匀所引起的涡度平流。当等高线密集区沿气流方向由高压一侧向低压一侧变化时,有 $-\frac{\partial}{\partial s}\frac{\partial^2 H}{\partial n^2} > 0$ 正涡度平流,反之为负涡度平流。涡度平流的大小与 $\frac{\partial H}{\partial n}$ 成正比,在相同条件下急流区的涡度平流比其他地区要大得多。

这三项之中,以第一项最大,第二项次之,第三项的作用较小,且根据目前资料的密度,很难准确地分析出等高线疏密的变化来。所以,定性判断涡度平流的分布,一般多用前两项之和综合考虑。

无论是对称的槽脊(图3-3-4),还是不对称槽脊(图3-3-5),由于曲率项的影响,槽前脊后为正涡度平流,槽后脊前为负涡度平流,而槽脊线上涡度平流为零,因此曲率项不能使槽脊发展,主要是引起西风槽脊东移,但第二项因子也能够对槽(脊)的移速起作用,例如图3-3-4中a、b图辐合辐散项在槽(脊)前(后)引起的涡度平流符号与曲率项一致,这类槽(脊)速度较快,而c、d图两项是反号的,故其移速缓慢。

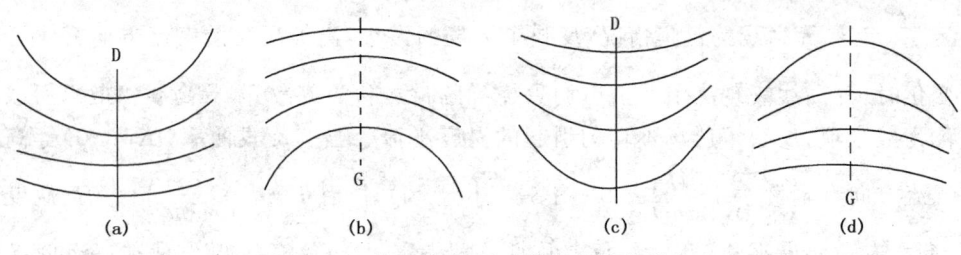

图 3-3-4　辐合辐散项对槽脊移速的影响

对槽脊发展有贡献的主要是辐合辐散项,图3-3-5a、b中辐散的槽(脊)线附近有正(负)涡度增大,槽(脊)将加强,而图3-3-5c、d中这一项的作用则相反,将引起槽(脊)的减弱,所以,考虑散合项的作用,通常辐散的槽脊是发展的,辐合的槽脊是减弱的,这种作用是涡度的再分配引起的。

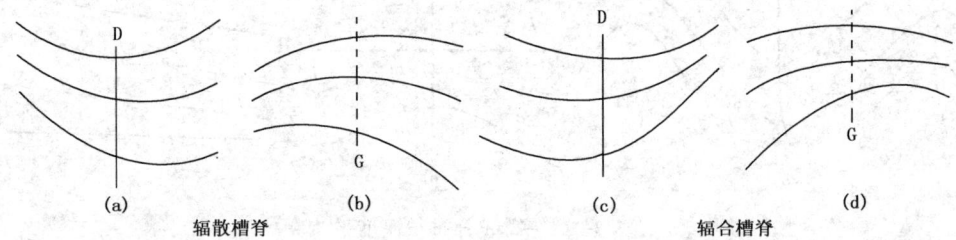

图 3-3-5　辐合辐散项对槽脊发展的影响

(2)温度平流的定性分析

温度水平分布不均匀时,由于冷暖空气水平运动而引起某地区温度的变化(增暖或变冷),这种变化称为温度的平流变化,简称温度平流。冷空气移来,气温下降,称为冷平流,暖空气移来,气温上升,称为暖平流。温度平流是大气水平运动对热量输送使热量在水平方向重新分布的结果。

在位势倾向方程第二项中,由于

$$-\vec{V}_g \cdot \nabla \frac{\partial \Phi}{\partial p} = \frac{R}{p}\vec{V}_g \cdot \nabla T$$

所以,当暖平流随高度减弱时,等压面随时间升高,而冷平流随高度减弱时,等压面随时间降低。由于在 500 hPa 以下,通常温度平流随高度总是减小的,所以常分析 500 hPa 等压面上槽脊线上的冷暖平流,来判断温度平流对槽脊发展的影响。对于西风带扰动来说,当槽线上有冷平流时,槽将加深,脊线上为暖平流时,脊也将加强。

在天气图上定性判断温度平流的方法很简单,将等高线近似看作流线,当空气从冷区流向暖区时为冷平流,而从暖区流向冷区则为暖平流,等高线与等温线的平行的地方为平流零线所在(图 3-3-6)。但为了了解冷暖平流在大范围的分布,在高空天气图上加绘平流零线,就能够把大范围的冷暖平流区勾划出来。

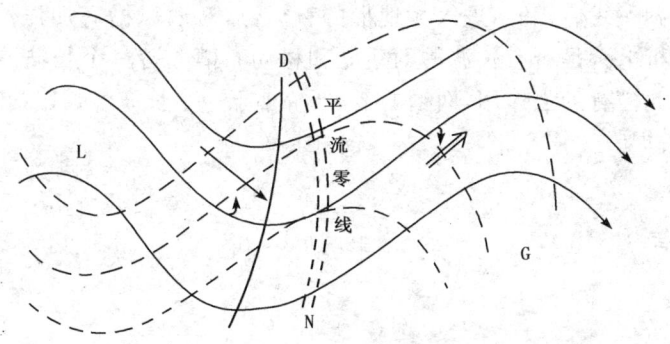

图 3-3-6　温度平流分析
图中实线为等高线,虚线为等温线,双虚线为平流零线,粗实线为槽线,
粗矢为冷平流,空粗矢为暖平流

不同热力结构的槽脊,其温度平流的分布是不同的。温压场不对称系统,等高线与等温线交角大,系统附近冷暖平流强;温压场对称系统,等高线与等温线交角小,系统附近冷暖平流弱。实际天气图上温压场的配置通常是温度槽落后于高度槽(图 3-3-6),这种温压配置情况下,冷平流主要分布在槽后及槽线附近的区域,暖平流主要分布在槽前,平流零线位于槽线前面附近,这时槽线上冷平流有利于槽的发展,而槽前后冷暖平流造成的变高梯度使得槽移动缓慢。

温度平流改变了天气系统的热力结构,是影响天气系统发生发展移动主要热力因子,也是造成天气变化最主要原因。

也可以根据单站风随高度的变化,来判断温度平流的性质,这里不再赘述。

(3) 非绝热加热的定性分析

依位势倾向方程可知,当非绝热加热随高度增加时,$-\frac{\partial}{\partial p}\frac{dQ}{dt} > 0$,等压面高度将降低($\frac{\partial \Phi}{\partial t} < 0$),反之相反。影响高空气压系统的最重要的热源是潜热源,潜热的

诊断分析在第 2 章已经介绍过,这里介绍在天气图上定性判断的方法。

1)根据降水量分布分析凝结潜热的强度。

2)根据降水性质分析最大加热的高度。因为稳定性降水的最大凝结潜热加热高度多在 500 hPa 以下,而最大对流加热高度多在 500 hPa 以上。在地面图上填有降水性质和云状及天气现象。但由于目力观测的局限性,所以还需要参考卫星云图来确定。

在分析西风带扰动移动发展因子时,除了综合考虑以上因子外,还须注意:①大地形的影响,我国东部位于青藏高原和蒙古高原的背风侧,西风槽先在大地形西部分裂减弱,移过贝加尔湖一线后,开始进入大地形的背风侧,对西风槽有加强作用。②能量频散的贡献,要分析上游是否有长波槽的建立和移动。槽上游一个长波波长处有长波槽建立或移入,对此槽有加强作用,而槽的上、下游小于一个长波波长以内有长波槽活动,却不利于槽的发展。

3.4 温带气旋的发生发展和移动分析

3.4.1 在天气图上判定气旋发生发展

3.4.1.1 气旋发生的判定

东亚多新生气旋,因此,满足什么条件算作有新的气旋生成是一个很实际而又必须弄清的问题。一般是从三个方面来确定新生气旋的出现。

(1)气旋性环流中心开始出现;

(2)有一根以上的闭合等压线;

(3)有暖锋和冷锋穿过气旋中心。

一般来说,第(1)条和第(3)条是主要的,其中满足第(3)条之外再另加任一条即可作为气旋的新生。但只有第(1)、(2)个条件则不能认为有温带气旋生成。

3.4.1.2 气旋发展的判断

一般在天气图上,从以下几方面判定气旋的强度变化:

(1)气旋中心气压的降低或升高,但要注意除去气压日变化的影响;

(2)气旋性环流的强度和范围变化;

(3)与气旋相伴的正涡度中心的强度变化;此外,气旋云系的发展和降水加强都可以作为气旋发展变化的参考。

3.4.2 气旋发生发展的因子分析

3.4.2.1 诊断分析

常用地面涡度变化方程诊断地面气旋的发生和发展：

$$\frac{\partial \zeta_s}{\partial t} = A_\zeta - \frac{g}{f}\nabla^2\left[-\vec{V}_m\cdot\nabla H_{p_s}^p + \frac{R}{g}\ln\left(\frac{p_s}{p}\right)(\Gamma_d - \Gamma)\omega + \frac{R}{c_p g}\ln\left(\frac{p_s}{p}\right)\frac{\mathrm{d}Q}{\mathrm{d}t}\right]$$

(3-4-1)

式中 A_ζ 为无辐散层上涡度平流，$H_{p_s}^p$ 为地面气压 p_s 至无辐散层 p 之间的厚度。公式说明地面涡度变化由无辐散层的涡度平流和 p_s、p 等压面厚度的拉氏算子决定，而后者是由温度平流、垂直运动和非绝热加热的分布所决定。

用 ω 方程和涡度平衡方程也可以诊断各因子对地面气旋发展的贡献。表 3-4-1 是用式(2-4-81)计算的梅雨系统中 700 hPa 低涡中心(相应地面有气旋)平均的诊断结果。其中主要的 ω_1、ω_2、ω_3、ω_4 分别为涡度平流、温度平流、潜热加热项及地形强迫摩擦的贡献，$\sum \omega_i$ 为所有强迫因子的总和。计算结果可见，涡度平流的作用不到总量的 1/100，温度平流的贡献也仅有 1/7 左右，而潜热加热的贡献达到 80%，地形和摩擦的作用也不可忽视。因此，梅雨系统中，斜压不稳定的作用已退居次要地位，而潜热加热作用对系统的贡献已上升为主要项。所以，可以认为，梅雨气旋应主要从水汽供应和对流不稳定能量的储存和释放来分析。

3.4.2.2 定性分析方法

一般把 500 hPa 近似当作无辐散层，所以，定性分析 500 hPa 的涡度平流、温度平流实际上就解决了式(3-4-1)右端前两项的定性判断，而非绝热加热项的判断方法也在西风槽脊的分析中讲过。式(3-4-1)第三项说明，上升运动的最大区将使地面气旋减弱，可见它是一个抑制的因素。根据云天分布可以定性判断垂直运动的分布。除此之外，我们还可以从以下几点分析气旋发生发展的因子。

(1)气旋发生因子的定性分析

1)地面气压场型式的分析

地面气压场分布是制约地面气压变化的各种因子综合反映，因此，气旋总是发生在特定的气压场形势下。由于我国南方和北方的地理条件以及由此带来的其他条件差别，导致气旋生成的气压场型式也不相同。

表 3-4-1　1972 年 6 月 21 日 700 hPa 低涡中心附近(120°E,32°N)各项因子对 ω 的贡献

(单位:10^{-4} hPa/s)

高度(hPa) \ ω	ω_1	ω_2	ω_3	ω_4	ω_6	ω_8	ω_9	ω_{10}	ω_{11}	ω_{12}	ω_5	$\sum\omega_i$
100	0	0	0	0	0	0	0	0	0	0	0	0
200	−1	4	0	0	−3	0	0	1	0	0	0	−8
300	0	−14	0	0	−52	0	0	1	−1	−1	0	−66
400	−2	−24	1	2	−102	0	1	0	1	−2	0	−125
500	1	−24	3	2	−111	−1	1	0	0	−3	−1	−132
600	1	−24	5	3	−121	0	1	0	0	−3	0	−139
700	1	−19	2	0	−84	0	1	0	0	0	−2	−105
800	−1	−14	−5	−1	−47	2	1	−2	0	0	−4	−71
900	−1	−7	−5	−3	−19	3	1	1	3	0	−11	−39
950	−1	−4	−5	−2	−6	3	1	1	4	0	−13	−23
1000	0	0	0	0	0	0	0	0	0	0	−17	−17

A. 北方气旋

第一种型式是在锢囚气旋暖区新生的气旋,这种过程初期有一气旋波从西伯利亚移至贝加尔湖迅速锢囚(见图册Ⅱ,1971 年 3 月 26—27 日地面图*),这时,在它的暖区(蒙古)有暖性低压出现,冷锋进入暖低压,气旋波即形成。这种形势往往伴随一次高空槽的再生过程。过程初期,由于 500 hPa 低槽逐渐移近蒙古高原而减弱,温度槽接近气压槽(见图册Ⅱ,3 月 26—27 日 500 hPa 图*)。过程后期气压槽跳到山后,而冷槽却因被阻于山前而落后,这样气旋和高空槽得到了一次再生过程。

第二种型式是冷锋进入暖倒槽。这类过程初期,有一冷锋从西伯利亚东移,在锋前的蒙古西部或河西走廊至河套一带有暖倒槽向北伸展,冷锋进入暖倒槽后气旋波开始生成(见图册Ⅱ,1983 年 4 月 26—27 日地面图*)。这类过程多伴随高空短波槽东移(见上图 26—27 日 500 hPa 图*)。由于蒙古高原对急流区中短波阻滞作用较小,易于经蒙古东移而诱生出地面气旋波。

第三种型式和第一种型式接近,不同的是位于蒙古西部的只有一条冷锋,气旋中

---

* 乔全明、阮旭春主编.《天气分析》配套图册:分析实习参考图——《天气分析》附图Ⅱ.1990.北京:气象出版社出版.下同

心位置在60°N以北,当冷空气从南北两面绕过阿尔泰山时,便在蒙古山地形成一相对低压区。以后冷空气主力越山进入低压,气旋波生成。

北方气旋三种型式中以第一、二种最多,第三种较少。

B. 南方气旋

第一种型式是冷锋进入暖倒槽,这和北方气旋类似。仅仅是暖倒槽是从云南和中南半岛向北伸展的(见图册Ⅱ,1980年5月30—31日08时地面图*)。暖倒槽位于高空南支槽或康藏槽前,低空往往有西南涡东移(见图册Ⅱ,同一时次高空图*),高原以北有一北支高空槽东移发展,当槽后冷平流及其伴随的冷锋进入暖倒槽时,气旋波出现。

第二种型式是倒槽锋生。当地面有西南倒槽伸向长江中、下游,这时东海为入海高压,高压后部有降水区从西南向长江流域伸展(见图册Ⅲ,1982年3月13日—14日地面图**),在500 hPa上有康藏槽,700 hPa多伴有西南涡东移(见图册Ⅲ,高空图**)。当高空槽到达110°E附近时,冷暖锋在长江中下游的暖倒槽内生成。第三种型式为静止锋上波动型。过程前期,江淮流域为一东西向的准静止锋,相应地有东西向雨带与之配合(见图册Ⅲ,1980年6月23—24日地面图**),静止锋转变为明显的冷、暖锋,气旋波形成。这种型式在南方气旋中并不多见。

2)高空槽的定性分析

高空槽前的正涡度平流,以及槽前(后)的暖(冷)平流是温带气旋生成发展必要条件。对于我国南方和北方来说,由于地理条件的差异,高空槽分析的重点也不相同。

北方气旋与贝加尔湖槽和西北槽的活动紧密相连,能够满足北方气旋生成条件的高空槽,一般要在本身的结构(等高线是否是辐散状)及与冷温槽配置(位相差)都满足其发展条件才有可能。当然,当其中一个条件较差时,另一个条件特别有利也可以诱生气旋。如等高线呈明显的辐散状,则槽后冷平流弱一些也可以。此外,在北支气旋产生前,槽前暖平流可以不一定很明显。

直接诱生南方气旋的高空槽多是青藏槽或南支槽,这种槽一般只要能够维持东移就有产生南方气旋的可能性。南方气旋生成前槽前的暖湿平流比槽后的冷平流在气旋产生中的作用更大。所以850 hPa等压面附近的西南低空急流常被作为生成预报指标或统计因子。为了补充高空图的不足,地面图上高山观测站(如庐山、衡山,九仙山)的地面风也是十分有用的指标。

南、北支高空槽的配合是南方气旋生成分析中要考虑的重要因素。一般南支槽

** 乔全明、阮旭春主编.《天气分析》配套图册:中国主要天气过程图例——《天气分析》附图Ⅲ.1990.北京:气象出版社.下同.

带来充沛的水汽和潜热,遇有北支槽携带冷空气侵入南支扰动,多能诱生气旋。有时冷空气仅仅到达暖倒槽的外围,而暖倒槽中气旋已经形成。700 hPa 和 850 hPa 上西南涡与北支高空槽配合东移,南方气旋生成的几率更高。

由于水汽所释放的潜热对南方气旋的贡献很大,所以源自西南的雨区向东发展(范围和强度两方面)往往是其生成的先兆,"气旋是下雨下出来的"是我国预报员的宝贵经验。特别是大规模雨带中对流性暴雨区容易有初始扰动生成。

此外,三小时变压中心的分布也是分析气旋形成的有用指标。在锢囚气旋的暖区,或暖倒槽顶端出现明显的负三小时变压中心,是气旋将要生成的先兆,其生成位置大约位于这一中心的下风方。

3)卫星云图的分析

气旋的生成发展过程在卫星云图上也有一定的规律,掌握其规律对分析预报气旋的形成和发展非常有用。

A. 北方气旋

北方气旋生成前后云系发展有两种主要型式:

第一种型式是冷锋云带与暖区云带合并产生气旋(图 3-4-1)。它对应地面锢囚气旋暖区新生气旋过程。

生成前,在中亚或西伯利亚上空,有一条呈东北—西南走向的冷锋云带向东南移动。在这条锋面云带的暖区中,生成一条盾状的南北向云带,其北端常表现为卷云纤维状纹理,证明此云带主要由高云组成。在可见光云图上反映不很清楚,在红外云图上,是白色云带。以后冷锋云带东移减弱并分裂,其南段并入暖区的南北向云带中,形成了凸起的"人"字型云型,这时气旋形成(图 3-4-1b)。

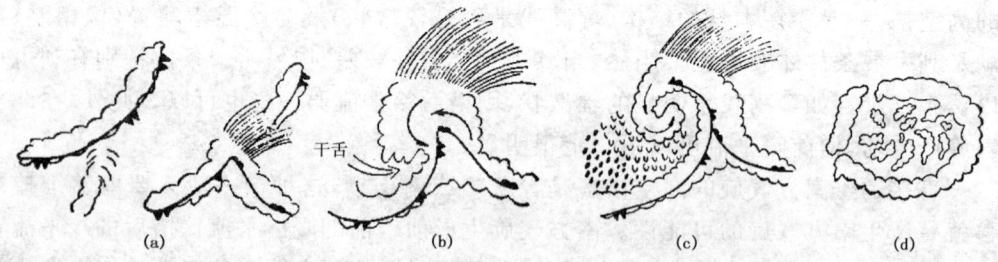

图 3-4-1　北方气旋生成发展第一种卫星云图模式图
(a)生成阶段;(b)发展阶段;(c)锢囚阶段;(d)消亡阶段

第二种型式是由逗点状或盾状云带发展成气旋(图 3-4-2)。此类气旋生成以前,并不存在一条锋面云带,而只有与东移的西北槽对应的逗点云系或盾状云带。这条逗点云系(或盾状云带)尾部在后期逐渐有冷锋与之相配合。当云带移入河套附近暖性倒槽内时,在地面图上表现为冷锋进入倒槽内导致气旋生成。

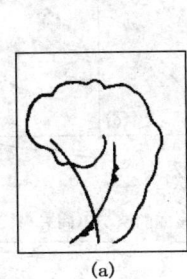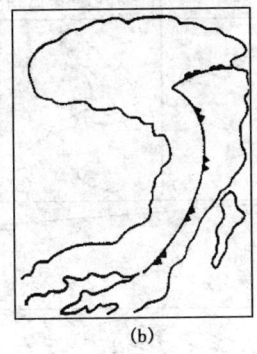

图 3-4-2 逗点状云系发展成气旋的卫星云图模式
(a)逗点状云系与锋,图中实线为高空槽线;(b)气旋云系与锋

B. 南方气旋

春季,在江南或南岭地区往往有锋面在那里静止。卫星云图上在相应的地区也是一条东西向的云带。当高空有槽或涡东移,其前部西南气流加强时,云带西段北移。此时,反映高空槽或涡东移的云系,多是稠密云团,其南侧有时与南方准静止锋云系相接。云团的密蔽云区由中、低云组成,而在它的北侧到东北侧有向北到东北方向辐散的呈反气旋弯曲的卷云羽。出现这种辐散的卷云羽,表明空中气流向外辐散,羽的末端与 500 hPa 图上的西南气流所达到的最高纬度大体一致。当这种云系出现后,24 h 内,云团的范围继续扩大,气旋云系的特征更加明显。此时地面准静止锋北移,并且准静止锋上产生气旋。

这种带有辐散的卷云羽的稠密云团的来源,在多数个例中还可以追踪到云团出现前 24 h。即当青藏高原东部有中高云(以高云为主)组成的云涡东移,24 h 在卫星云图上就有这种云图出现,云涡尺度较小,形状不一,云貌大致有逗点状、螺旋状、半月形三种(图 3-4-3a、b、c、d)。它们都处在 500 hPa 槽前西南气流中,有时在高原北侧,有时在高原南侧。

以后,如气旋云系北端继续出现辐散卷云羽(图 3-4-3e、f、h),同时云区有对流发展,即在云区内有白亮的积雨云,则将有气旋生成。但如果带辐散卷云羽的稠密云团中卷云羽的范围较小或不甚明显,且在卷云羽的北端或稍远的地方有近似东西向分布的横向波动云线出现(图 3-4-3g、i),则气旋不能生成和发展。

(2)气旋发展的定性分析

气旋生成后,能否进一步得到发展,看来似乎比分析气旋生成容易一些。虽然制约气旋发展的基本因子和生成因子相同,但在日常天气图上分析的着重点却有很大差异。在地面图上要着重分析以下方面:

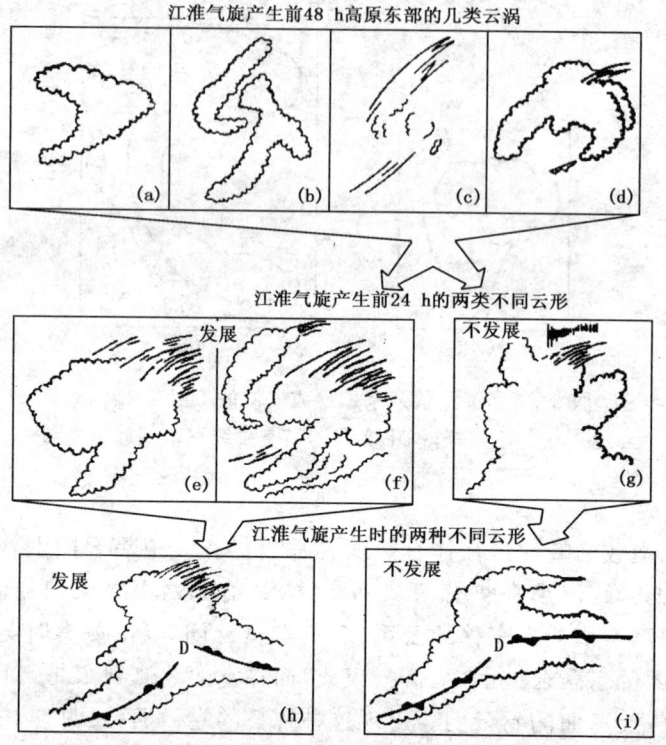

图 3-4-3　江淮气旋形成前后的云系特征

1) Δp_3 的分布和变化

在气旋中心前部一般有负变压中心,当负变压中心加强且逐渐接近气旋中心,且零变压线位于中心后部(注意除去日变化),反映气旋正在发展。反之如远离气旋中心,则反映气旋正在减弱。衰亡的锢囚气旋负变压区分布在气旋的外围。

2) 气旋中暖区的宽度和冷暖锋的强度变化

暖区宽窄反映气旋生命的不同阶段,冷暖锋的强度反映冷暖平流的强度。气旋暖区宽而冷暖平流又在增强的气旋,一般都能够得到发展。

3) 气旋与其他系统的关系

气旋周围气压系统分布与气旋发展有密切的关系。气旋前部有变性冷高压发展,则有利于气旋发展,但如有冷高压阻挡则不利于气旋发展;当气旋后部冷高压加强偏南移,特别是有新的冷高压并入,有利于气旋发展。反之,冷高压减弱东移时则不利于气旋发展。锋面南部副热带高压加强,偏南气流增强有利于气旋发展。

在气旋所在经度范围内,一般不可能同时有南、北两个气旋发展。所以当北方有气旋发展时,南方气旋不利于发展;反之,南方气旋发展,北方气旋将会减弱。

在高空图上注意分析以下几点：

1）高空槽本身的结构变化，高空槽发展的同时，摩擦作用也同时加大。从能量观点看，要求斜压不稳定发展所释放的位能，必须超过摩擦减弱效应才能使气旋和高空槽发展。因此，高空槽后强而宽广的冷平流是使之进一步发展的必要条件，特别对北方气旋更为重要。

2）分析高空槽上、下游系统以及南北支系统的位置。

从能量频散观点可知，上游长波的发展会引起下游一个长波槽的发展，而对一个波长以内的低槽发展不利。同样，下游的长波槽也会抑制其上游一个长波内的槽发展。相反上、下游半波高压脊的发展将有利于低槽的发展。

由于青藏高原的影响，西来低槽多是分裂的短波槽，它们主要有从高原以北东移的北支槽，和高原以南东移的南支槽。这两支低槽的位相和移速的差异，对气旋发展有很大的影响。南北支槽由于移速差异同相叠加过程，往往引起一次强烈气旋发展，如南北支出现反相叠加则会使气旋消亡。

在卫星云图上注意分析以下几点：

1）云形发展阶段。气旋的不同发展阶段，具有不同的云形特征（图 3-4-3 c—g），根据云形特征判断气旋生命阶段，则很容易得出能否继续发展的结论。

2）分析气旋云系的亮度变化和云系前部辐散状卷云的变化。云系亮度反映云中凝结量多少和云的性质。对南方气旋来说，潜热特别是对流潜热具有重要的意义。有时即使高空槽不很明显时，气旋也能得到较大发展。这时高空槽反而成了气旋发展的结果，所以要特别着重分析它。

辐散状卷云反映高空锋区和急流的强度，它是气旋上空辐散气流的外流通道。这一通道一旦被截断，气旋便迅速消亡。

3.4.3 气旋移动的因子分析

在地面图上将相邻时次气旋中心相连接，并标以表示移向的矢尾，就得到气旋的移向和移速。研究以往移向和移速的规律，是判断未来变化的基础。在日常天气图上通常从以下几个方面分析：

3.4.3.1 高空引导气流

温带气旋可以看作叠加在基本气流上的涡旋，所以一般气旋沿着平均气流移动。通常把 500 hPa 或 700 hPa 高度的风向风速作为引导气流。则气旋的移速应为：

$$C = V_R R$$

这里 R 是气旋中心移速与引导气流速度的比值，称为引导系数，根据统计 500 hPa 上 R 约为 0.7，700 hPa 约为 0.8～0.9，气旋的移向一般偏向引导气流方向的左侧。V_R 为引导气流的速度，一般以 km/h 为单位。

引导气流的计算方法是,将气旋中心上空或其附近引导层的实际风速或计算的地转风速代入上式即得引导速度,按该点风向修正即可作为引导方向。

使用引导气流时要考虑引导气流本身的变化,一般低槽发展将使引导速度的南北分量增加。还要考虑系统本身的强度,气旋愈强,引导系数则愈小。

3.4.3.2 周围系统的影响

气旋前部变性高压以及高空高压脊的稳定与加强,能够影响气旋的移动速度和方向的改变,同一条静止锋带上前一个气旋波的加强或减弱也会改变气旋移动方向和速度。

3.4.3.3 变压和变高的分布

地面 3 h 负变压和高空 24 h 负变高中心,能够预示气旋未来方向,一般分析中多作为主要参考指标。

3.4.3.4 地形的影响

气旋的移动可以看成在气旋前方有新的气旋生成以代替原有气旋的连续过程。在蒙古至我国东北地区是地形的背风坡,山脉背风坡的降压中心往往位于气旋的东南部,因此不少蒙古气旋离开高空引导方向而向东南移动。综合研究在过去一段时间内气旋的移动规律及其原因,考虑这些因子未来将发生的变化,是推断未来气旋移动的基本依据。

3.5 寒潮和强冷空气活动的分析

影响我国的温带反气旋绝大多数是由西伯利亚移入的。因此,在日常天气分析中,主要考虑其发展和移动。分析反气旋发展和移动的方法和气旋基本相同,不同的仅仅只是考虑的因子和气旋都是相反的。例如反气旋发展于高空槽后负涡度平流区,在蒙古西部迎风面有利于反气旋的发展,等等。所以本节专门讨论与强冷高压活动相联系的冷空气和寒潮活动。

强冷空气活动时对应的天气系统高空图上主要有强冷中心、发展的大槽大脊;地面图上主要有强冷高压及冷高压前的寒潮冷锋。冷空气所对应高低空天气系统的强弱反映冷空气的强弱,冷空气所对应高低空天气系统的活动也就反映冷空气在活动,因此通过分析高低空系统的强弱及移动可以掌握冷空气活动及变化。

3.5.1 寒潮过程的分析

在日常天气分析中,寒潮和强冷空气总是与一般天气形势的演变相联系。不管从事后的总结和事前制作寒潮预报都是必须考虑的。

东亚寒潮爆发的形势可以是各种各样的,但归纳起来大体有三类:

3.5.1.1 小槽发展型(见图册Ⅲ**)

1971年12月17日20时,有一次寒潮侵袭我国北部地区。在冷空气影响下,内蒙古、东北、华北等地出现了剧烈的降温和大风。由于这股冷空气进入华北以后,主力转向东去,因而对长江以南地区影响不大。

(1)寒潮酝酿过程

在13日08时500 hPa天气图上,整个欧亚呈两槽一脊形势:两槽分别位于40°E和150°E,两槽之间为一宽脊,脊线在85°E附近。40°N以南气流经向度不大。在喀拉海的上空有一个短波槽,槽后有一温度槽与之配合,气温低达 $-48℃$ 以下。这个短波槽在700 hPa和850 hPa图上反映也很清楚,地面图上配合有冷锋和冷高压活动。15日08时短波槽已向东南移至西伯利亚西部地区,冷高压中心已增强至1036 hPa。16日08时500 hPa高空槽进一步加深。同时,由北欧断裂出来的一个高压与原来的高压脊打通,迅速成长起一个南北向的强高压脊,脊前偏北气流加强,地面图上,冷高压中心已增强至1049 hPa,以上情况,说明寒潮已经酝酿成熟。

表 3-5-1 冷中心最低气温值(℃)和锋区强度(℃/5纬距)

	地面	850 hPa		700 hPa		500 hPa	
	最低气温	最低气温	锋区强度	最低气温	锋区强度	最低气温	锋区强度
14日08时	−32	−29	8	−32	9	−46	8
15日08时	−39	−30	14	−34	12	−48	12
16日08时	−49	−39	18	−39	20	−48	12

(2)寒潮爆发过程

17日08时低槽继续发展并南移至蒙古中部,寒潮冷锋已进入我国东北至河套一线。以后,在冷空气南下至华北以后,主力转向东去。到19日08时500 hPa图上,原来的小槽已发展成一个长波槽,并到达东亚大槽的平均位置,地面冷锋已移至日本以东洋面,只有尾部扫过我国东南沿海,华北以南地区因冷锋西段锋消而未受寒潮影响。

(3)小槽发展型寒潮过程的基本特征

1)冷空气源地在欧亚大陆的西北部,取西北路径侵入我国。

综合动态图(见图册Ⅲ**)反映这类寒潮冷空气源自新地岛附近洋面,进入"关键区"(所有侵入我国的冷空气都要经过的区域)后,再取西北路径侵入我国。

2) 500 hPa 图上乌拉尔山地区有长波脊建立。

在过程的初期,由原来位于乌拉尔山地区的弱脊和北欧移来的高压打通,使乌拉尔山地区高压脊突然加强。由于这一高压脊的建立,使脊前至东亚广大地区上空建立起深厚的西北气流。位于欧亚大陆西北部的冷空气,在此西北气流引导下南下入侵我国。

3) 寒潮的爆发由不稳定小槽的发展所引发。

小槽发展型寒潮的爆发,是与 500 hPa 图上小槽发展并代替东亚大槽的过程相伴随的。可以认为,寒潮的爆发是由小槽的发展所引发的。

在欧亚天气图上,这个小槽最初出现在欧亚大陆西北部时,往往只是一个叠加在西北气流的锋区中的小扰动,习惯上称为不稳定小槽,不稳定小槽的产生和发展,是冷空气酝酿和加强的反映,而它的发展反过来又促进了锋区和槽后偏北气流的加强,有利于冷空气侵入我国。把 500 hPa 图上槽线的演变过程与寒潮爆发过程联系起来,就可以看出上述变化规律。

从小槽出现到发展成东亚大槽一般需要 5~7 d。

3.5.1.2 低槽东移型(见图册Ⅲ**)

1971 年 4 月 4—8 日,有一次寒潮侵入我国。4 月 5 日寒潮冷锋已入侵我国新疆北部,4 月 8 日到达华南。冷锋过后,华北气温 24 h 下降 10℃以上,华北至东北刮起 6~8 级大风,东北普降大雪。

(1) 寒潮酝酿过程

过程开始前,在 4 月 4 日 08 时 500 hPa 天气图上,乌拉尔山以东有一冷槽,低槽中冷空气达到 -40℃附近。在低槽前后地面冷高 1038 hPa,高压前部的冷锋已进入新疆北部,锋后大风已有 16 m/s,5 日低槽到达西西伯利亚,槽前锋区明显增强,冷高压已进入新疆北部。寒潮已酝酿成熟。

(2) 寒潮爆发过程

6 日,低槽移到我国新疆,槽前锋区和冷平流进一步加强,这时乌拉尔山变为高压脊,由于这个高压脊的东伸引导槽前冷空气沿河西走廊经华北南下,形成一次强烈的寒潮过程。

(3) 低槽东移型的基本特征

1) 冷空气源地和路径偏西

从过程综合动态图看出,这次冷空气源自里海和黑海一带,在移入我国新疆以前,一直以偏西路径东移。移过蒙古以后才折向南下。

由于此型冷空气源地比其他偏南,冷空气温度不如其他型那样低,一般不能单独形成寒潮,但当有北路冷空气或西北路冷空气加入时,也可以形成强大寒潮。

2)冷空气由位于我国以西的低槽东移发展所引发

低槽东移型寒潮的引发系统是从西边移来的具有相当振幅的高空槽。这种槽在到达蒙古西部山区以前,一般不会发展。冷空气在槽前偏西气流引导下东移。槽移过蒙西山区后,往往得到发展,移向折向东南,引导冷空气南下。

能引发寒潮的西来低槽有两种,一种是在长波调整中移出的长波槽,另一种是移动性的有一定振幅的低槽。西风带中东移的短波小槽,一般只能带来小股冷空气活动,只有在少数情况下才能引发寒潮爆发。

3)中亚有高压脊发展

中亚高压脊的发展,脊前偏北气流加强,促使低槽南伸,引起寒潮爆发。此型的中亚高压脊比小槽发展型的乌拉尔山地区高压脊位置偏南,且很少能形成阻塞形势。

3.5.1.3　横槽型(见图册Ⅱ*)

1971年11月24—29日,有一次寒潮侵入我国,26日冷锋开始侵入我国,28日到达华南沿海,寒潮冷锋所过之处,华北24 h降温16~18℃,华南10~20℃,全国有6~8级大风,最大风速26 m/s。

(1)寒潮酝酿过程

24日以前,500 hPa欧亚为一脊一槽型。由于西欧低槽强烈发展,贝加尔湖高脊在26日向贝加尔湖以北伸出东—西向的高压脊,脊前为东西向的冷性横槽,冷中心最强达-46℃,横槽前部东亚地区为平直西风。冷空气便于横槽后聚集加强,26日地面气压为1050 hPa,27日加强到1075 hPa,寒潮已酝酿成熟。

(2)寒潮的爆发过程

随后,横槽逐日南压,与之相伴,寒潮冷锋和冷高压也以偏北路径南移,28日横槽逐渐逆转,冷锋的移速也同时加快。29日移入东海成为东亚大槽。

(3)横槽型寒潮过程的基本特征

1)冷空气的源地偏东

横槽型寒潮冷空气的源地多在中西伯利亚以东的内陆或北冰洋上。由于它位于我国的北方,所以,在寒潮酝酿期间,冷空气在横槽后部偏东气流引导下向西输送,并不断堆积和增厚,有时还与西来的冷空气汇合而加强。寒潮爆发时折向东南侵入我国。上述个例动态图清楚地反映了本型寒潮冷空气的源地和路径的上述特征。

雅库次克地区三面环山,北面开口面对北冰洋,冬季地面气温可低达-50℃以下,最有利于冷空气的聚集和加强。但是由于其位置偏东,冷空气常在偏西气流引导下东去而不致影响到我国,只有在横槽形势下,才能沿上述路径影响我国。由于这个源地的冷空气气温低,从源地到侵入我国所经的路途短,因而其势力较强。

2)乌拉尔山地区有阻塞高压,阻塞高压以东有横槽由于乌拉尔山地区阻塞高压和东部横槽的存在,切断了正常的西风环流,使欧亚高纬地区成为北高南低的气压场形势,横槽分隔东风和西风两支反向锋区。这类寒潮冷空气的移动路径主要是由上述环流形势所决定的。冷空气的突袭方向、影响范围和阻塞高压及横槽的位置有关。

3)前期稳定,爆发突然

由于阻塞高压和横槽都是比较稳定的系统,所以,在寒潮酝酿时期天气形势一直比较稳定。据统计,这种天气形势一般稳定 3~6 d,有时可达 11 d 以上。在稳定期中,横槽和锋区缓慢南压,横槽一般每天只移动 1~2 个纬距,有的甚至处于静止状态。横槽前的平直西风锋区中,常有小波动东传。在低层,冷高压比较稳定,常分裂出一个个小高压(脊)南下,每个小高压都对应一小股冷空气,补充到锋后,使冷锋缓慢南移,并造成持续降温。

当乌拉尔山地区阻塞高压崩溃,横槽转竖,使我国上空转变为很强的西北气流,引导聚集在西西伯利亚和蒙古西部的冷空气大举南下,寒潮爆发。由于上述环流形势的突变,同时在酝酿期冷锋已南移到华北北部地区,一旦爆发,冷空气很快席卷全国,所以更增强了寒潮爆发的突然性。

本例中由于横槽转竖的过程不清楚,所以酝酿期较短,爆发过程也是连续的,不像一般横槽转竖过程那么突然。

以上介绍了寒潮天气过程的三类基本天气形势。可以看出,所有寒潮过程都需要具备两个基本条件:第一,要有冷空气的酝酿和聚集过程;第二,要有引导冷空气侵入我国的合适流场。由于不同源地的冷空气在侵入我国时流场不同,因而表现出天气形势的差别。

以上三类寒潮的天气形势,只是大体地概括了寒潮天气过程的基本轮廓,不可能无遗漏地表示出每一具体寒潮天气过程的所有方面。对于每一次具体的寒潮天气过程来说,并不一定能理想地归入到某一类型中去。所以,对于具体的寒潮天气过程,必须作具体的分析。

3.5.2 寒潮酝酿的分析

侵袭我国的寒潮,不管其冷空气来自何处,都要在西西伯利亚至蒙古一带酝酿加强。一般从以下几个方面考虑其酝酿过程。

3.5.2.1 地面冷高压强度

冷高压随冷空气加强而加强。但冷高压中心气压达到多高才能引起寒潮,却随季节而变。因为它还随着我国各地气压与源地气压差不同而异,所以除了考虑中心气压绝对值以外,还要考虑高压周围的气压梯度大小。

3.5.2.2 高空冷中心的强度

在高空 500 hPa 图上,一般最冷区超过 $-40℃$ 就能引起寒潮,但对初秋和晚春,不一定要达到这一温度值就有可能引发寒潮。

3.5.3 寒潮爆发的分析

在源地酝酿成熟的强冷空气,不一定能够向我国爆发为寒潮,它可以以小股冷空气扩散南下,也可以主体从蒙古以北东移。必须具备一定的条件,才可能爆发寒潮,一般分析中主要考虑以下几点。

(1)是否吻合前述的三类模式

当然,与以上三种模式完全相同的过程也是没有的,而且除此之外,在三种模式之外也还能够爆发寒潮。如在横槽稳定下不断扩散的冷空气也可积累为寒潮。

(2)分析长波调整(转换)的可能性

每一次寒潮过程都是一次东亚大槽的重建过程。重建的过程可以是上游长波槽向下游产生频散效应,也可以是移动性长波进入东亚发展,也可以是阻塞形势破坏引起东亚大槽的重建。

(3)南支波的位相和强度

向南爆发的寒潮可能因孟加拉湾稳定而强大的南支槽阻挡而转向东去,也可因南支波与北支的叠加而迅速南下,甚至出现单一的南方寒潮。

(4)与寒潮冷锋相联系的气旋活动

气旋的发展能促使其后部冷平流加速南下,全国性寒潮冷锋往往先是有北方气旋发展,到达江南再有南方气旋的发展。

实习与练习

实习三 锋面初步分析

(1)目的要求:初步学会用地面图、实况图等确定锋面性质和位置。

(2)内容和资料:分析 7 种不同的锋面个例图三张。

实习四 综合分析

(1)目的要求:学会应用地面图、高空图和剖面图分析气压场和锋的三维结构。

(2)内容和资料:分析地面图三张,850 hPa、700 hPa、500 hPa 图各一张,结构分析练习 1~2 次。

实习五 气旋过程分析

(1)目的要求:初步学会分析气旋发生发展因子和过程的方法。

(2)内容和资料

1)北方气旋:分析地面图和 700 hPa 图各两张,作过程小结(图册Ⅱ中参考图:天气图 4 幅,其他图 24 幅)。

2)南方气旋:分析地面图和 850 hPa 图各两张,作过程小结(图册Ⅱ中参考图:天气图 4 幅,其他图 24 幅)。

实习六 寒潮过程分析

(1)目的要求:初步学会分析冷性反气旋发生发展和寒潮过程。

(2)内容和资料:分析地面图和 500 hPa 天气图各两张,作过程小结(图册Ⅱ中参考图:天气图 3 幅,其他图 9 幅)。

第 4 章 热带、副热带天气分析

热带地区气压、高度、温度、密度等物理量的水平梯度比中纬度地区小得多,地转风近似关系在低纬热带地区不一定适用,相应的热带地区的天气及其分析方法与中纬度有很大差别。除了较强的热带气旋外,气压场和天气分布的关系不如中纬度密切。热带风暴的生成发展与正压不稳定性、斜压不稳定性以及第二类条件不稳定都有关系。在热带地区,气象要素的日变化、小地形对天气的影响、积云对流的作用都比中纬度显得更为重要。因而中小尺度的影响在日常天气分析和短时预报中就显得更为重要。

热带天气分析方法早在 20 世纪 50 年代由 C. E. Palmer(1952)和 H. Riehl(1954)等提出,至今仍在应用他们提出的手工分析方法。近代由于常规观测特别是高空观测资料的增加,飞机探测报告数量的增多,尤其是卫星资料的广泛应用,弥补了许多地区特别是洋面上的资料不足,从而大大推动了热带天气分析的进展。

在副热带地区,风压关系基本成立,在记录较多的大陆地区,可按照常规的大尺度分析方法分析。但由于海洋上观测记录少,必须尽可能地应用卫星等非常规资料。本章着重介绍热带天气分析的一些基本方法及热带、副热带主要的天气系统的分析。

4.1 热带天气分析的特点和方法

4.1.1 特点

热带绝大部分地区是海洋和丛林地带,测站稀少。除南亚、澳大利亚、西太平洋和非洲的部分地区,设有分布合理、质量较好的地面和高空观测站外,其他大部分热带地区测站资料仍很不够。因而在热带天气分析中,如何尽可能收集到可供使用的资料并对这些资料进行鉴定是一个重要的问题。

热带地区气象要素的水平梯度很小,例如气压 1~2 hPa 的误差就可使得气压中心位置发生重大偏差,而商船测得的气压值,其标准误差为 1~2 hPa,气象船舶观测的气压标准误差也有 1 hPa,再加上海平面气压订正误差,就使南北纬 20°以内的海平面气压分析的作用非常有限。

在远离大陆海洋上的平坦岛屿的记录尚能表示天气系统的影响,但热带大陆和高山海岛上的记录,地形地表影响的局地扰动往往掩盖了天气系统的活动。若加上仪器、环境状态、观测方法等的差异,陆地观测的地面记录,尤其是风的记录,必须经过仔细地鉴定才能使用。即使最有代表性的船舶报告,以 10° 为单位的风向记录,其风向误差也有正负 10°,所以分析时也要做适当的平滑。

充分使用非常规资料,对热带分析十分重要。所谓非常规资料,是指除定时的地面和高空观测以外的其他气象观测报告。前面已讲到,在热带天气分析中感到的首要困难是资料不足,因而仅仅依靠常规观测网是很难进行连续分析的。20 世纪 80 年代以来,非常规资料在数量上有很大的增加,质量上也有了显著提高。所以,对资料缺少的热带地区来讲,非常规资料的收集和应用越来越受到重视。

在热带地区已能收集到的非常规资料有:

(1) 运输机气象观测报告(AIREP)

(2) 气象侦察飞机报告(RECCO)

(3) 卫星云导风资料(SATWD)

运输机气象观测报告: 商业或军用运输机,每隔一定距离作一次气象观测报告,当感到有重要天气(如强颠簸或积冰)时还要随时报告。有关航站在收集到这些报告后,转发给气象部门,并在世界天气监视网(WWW)的全球通信系统(GTS)上传递。远程喷气式飞机一般在 200~300 hPa 附近飞行,所以绝大部分飞机报告都分布在该层次附近。经气象部门转发的飞机报告,保留风和温度两个气象要素。风是通过各个不同时刻的飞机位置来确定的,其风向和风速的均方根误差分别为 15° 和 3 m/s,温度均方根误差为 2℃。在亚洲和太平洋地区,目前每天约有 900 多个飞机报告,其中大部分集中在主要航线附近。飞机在太平洋地区的 200~300 hPa 附近能提供使用的测风报告要比常规资料多 2~3 倍。

气象侦察飞机报告: 当太平洋上出现热带气旋时,关岛(美国)天气侦察中队即对有关地区进行侦察飞行。在被侦察的地区,飞机要对热带气旋进行穿眼飞行,并每隔 30 min 作一次气象报告。侦察飞机通常选择一个标准等压面(500 hPa 或 700 hPa)或接近地面高度(如 300 m)飞行。观测内容包括:等压面高度或地面气压,飞行高度上的温度、湿度、风,目测海况估计的地面风以及天气、云等,其观测精度均比运输机气象观测报告要好。高度的观测误差:700 hPa 为 25~30 m,200 hPa 为 50~60 m。飞行高度上风向和风速的均方根误差分别为 3° 和 5 km/h。由于成本等原因,20 世纪 80 年代后,这种气象侦察业务就基本停止了。

卫星云导风资料: 追踪卫星云图上云的运动可以得到风的资料。通过与无线电探测风比较,在纬度 30° 之间的风与 200 hPa 实测风非常一致,高纬则与 300 hPa 的风一致,它是洋面上风场分析的重要资料来源。风向的平均绝对误差,在风速

<10 m/s时约为60°,但风速≥10 m/s时则约为20°。

非常规资料一般是不定时的,也是非标准等压面上的。因此,需要给出一定的时间和高度范围,以使得所选用的非常规资料与标准时间、标准层次的资料不会有大的偏差。这个范围要选择恰当,如果太小,就会失去许多可以利用的资料,若太大,不同时间、不同层次的资料填在同一张图上,会影响分析质量。为了选取比较合适的时间和高度范围,目前,我国中央气象台在热带天气图上使用的非常规的测风记录范围如下:

200 hPa:±6 h 内,12277.6～12496.8 m 之间的飞机报告,230～170 hPa 之间的卫星云导风资料。

850 hPa:±2 h 内,从低云测得的卫星云导风。

在以上时间和高度范围内的资料,一般不作时间和高度订正就直接使用。

为了使分析的流线图更为合理,常用卫星云图对流线图作一次订正,使其和云有较好的配合。

4.1.2 方法

在热带天气分析业务中,考虑到热带地区天气系统运动及其发展演变过程都比中纬度缓慢,所以,通常每日只分析两次天气图(08、20 北京时)。除地面图外,一般选取两层:一层是梯度风高度,距地面 1000 m 左右;另一层在对流层上部,位于 200～250 hPa。这两个高度往往资料最多。热带天气分析主要的图表是风场图,其次,就是卫星云图和一些辅助图表。热带天气分析的主要方法有手工方法和客观方法两种。有关客观分析的内容,已在诊断分析方法中做过介绍,下面讲的主要是手工分析方法。

4.1.2.1 风场分析

在热带描述大气运动情况主要是流场图。通过流场扰动特性,分析热带天气系统的发展演变及其特征。

4.1.2.2 合成分析方法

为了弥补热带地区资料的不足并得到天气系统的综合结构,近些年来,在热带天气研究中常采用合成分析(或称综合分析)。

合成分析是把所研究的天气系统,划分成若干个正交小区,将坐标原点(0,0)置于天气系统的中心,使每个小区代表系统的不同部位。然后把每次的观测资料相对于系统的不同部位,分别填到相应的小区中,并取各小区内的平均值或众数值,就可得到所要了解的天气系统的合成结构。

合成分析的坐标原点(0,0)可以是固定的(指地理位置),即只要天气系统中心进入该点就作为样本;也可以是活动的,即只要属同一类天气系统,不管其具体地理位置如何都可作为样本进行合成分析。

这个方法首先由 Gordan 于 1952 年提出,后来 Gray 等用它对热带气旋的发生发展、结构等方面进行了广泛的研究,从而在这个领域里取得了重要进展。需要注意,只有相同类型的天气系统及足够多的样本,其合成分析的结果才有意义。

4.1.2.3 气象卫星和雷达资料及其他辅助分析

由于气象卫星观测范围是全球性的,它能够获得无人区和海洋上的气象资料,所以在热带地区,气象卫星资料的分析就成为天气分析的得力工具。

气象卫星包括静止气象和极轨气象卫星。在全球范围内如果有三、四个静止卫星同时工作,就可以观测到全球 60°N~60°S 范围内的云图及反演资料,并且每隔 20~30 min 或更短时间播送一次信息,不仅能跟踪大尺度天气系统,也能跟踪迅速演变的某些中尺度系统。极轨卫星由于其分辨率高等优点,越来越多地应用到业务中来。

气象卫星资料在热带天气分析中应用日趋广泛。它可用来确定云区分布,天气系统(如槽、脊、热带气旋、急流等)的位置、移动和强度,监视热带气旋的位置、发生发展以及校正热带分析的结果等。通过反演手段,还可提供地表及高空温、湿度和风的资料。

气象雷达在热带地区可以用来监视和观测热带气旋的活动,测定热带气旋的位置、强度,判断热带气旋的移动和强度变化,监视和了解在短时内将要影响的天气系统,特别是对流性天气系统(如雷暴、飑线、龙卷等)的活动情况。

在热带地区由于测站稀少,给流线分析和气压场分析带来不少困难。因此,常常用一些辅助图表弥补这一缺陷。常用的时间剖面图,能够通过分析单站气象要素的连续变化,掌握天气系统的演变。由于在热带地区,天气系统一般是自东向西移动的,时间坐标应自左向右取。填写和分析内容,一般应包括温、压、湿、风的资料以及表示大气热力状态的位温或假相当位温等。其他辅助图表如 24 h 变压图、风垂直切变图、雨量图等,视分析和研究的问题需要填绘和分析。例如,风的垂直切变小是热带气旋发生、发展的必要条件之一,因此,在分析热带气旋的发生发展时,就应重视风的垂直切变的分析。

4.2 副热带高压的分析

副热带高压(以下简称副高)是指经常出现在副热带范围内的暖性高压。我国夏季,常受副热带高压的直接影响。其中,影响我国东部沿海地区的高压脊,是太平洋高压的一部分,一般称其为西太平洋副热带高压(脊)。

副热带高压是全球大气环流的重要成员之一。它的活动对天气的影响是很大的,尤其是夏季,对我国短期、中期以至长期的天气变化都有影响。这里着重介绍西太平洋副热带高压中、短期活动的分析方法。

4.2.1 西太平洋副热带高压(脊)变动的分析方法

副热带高压主体常常活动在洋面上,观测记录少,很难找到高压单体中心的精确位置,加之我国目前多数台站分析的东亚区域图,海洋区域有限,更难确定其中心位置。因此,就不能用通常使用的以高压单体中心的动态来表示高压的活动,实际工作中通常使用以下方法。

4.2.1.1 分析副高脊线的纬度变化

用副高范围东、西风分量零线的变化,能够表示副高脊线的南、北摆动情况。一般是在 500 hPa 图上,找出东南风与西南风的拐点,这些拐点的连线,就是副高的脊线。各不同时次的脊线描绘在同一张图上,就能看出其演变情况。

4.2.1.2 分析特性等高线变化

通常选取 500 hPa 上的 588 dagpm 线的变动来确定西太平洋副高的影响范围及其强度变化。一般把 588 线包围的区域就看成副高的范围,588 线西进或北上,包围的范围增加,就表示副高的加强;反之副高就减弱。

4.2.1.3 分析卫星云图上的晴空区,判断副高的变化

西太平洋副热带高压属动力性高压,高压内部辐散气流占优势,为下沉区。所以,高压区内常为无云或少云,卫星云图上看到的就是一大片晴空区。根据晴空区范围的变化间接推断副热带高压的位置及其强度的变化,500 hPa 上的 588 dagpm 线包围的区域,一般和卫星云图的晴空区相吻合(图 4-2-1)。

另外,为了分析副热带高压的活动周期,还可以分析某一纬度上 500 hPa 高度的时间剖面图。图 4-2-2 是 1970 年 7 月初至 8 月底沿 30°N 纬圈上各经度 500 hPa 候平均高度时间剖面图。从图中看出,从低值到高值,或从高值到低值,时间相差 2~3 候,即 10~15 d,个别点更长或更短。了解这种为期半个月左右的副高变化特征,对预计副热带高压未来的变化是有帮助的。

4.2.2 副热带高压结构的分析

副热带高压是一个行星尺度的动力性高压,从全球的平均状态说,它是一个暖性的深厚系统,其脊线的轴线随高度向南倾斜,对流层中、低层的高压脊位于哈得莱(Hadley)环流的下沉支所在地。但是,在不同地区、不同季节其结构也不尽相同。

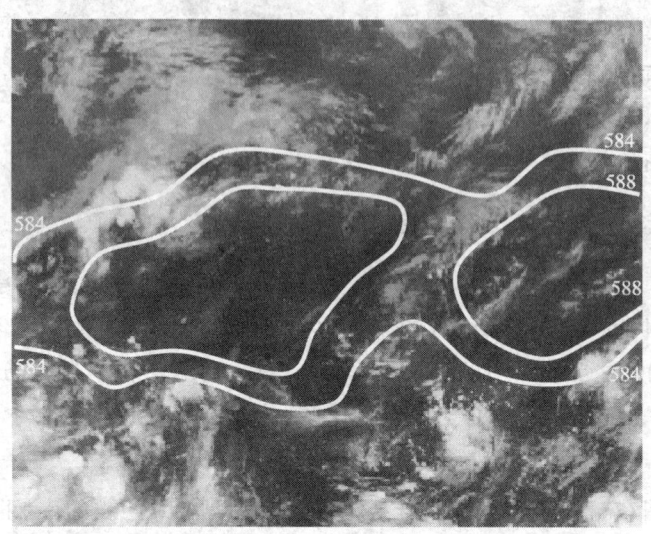

图 4-2-1　2001 年 7 月 21 日 08 时 GMS-5 红外云图

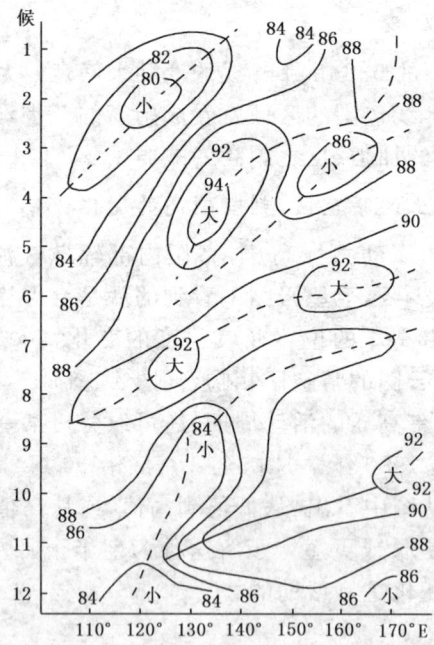

图 4-2-2　1970 年 7—8 月沿 30°N 纬圈上 500 hPa 候平均高度的时间剖面

因此,在日常业务预报和研究工作中,仍需要对它的结构及其变化作以下的分析:

(1)高压脊线轴线随高度的变化。其做法是选取所研究范围经向的高空风垂直剖面,用纬向风分速零线研究脊线的变化。

(2)高压脊附近温湿特性及其随高度的变化。

(3)高压脊附近散度、涡度、垂直速度及其随高度的变化。

(4)高压脊附近的经向和纬向垂直环流。

4.2.3 西太平洋副热带高压(脊)的中、短期变化因子的分析

西太平洋副高中、短期的变化,指为期半个月左右的中期活动和为期一星期左右的短期活动,以及2～3 d不规则摆动,表现为脊线位置的摆动和强弱变化。实际工作中,对其变化主要从以下几方面考虑。

4.2.3.1 西风带系统对副热带高压脊的影响

(1)西风带有中等强度的短波系统东移,可引起高压(脊)外围等高线的变形。槽移近时,副高(脊)东撤或南退,脊移近时,副高(脊)西伸或北进。这种进退周期一般为5～7 d。

(2)长波槽脊的影响,副热带高压的主体位置与长波脊的位置大体一致。因此,当80°E一带有长波槽建立时,西太平洋副热带高压(脊)西伸或北上,当80°E一带有长波脊建立时,副高(脊)就东撤或南退。

4.2.3.2 东风带系统对副热带高压的影响

热带气旋的活动往往也会对副热带高压变化有一定的影响。当热带气旋自东向西移动时,副热带高压一般将西伸北移,若热带气旋向西北方向移到副热带高压的西南方时,副高则东退。有时西太平洋副热带高压脊较弱,强热带气旋可穿越高压脊北上,使高脊与主体断裂,在西面形成单独的高压中心,而主体东退。

4.2.3.3 对流层上层青藏高压对西太平洋副热带高压的影响

夏季对流层上层青藏高压与500 hPa上西太平洋高压之间有很好的对应关系。100 hPa青藏高压强度距平和500 hPa西太平洋高压强度距平之间有很好的正相关。当100 hPa青藏高压从高原东移,500 hPa西太平洋副热带高压则西伸。

4.3 热带气旋的分析

热带气旋是影响我国的一种强烈的灾害性天气,在日常业务预报中占有重要地位。近代关于热带气旋形成的理论和分析都取得丰富的成果。对日常中、短期预报来说,热带气旋路径和强度的分析预报是首要的问题,所以本节集中介绍热带气旋路径和强度的分析方法。

4.3.1 热带气旋的观测

4.3.1.1 常规气象资料

常规气象观测资料无疑是天气分析的重要资料来源,热带气旋观测也不例外,它可以为我们提供热带气旋附近的气压、温度、湿度和风场分布。但因为热带气旋绝大多数活动在洋面上,故岛屿站和船舶记录在分析热带气旋时尤为重要。当然,如果热带气旋即将或已经登陆,陆地上的地面观测记录也是十分重要的。遗憾的是常规气象资料的时空分辨率远远不能满足完整观测热带气旋的需要。

4.3.1.2 飞机侦察

采用气象侦察飞机穿越热带气旋,对热带气旋进行观测,获取热带气旋内部结构,是热带气旋观测中最可靠的方法。飞机侦察资料一般只限于一层(700 hPa),常常局限于风暴中心 300 km 范围内。一次典型的飞行方案是穿越风暴中心给出第一定位,然后沿一段径向航线每 56 km 取得一组资料,直到 222 km。通常在飞离风暴系统之前,取得 6 h 后的第二次中心定位。在一些科学试验中,甚至将常规和多普勒雷达安装在飞机上,从而获取热带气旋内部详细的动力热力结构。另外,还有的通过飞机释放下投式探空仪对热带气旋进行观测。

4.3.1.3 雷达观测

雷达观测是热带气旋靠近沿海和登陆后的重要观测手段,可以通过雷达确定热带气旋的强度和位置以及降水结构特征,应用多普勒雷达还能分析其风场结构。但对热带气旋的观测,雷达一般局限于距热带气旋 200 km 的范围内,使雷达应用受到一定的限制。

4.3.1.4 卫星观测

气象卫星的出现对全球热带气旋的探测、分析和预报作出了巨大贡献。自从有了气象卫星,在东北太平洋每年侦察到的热带气旋的平均数几乎是以前估计数的 2 倍。目前,在业务上,无论是热带气旋的定位还是定强度,绝大多数都是应用静止卫星云图实现的(图 4-3-1)。

云导风资料,作为静止气象卫星的衍生产品,对于分析热带气旋上空的风场结构是非常重要的。

随着极轨气象卫星的发展,其上搭载的具有垂直探测能力的微波探测器,可以观测到热带气旋的内部结构(彩图 4-3-2),具有目前静止气象卫星无法比拟的优势。但由于极轨卫星无法做到定时连续观测,业务应用时受到一定限制。

(a)可见光　　　　　　　　　　　　(b)红外

图 4-3-1　静止气象卫星 GOES-9 观测到的热带气旋云系

4.3.2　热带气旋中心位置的确定

海上记录稀疏,热带气旋中心的位置很难准确地确定。但不管是主观或客观预报,初始定位误差可使预报结果误差放大。因此热带气旋中心的位置确定十分重要。以下介绍几种热带气旋定位方法。

4.3.2.1　飞机探测

关岛联合台风警报中心开展经常的飞机监测热带气旋业务。探测路线有穿眼飞行定位和非穿眼飞行定位两种。根据统计,这种飞机定位误差平均为 18 km,最大误差 44 km 的只占 5%,其精度是较高的。

4.3.2.2　雷达定位

当热带气旋靠近我国沿海,在缺乏飞机探测资料情况下,这些雷达无论在热带气旋监测、定位和路径及天气预报方面都发挥了良好的作用。

(1)热带气旋降水的回波模式

热带气旋进入雷达探测距离以内时,在屏幕上便显示出由热带气旋前的降雨回波、螺旋雨带回波和热带气旋眼壁回波组成的热带气旋降水回波。

1)热带气旋前的降雨回波

这是指出现在热带气旋前沿 400 km 左右的单体回波群,其分布多呈线状排列,故称台前飑线(图 4-3-3),又称外辐合雨带。其平均长度 257.7 km,最长和最短分别为 620 km 和 90 km,平均宽度 31.3 km,最宽和最窄分别为 90 km 和 10 km。

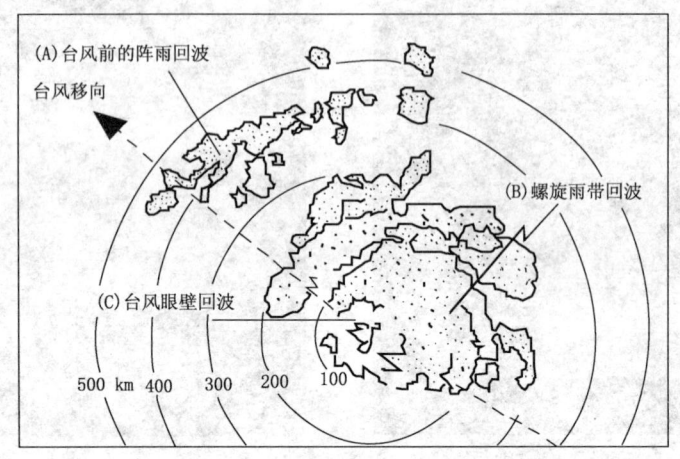

图 4-3-3 热带气旋回波特征示意图(王志烈等,1987)

单体回波的分布有时显得很不规则,也不是每个热带气旋前沿都能见到。根据经验,它的排列方向与热带气旋移动路径有一夹角,按顺时针方向计算,平均为 75.6°,最大 160°,最小为 0°。

另外,这种单体回波生消变化很快,具有对流性降雨的回波特征。多数回波进入大陆后就消失,有的甚至到达海岸线附近就已消亡。少数进入陆地的回波单体能带来阵雨或阵风。

2) 螺旋雨带回波

这种回波分布在离热带气旋眼 200~300 km 区域内,呈气旋性旋转并汇集到眼壁(图 4-3-1)。绕眼的弧度一般是 2°~3°,呈"6"或"9"字形。平均长度为 370 km,最长 1300 km,最短 57.1 km。平均宽度 57 km,最宽 300 km,最窄 8 km。螺旋雨带回波所占面积等于眼区面积的 10 倍,有时甚至更大。

回波特征一般与热带气旋强度有关。强热带气旋回波强,范围广,结构紧密,雨带间层次分明,且螺旋雨带近似成圆弧形。弱热带气旋回波比较杂乱,回波间空隙较多,层次不清,结构松散,螺旋雨带不很清楚。在外辐合雨带和螺旋雨带之间有时还有雨盾出现。

3) 热带气旋眼壁回波

靠近螺旋雨带中心有一圆形无回波区域,就是热带气旋眼区。包围眼区的一圈回波,称为热带气旋眼壁回波。

雷达观测到的热带气旋眼形状,有同心双套圆、圆、椭圆、破碎眼和多边形眼等六种。还有一些热带气旋中心附近是大片空旷区,形状极不规则。

热带气旋眼的完整性可代表热带气旋的成熟程度。中心风速 50 m/s 以上的强热带气旋,它的眼呈同心双套圆,一般强度的热带气旋眼壁并不完整,呈椭圆状或半圆状等开口型式,弱热带气旋眼很少观测到眼壁回波。

(2)定位方法

1)根据眼区回波确定中心位置

当雷达探测到清晰的闭合眼壁回波或中心角大于180°的开口圆弧状回波时,可取几何中心为热带气旋中心。对于椭圆形眼,以主要螺旋云带一侧的眼壁定位,若长轴两侧的螺旋雨带强度相仿,且长轴较短,则取几何中心。若长轴较长,则视情况,可定两个中心。对于半圆环眼,当半圆环眼壁与螺旋雨带相连时,要综合考虑圆环和螺旋雨带的曲率中心来定位。当半圆环眼壁和螺旋雨带脱离时,则一般以半圆环圆心定位。不规则多边形或破碎状眼,以几何中心并结合螺旋雨带的曲率中心定位。

2)根据螺旋雨带确定中心位置

在热带气旋中心位于雷达探测距离以外,无法观测到热带气旋眼壁,或热带气旋强度弱,热带气旋眼区不清晰时,可用此法定位。大多数成熟热带气旋的螺旋雨带形状可用对数螺线方程:

$$r = Ae^{\theta \cdot \mathrm{tg}\alpha}$$

式中 r 为螺旋线上任意一点到螺旋线中心的径向距离,θ 为向径与参考轴之间的夹角,用弧度表示,A 为常数,α 为螺旋角(又称横切角),指螺旋线与螺旋线为中心的圆之间的交角,它与雨带附近的流线横切角相似。

3)定位步骤

a. 取 $\alpha=5°\sim30°$ 之间的不同角度,制作一组对数螺旋线图。

b. 挑选恰当的螺旋雨带回波,即强度强,连续性好,回波长度能用来确定螺旋角大小的回波。

c. 当热带气旋尚未进入雷达有效测距内,但螺旋雨带比较完整,则可用螺旋套合法确定热带气旋中心(图4-3-4)。当热带气旋进入雷达有效测距,但没有眼或偶有大眼出现,则选取合适的 α 值螺旋线,在回波上套合主要螺旋雨带中某一弧段,找出螺旋线原点定为热带气旋中心(图4-3-5),若出现不标准的眼,可综合使用眼壁回波和主要螺旋雨带定出中心(图4-3-6)。

d. 当热带气旋距雷达站较远,螺旋雨带回波较短而不能使用对数螺旋线时,可用同一时次邻站的回波综合定位(图4-3-7)。

实践表明,用雷达回波定位误差与热带气旋的云系结构、雷达距热带气旋中心距离有很大的关系。精度高的定位误差在20~30 km,精度低的在30~40 km,比飞机探测精度稍低。

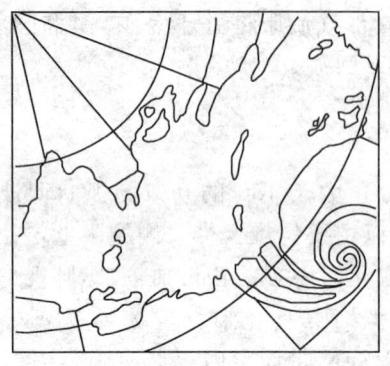
图 4-3-4　用螺旋族吻合套定中心

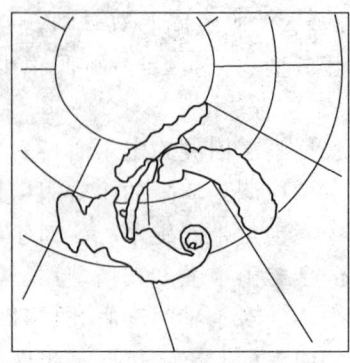
图 4-3-5　用主要螺旋雨带定位

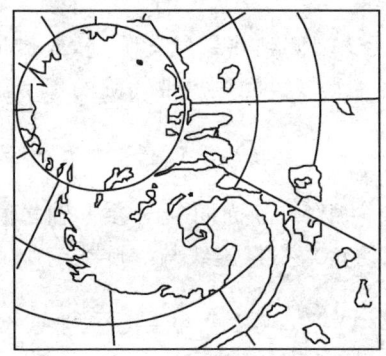
图 4-3-6　用台风眼壁和主要螺旋雨带综合定位

图 4-3-7　用同一时次邻站回波综合定位
（王志烈等，1987）

4.3.2.3　卫星云图特征定位

静止卫星云图是热带气旋定位的主要方式，其定位方法由 Dvorak 提出，并由世界气象组织向全球推荐。各地热带气旋警报部门在此基础上，根据各地的实际情况，对这一方法做了技术上的改进，以便于业务操作。目前，卫星云图特征定位方法的定位精度因云系特征的不同具有很大的差异，平均误差在 20～55 km 之间。

(1) 根据云系特征定位：

1) 有眼时，可根据眼的特征定位（图 4-3-8）：

① 小而圆的眼即热带气旋中心；

② 大而圆的眼定在眼区的几何中心；

③ 不规则的大眼，要仔细分析红外云图上的眼区，热带气旋中心定在最黑区（温度最高）的几何中心。

2) 无眼，环流中心在密蔽云区内部时，根据密蔽云区特征定位（图 4-3-10a）：

① 出现对称的近似圆形的密蔽云区时，取它的几何中心为热带气旋中心；

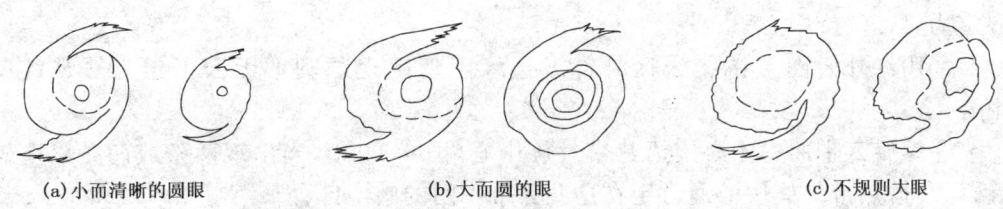

(a) 小而清晰的圆眼　　　(b) 大而圆的眼　　　(c) 不规则大眼

图 4-3-8　有眼热带气旋示意图（王志烈等，1987）

(a) 小而清晰的圆眼　　　(b) 大而圆的眼　　　(c) 不规则大眼

图 4-3-9　有眼热带气旋卫星云图

②当密蔽云区中出现弧状云隙或裂缝时，取云缝内密蔽云区的中央部位为热带气旋中心；

③在密蔽云区中有干舌侵入时，取干舌的端点为热带气旋中心。

3) 无眼，环流中心在密蔽云区外部时的定位（图 4-3-10b）：

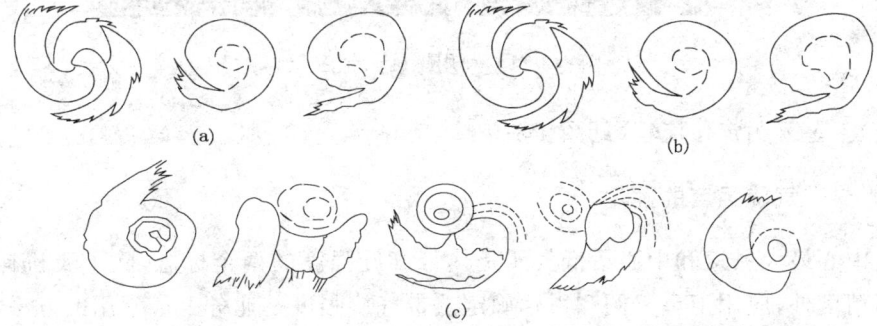

图 4-3-10　发展中热带气旋环流中心位置示意图（王志烈等，1987）
(a) 环流中心在强对流云区内部；(b) 环流中心在强对流云区边沿；
(c) 环流中心在强对流云区之外

①当可见光云图上浓密云区外部出现半环形和螺旋状积云时，其云线的曲率中

心定为热带气旋中心;

②用红外云图上浓密云区外部或边缘附近出现的圆形无云区定为热带气旋中心;

③螺旋云带曲率中心定为热带气旋中心(图4-3-11),当出现两条或两条以上螺旋云带时,热带气旋中心通常定在这些云带中间的晴空区。

图4-3-11 利用螺旋云带定位

(2)卫星云图定位流程(见图4-3-12)

4.3.3 热带气旋强度的确定

近中心最大风速和中心最低气压是热带气旋强度的两个标志,除了飞机探测具有较高精度外,应用卫星云图和雷达确定热带气旋强度是业务上最常用的方法。

(1)应用卫星云图确定最大风速

Dvorak于1984年提出的应用卫星云图分析方法是热带气旋强度分析的世界标准,中央气象台参考了Dvorak方法,在研究和实践的基础上形成了一套确定热带气旋强度的简易方法,经数年的实际业务应用后证明效果良好。

1)同时符合以下三个条件,则台风中心最大风速 >60 m/s。

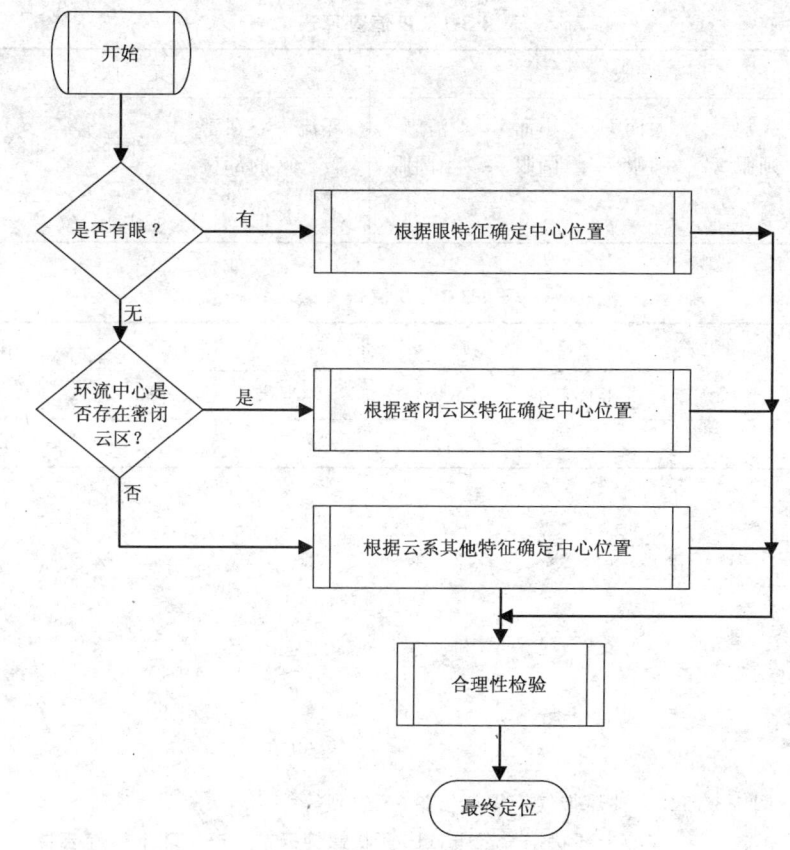

图 4-3-12 卫星云图定位流程

有一个清晰的小而圆的眼;中心附近强对流云区的面积大于 4×4 个纬距;云系结构紧密。

2)同时符合以下三个条件,热带气旋中心最大风速为 $40\sim 60$ m/s。

有圆形眼,但眼区范围较大;中心附近有强对流云区;云系结构紧密。

3)热带气旋中心最大风速在 40 m/s 以下时,用热带气旋总强度指数 T 来判断。

热带气旋中心最大风速 V_{max}(m/s)由经验公式:

$$V_{max} = 7.823(T-1)$$

决定。而

$$T = E + C + B$$

其中 E 为热带气旋中心特征值(表 4-3-1),B 为云带的带状特征数(表 4-3-2),C 为中心附近强对流云区特征数,$C=0.5$(云区的东西向平均长度+南北向平均长度),单位是纬距。

表 4-3-1 E 值查算表

眼的特征	有眼				无眼			
	无规则眼	大而圆眼	小而圆眼	清晰小圆眼	环流中心在密蔽云区的部位	外部	边缘	内部
E 值	2.0	2.5	3.0	4.0	E 值	0.5	1.0	1.5

表 4-3-2 B 值查算表

云带	螺旋云带					中心强对流云带
	无带	半环状带	环状带	一环半带	双环带	
B 值	0	0.5	1.0	1.5	2.0	3.0

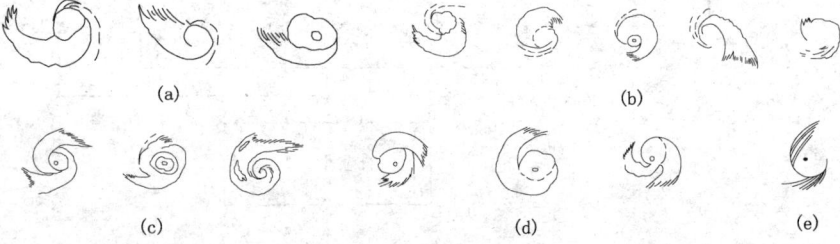

图 4-3-13 各种热带气旋螺旋云带(王志烈等,1987)
(a)半环状螺旋云带；(b)环状螺旋云带；(c)一环半螺旋云带
(d)双环螺旋云带；(e)中心为圆形强对流云带

(2)应用雷达回波确定最大风速

1)用近中心最小螺旋角按表 4-3-3 确定热带气旋中心最大风速。

表 4-3-3 热带气旋回波最小螺旋角与近中心最大风速表

螺旋角(°)	对应中心最大风速(m/s)
6	45～55
8	40～50
10	35～45
12	30～40
14	25～35
16	20～30
18～20	15～25

2)用描述热带气旋基本特征量组合成最大风速查算表(表 4-3-4)进行查算。

表 4-3-4 热带气旋强度查算表

	1	2	3	4	5	6	7	8	9	10	11	12	14
A 眼壁高度(km)		无眼或填塞	1～4	5～6	7～8	9～10		11～12		13～14		15～16	>16
B 眼壁高度(km)	无眼或填塞		≤10	11～20		21～30		>30					
C 眼壁直径(km)		无眼或填塞	≥56	46～55	36～456			26～35		16～25		≤15	
D 眼壁形状		无眼或填塞	破碎,不闭合	多边形,常不闭合		半圆环,不闭合		椭圆,闭合		圆形,闭合		双眼,环闭合	
E TC中心到测站的距离(km)		≤100		101～200		201～300			301～400				
F 螺旋雨带微观结构	回波散乱不成带	块状单体组成带	块状片状单体混合组成带			由均匀片状回波组成带状		带、片状,边有纤缕		粘合成片,边有纤缕			
G 螺旋雨带横切角 α(°)		>25(或无)	21～25		16～20			11～15					
H TC紧密度		松散(无眼,雨带呈散乱块状)		中等(眼不闭合或非圆,雨带呈片状)				紧密(眼圆,雨带呈带片状,雄劲有力)					

4.3.4 热带气旋路径分析的天气图方法

4.3.4.1 热带气旋移动与副热带高压的关系

副热带高压是影响热带气旋移动最强大、最稳定,而且是影响最大的系统。

当副热带高压呈东西向带状,而且比较强时,位于其南侧的热带气旋多稳定地自东向西移动。当副热带高压脊减弱东撤,处于高压西南侧的热带气旋,向西北方向移动。当热带气旋移到高压西侧,这时在副热带高压和西风带系统的共同作用下,将转向东北方向移动。

在西太平洋高压与大陆高压合并过程中,热带气旋多出现特殊路径。如我国河南"75.8"特大暴雨,就是 7503 号超强台风在我国东南沿海登陆后,西太平洋高压与华北及青藏高原东移的小高压合并,在台风北侧形成一个高压坝,使逼近河南的台风不仅不能转向北上,而是折向西行,使台风在该地停留达 20 h 之久,造成河南中部的特大暴雨灾害。

应用副热带高压与热带气旋的相互关系,得到如下一些具体的热带气旋移向诊断方法。

(1)热带气旋移动与副热带高压脊线的统计关系

表 4-3-5 是两者关系的统计结果,可见当热带气旋与副热带高压脊的距离相同时,位于副热带高压单体西南方的热带气旋 1~3 d 转向可能性最大,南方的次之,东南方的最小;当副热带高压脊与热带气旋的距离≤4 个纬距时,位于副热带高压单体南方和西南方的热带气旋未来 1~3 d 有 80% 以上要转向;当离副热带高压脊线有 5—8 纬距时,位于其南方和东南方的热带气旋,80% 以上在 1~3 d 内是西行的,距副热带高压脊线 9 个纬距的热带气旋,90% 以上在 1~3 d 内西行,超过 13 纬距时,3 d 内不可能转向。

表 4-3-5 热带气旋与副热带高压脊距离和台风转向的关系统计
(根据 1971—1980 年资料,括号内为转向次数)

台风与副热带高压脊线距离(纬距)		后 1 d 转向的百分率			后 2 d 转向的百分率			后 3 d 转向的百分率		
		西南方	南方	东南方	西南方	南方	东南方	西南方	南方	东南方
≤4	转向	87(20)	100(2)	43(3)	84(16)	67(2)	60(3)	88(15)	100(1)	33(1)
	西行	13(3)	0(0)	57(4)	16(3)	33(1)	40(2)	12(2)	0(0)	67(2)

续表

台风与副热带高压脊线距离（纬距）		后1d 转向的百分率			后2d 转向的百分率			后3d 转向的百分率		
		西南方	南方	东南方	西南方	南方	东南方	西南方	南方	东南方
5～8	转向	28 (16)	17 (2)	11 (1)	33 (15)	13 (1)	14 (1)	33 (10)	14 (1)	17 (1)
	西行	72 (42)	83 (10)	89 (9)	67 (31)	87 (7)	86 (6)	67 (20)	86 (6)	83 (5)
9～12	转向	6 (2)	0 (0)	0 (0)	9 (2)	0 (0)	0 (0)	14 (2)	0 (0)	
	西行	94 (31)	103 (7)	91 (21)	100 (4)	100 (3)	86 (12)	100 (4)		
13～16	转向	0 (0)	0 (0)	0 (0)	0 (0)	0 (0)	0 (0)	0 (0)	0 (0)	0 (0)
	西行	100 (5)	100 (6)	100 (5)	100 (2)	100 (2)	100 (2)	100 (3)	100 (2)	100 (2)

(2) 副热带高压南落与热带气旋移动

当热带气旋东南方副热带高压脊明显向南伸展并加强时，常标志着热带气旋将要转向。这种现象通常称为副热带高压南落。副热带高压南落的标准是500 hPa图上，热带气旋以东15个经度以内，热带气旋外围588线最南端低于热带气旋所在纬度5°以上（图4-3-14）。但使用此项指标预报热带气旋移向时要注意，如副热带高压正在加强西伸，或有新的大陆高压并入时，则热带气旋不会转向。

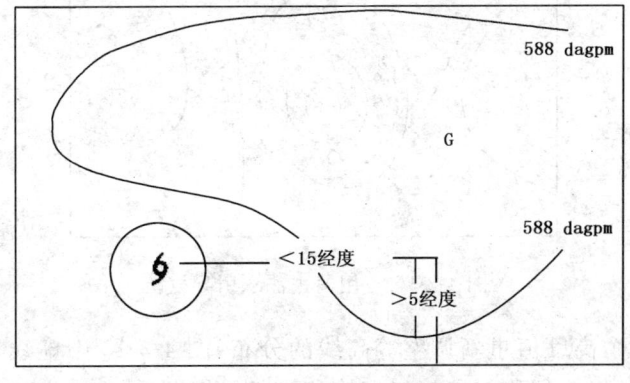

图 4-3-14　副热带高压南落示意图

(3) 副热带高压面积与热带气旋移向的关系

通过热带气旋中心,在 120°～150°E 之间划一纬向直线,计算直线南、北 588 线包围面积之比,如南区面积大于北区,将预示热带气旋转向。

4.3.4.2 西风带槽脊与热带气旋移动的关系

西风带槽、脊的进退和强度变化影响着副热带高压的变化,特别是西风带的长波调整和阻塞系统,都能造成副热带高压的大幅度进退,必然影响到热带气旋路径变化,这在 4.2 节已经涉及。

4.3.4.3 热带天气系统对热带气旋路径的影响

热带辐合带和赤道高压、东风波等活动都会影响热带气旋的移动,在天气学原理中均已介绍,这里从略。

4.3.4.4 用引导气流诊断热带气旋移动

热带气旋的移动,主要是受其上空平均气流的引导。热带气旋是一个很深厚的涡旋系统,怎样求取其上空的引导气流呢？常用的方法有两种。

(1) 消去法

把热带气旋当作点涡,受周围大型基本流场的引导。消去法就是在某层等压面上(例如 500 hPa)"挖掉"热带气旋,将基本气流显示出来,如图 4-3-15,以热带气旋最外围一条等高线的平均半径为半径,以热带气旋中心为圆心作一圆。对该圆东、西、南、北四点内插读数得到的高度值 H_1、H_2、H_3、H_4,并求出热带气旋中心的高度值:

$$H = \frac{1}{4}\sum_{i=1}^{4} H_i$$

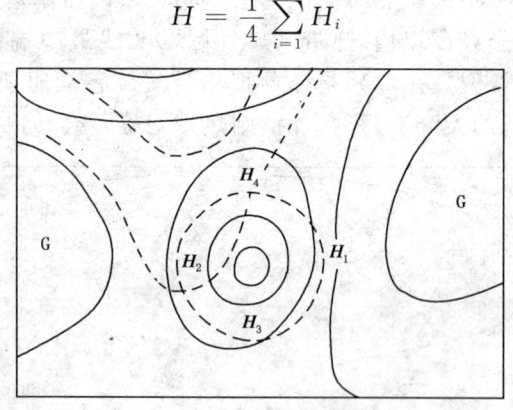

图 4-3-15 用消去法求引导气流

然后按这 5 个高度值重新调整等高线的分布(图 4-3-15 中虚线),即得到引导气流,以此确定热带气旋的移向。热带气旋移速按调整后靠近热带气旋中心两侧的等高线的疏密程度,由下列统计关系确定：
$$C_E \approx 0.8V_g \qquad C_W \approx 1.10V_g$$
即东风带热带气旋移速(C_E)略小于 500 hPa 地转引导气流 V_g；西风带热带气旋移速(C_W)略大于地转引导气流。

(2)梯度法

用热带气旋外围大范围高度梯度的趋势确定引导气流,如图 4-3-16 所示。先用热带气旋长轴的 1.5 倍为边,作一正方形,将方框中心放在热带气旋中心上。然后在方框四边取对称 6 点的平均高度梯度 $\overline{\nabla_{E-W}H}$ 和南北对称 6 点的平均高度梯度 $\overline{\nabla_{N-S}H}$。再在极坐标上标明这两个矢量值,合成矢的角度读数加 90°即为热带气旋的移向。移速就是合成矢的长度。

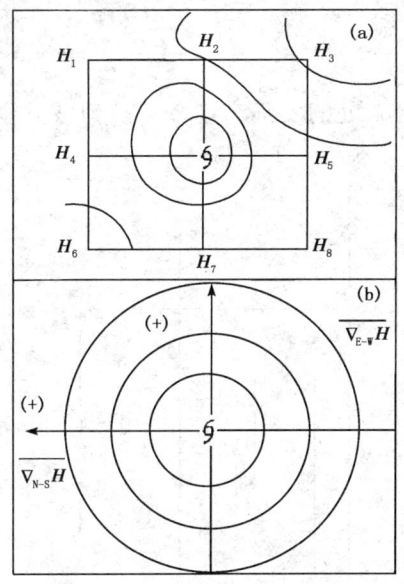

图 4-3-16　用梯度法求引导气流

4.3.4.5　编程流程

(1)根据 500 hPa 图上热带气旋范围,求出 8 个方位(即 N、NE、E……)的平均高度,取最大高度与热带气旋中心的距离作为热带气旋的影响半径(图 4-3-17 中 R),R 可由 $R=R'+d$ 求取。式中 R' 为热带气旋中心到最外围一圈闭合等高线的平均距离,d 为计算网格的格距(常取 200 km 或 300 km)。

(2)计算热带气旋范围内各网格点上由热带气旋环流造成的高度差 $z'(r)$。计算式为：

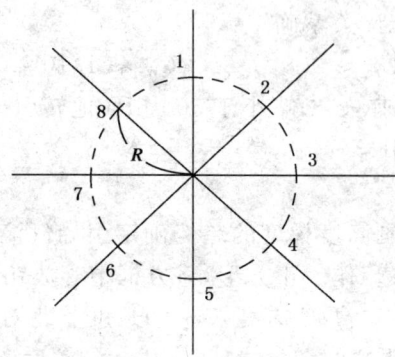

图 4-3-17　求热带气旋影响半径

$$z'(r) = \frac{1}{8}\Big[\sum_{i=1}^{8} z_i(r) - \sum_{i=1}^{8} z_i(R)\Big]$$

式中 $z_i(r)$ 为某一方位半径 r 处的实际高度，$z_i(R)$ 为该方位上影响半径 R 处的高度。在计算中 r 取 1 个纬距为步长，$r=1,2,3……L$，这里 L 为大于 R 的最小正整数,这样得到一个 $z'(r)$ 的廓线图（图 4-3-18）。

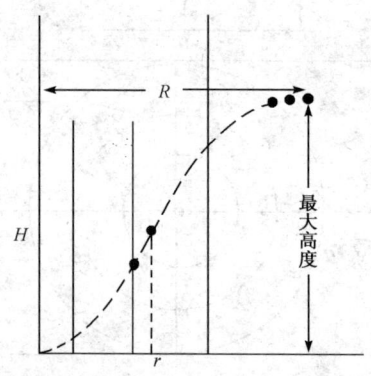

图 4-3-18　$z'(r)$ 的廓线图

(3)求取热带气旋范围内各点空间平均高度 z

$$z = (z_i + z_{i+1})/2 + (D_x - 0.5)(z_{i-1} - z_i) + D_x(D_x - 1)(z_{i+2} - z_{i+1} - z_i + z_{i-1})/4$$

式中 D_x 是所计算的各点至邻近格点 i 的距离在 x 方向的投影。

(4)求热带气旋引导场 $\bar{z}$

$$\bar{z}(r,\theta) = z(r) - z'(r)$$

$\bar{z}(\theta$ 表示热带气旋周围的 8 个方位)即是消去热带气旋扰动后的高度场,由此得到的地转风即热带气旋引导气流。

(5) β 效应修正

引导气流法是在准地转假定下成立的,科氏参数随纬度的变化对引导气流的影响一定要考虑进去,方法是根据热带气旋尺度和纬度关系得 β 效应对引导场订正值 z''(表4-3-6),加到 $\bar{z}$ 上即得到最后的热带气旋引导场。

此法由于略去了加速项,所以往往有一定的偏差。由于大型环流系统也在不断变化,使用时必须估计到此种改变在内。再者引导气流应当是热带气旋上空整层的平均风,但实际上往往只能取某个层次代表,根据经验,500 hPa 或 700 hPa 是西北太平洋热带气旋的最佳引导层。

表 4-3-6 不同热带气旋尺度和纬度的 $z''(r)$(单位:gpm)

纬度 \ 台风尺度(纬距) z值(gpm)	5.5	6.0	7.0	8.0	9.0	10.0	11.0	11.8	12.6	13.4	14.1	14.8	15.5
5°	0	1	1	1	1	2	2	3	3	3	4	4	5
10°	2	3	3	4	6	7	9	10	12	13	14	15	17
15°	4	6	8	10	13	16	19	22	26	29	32	35	38
20°	7	10	13	17	22	27	33	38	45	49	54	59	65
25°	10	15	20	27	34	41	50	57	66	74	82	90	98
30°	15	21	28	37	47	58	70	81	93	104	116	128	139
35°	19	28	37	49	62	77	93	108	123	138	154	169	185
40°	24	34	47	61	78	96	116	134	154	173	192	211	230
45°	29	42	57	74	94	116	140	162	186	209	232	255	278
50°	34	49	67	87	110	136	165	190	218	245	272	299	326

4.3.5 用卫星云图诊断热带气旋路径

在缺少资料的海洋地区,直接应用卫星云图诊断热带气旋的路径是很有用的。

4.3.5.1 由环境云场诊断热带气旋移向

即根据卫星云图上锋面云带,西太平洋副高,大陆高压的无云区和热带气旋云系位置四者的配置及云系特征判断热带气旋的移向。

(1)有利于热带气旋西行的环境云场,如图4-3-19所示。其特点是:副热带晴空区为东西走向,强度较强,呈黑色,热带气旋云系位于晴空区南侧或东南侧,一般距北侧锋面云带10个纬距以上,热带气旋云系中心距副热带晴空区西脊点12~15个经度以上。

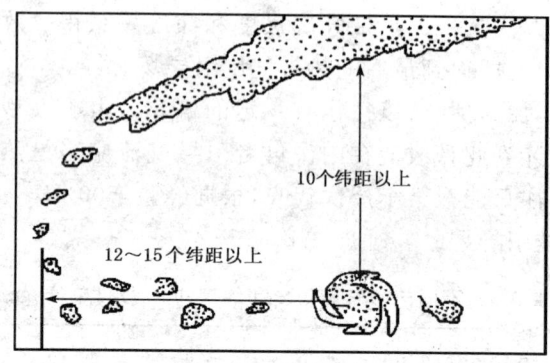

图 4-3-19　有利于热带气旋西行的环境云场

(2)有利于热带气旋向西北移动的环境云场,有两种情况:一是热带气旋云系位于带状副热带晴空区的西南侧,黑色晴空区南北宽 6~10 个纬距,热带气旋云系中心距晴空区脊点 12 个经度以内(图 4-3-20a)。二是副热带晴空区有两个环,东环呈带状,西环呈东北—西南向,热带气旋云系位于东环晴空区的西南侧,距西北侧锋面云带约 10 个纬距以内,有时也可大于 10 纬距(图 4-3-20b)。

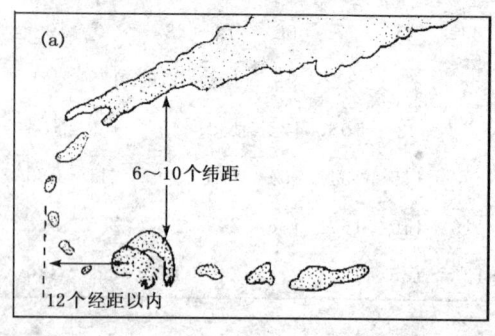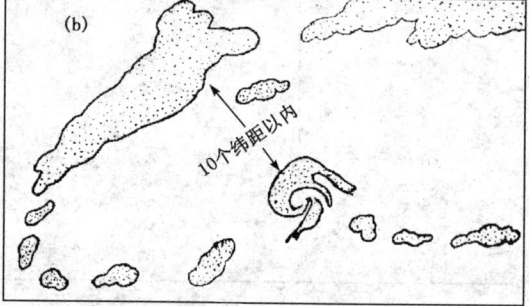

图 4-3-20　有利于台风向西北移动的环境云场

(3)有利于热带气旋北移的环境云场。有两种情况:一是热带气旋云系位于带状副热带晴空区的西侧或南侧,其云系东南侧晴空区明显。热带气旋云系中心距晴空区西脊点 6~8 经度以内(图 4-3-21a);二是有两个晴空区,西环小而弱,东环呈块状。热带气旋云系位于东环晴空区西南侧,它的后部晴空区比前一种更加明显。热带气旋云系距西北侧锋面云带可以很远(图 4-3-21b)。

(4)有利于热带气旋转向的环境云场。当热带气旋云系与冷锋云系相接时,热带气旋将转向(图略)。

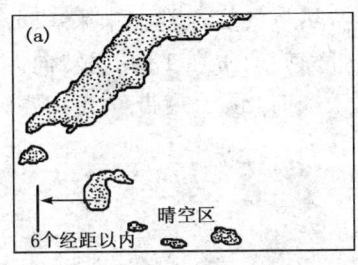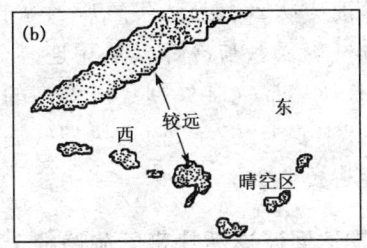

图 4-3-21　有利于台风北移的环境云场

4.3.5.2　根据热带气旋云型的旋转推断台风的移动

根据热带气旋云型的主要特征和密蔽云区、螺旋云带及周围对流云区的分布,在透明板上画出它们的轮廓线,然后将画有云的轮廓线的胶板置于下一次的云图上,就可计算出云型的旋转角度。如果这种旋转与热带气旋运动方向的变化有关,这种趋势将继续下去。

4.3.5.3　根据云型特征及其变化推断热带气旋移速的变化

(1)当热带气旋移入大范围正在加强的西南季风云区时,热带气旋移速将明显减慢。

(2)当热带气旋云系逐渐变圆,热带气旋移速也随之变慢。

(3)主要的对流云区出现在热带气旋后部,热带气旋也将减速。

4.3.5.4　热带气旋云系特征与热带气旋路径

(1)密蔽云区

热带气旋向密蔽云区宽的方向和沿密蔽云区长轴方向移动。密蔽云区长轴方向稳定时,热带气旋移向也是稳定的。当云场特别是长轴发生突然变化时,预示热带气旋也将转向。

(2)高层卷云

当热带气旋云系对称,有多方向卷云外流时,热带气旋移向稳定。但当热带气旋上空卷云只向某一方向扩展时,预示将向该方向移动。

(3)逗点云系

出现逗点云系预示热带气旋将向西北方向移动。

(4)输入云带

热带气旋未来的短期移向基本上与输入云带的走向一致。当热带气旋的东到东北有一至数条输入云带呈西北—东南走向时,热带气旋未来向西北方向移动。热带气旋云系呈南北向,东侧的输入云带也近于南北走向,预示热带气旋向北移动。

(5)高空槽与锋面云系

高空槽前盾状云系与热带气旋云系相连,热带气旋通常在未来 12 h 转向。

当热带气旋云系与冷锋云系相连时,热带气旋通常在 12 h 内转向。

此外,有从热带气旋外围穿入副高的低云线时,预示热带气旋将要转向,热带气旋云型由"9"字变为"6"字,预示热带气旋将转向。热带气旋西侧晴空区的发展标志着热带气旋将要北上。

4.3.6　用雷达回波诊断热带气旋路径

雷达回波上的热带气旋云系结构及其分布,反映了热带气旋系统内部和周围的气流,这些气流制约着热带气旋的移动。

连续的雷达回波变化,能较好地诊断热带气旋的移动。当热带气旋稳定少变时,回波特征几乎不变。经验表明,热带气旋有向回波发展最强那个方向移动的趋势。诊断热带气旋的移动大体从以下几个方面着手。

4.3.6.1　外辐合带的变化

外辐合带是热带气旋外围的对流性雨带,也称台前飑线,它由对流回波单体组成。通常距热带气旋中心约 500 km。外辐合带的变化可分平移、旋转、准静止,且有强度变化。

当外辐合带呈东—西向且向西伸展时,说明西面不断有新的回波产生,东面回波不断消散(图 4-3-22a),这时热带气旋向偏西方向移动。若外辐合带呈南北向且向北面伸展,则热带气旋向偏北方向移动(图 4-3-22b)。

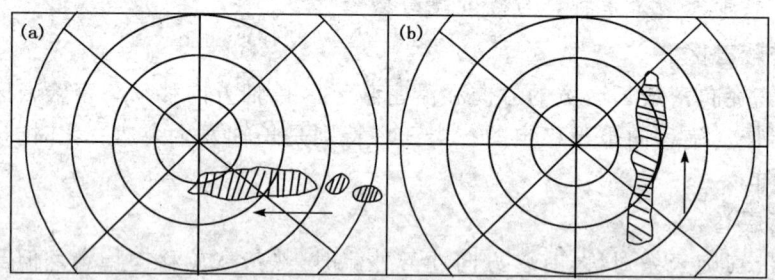

图 4-3-22　外辐合带平移与热带气旋移动的关系

当外辐合带整体向某方向推行(图 4-3-23),则外辐合带推进方向就是热带气旋的移动方向。

当外辐合带作顺时针转动时,热带气旋移向要向过去移动方向西偏,尤其当东北—西南向的外辐合带顺转为东—西向时,则热带气旋将从测站的南面经过(图 4-3-24a)。如果外辐合带逆时针方向转动,则热带气旋中心偏东,移向要比以往移动方向左偏(图 4-3-24b)。

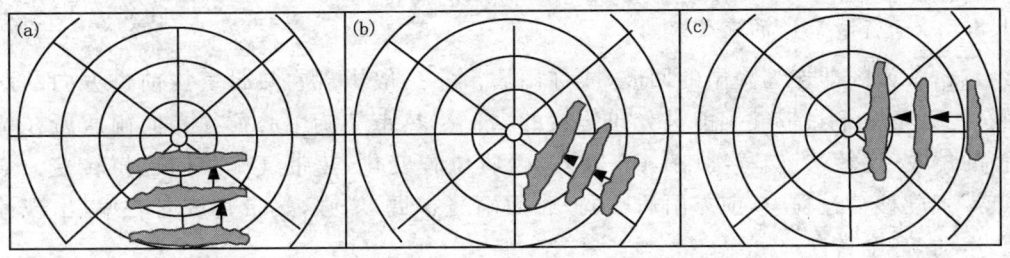

图 4-3-23　外辐合带整体平移与热带气旋移动的关系

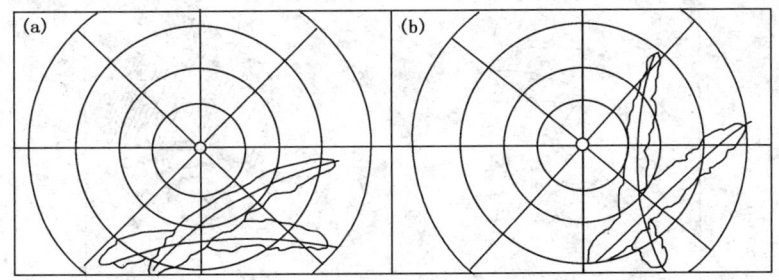

图 4-3-24　外辐合带转动与热带气旋移动的关系

若外辐合带在移动过程中突然减速或停滞,且强度减弱,这时热带气旋可能在海上转向或填塞。

外辐合带的变化,在一定程度上反映了热带气旋外围流场与环境流场的作用。如图 4-3-25a 所示,当偏东信风加强时,热带气旋北缘的辐合加强,对流活动发展,热带气旋两侧的外辐合带顺转为与辐合带走向一致(东西向)。因此,顺转反映了偏东信风的加强,所以热带气旋也将西移。而逆转(图 4-3-25b)反映了西南季风的加强,使热带气旋移动增加偏北分量甚至转向。

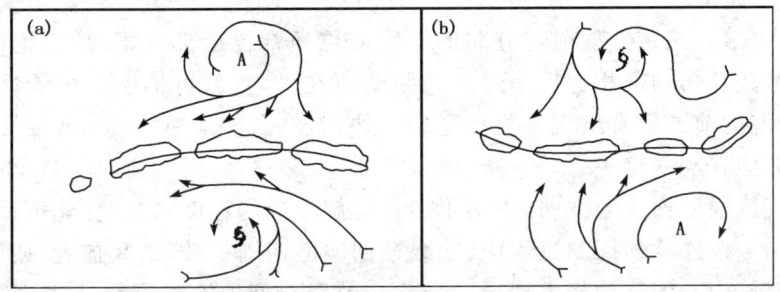

图 4-3-25　外辐合带转动与流场特征

实际工作中,往往遇到外辐合带几种变化同时出现,因此要结合起来考虑。

4.3.6.2 密蔽云区的变化

密蔽云区即连续降雨的回波,或称雨盾。它一般出现在热带气旋前进方向的两侧,尤其集中于热带气旋前进方向偏右的一侧。热带气旋中心往往是向雨盾所在位置的偏左(逆转)方向移动(图4-3-26)。雨盾位置变化,热带气旋移向也将转变。如热带气旋移动过程中,前方雨盾减弱,后面雨盾扩展、增强,热带气旋向右偏,出现偏北运动,甚至转向。

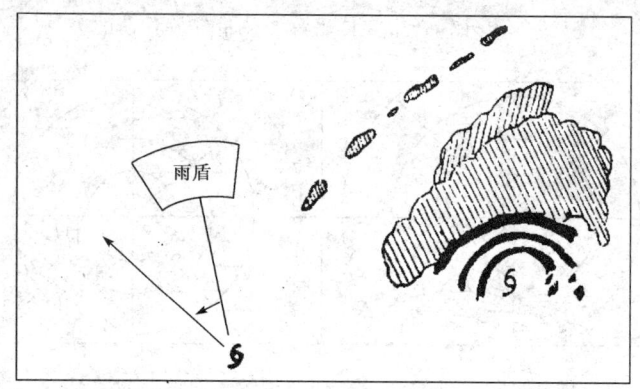

图 4-3-26　热带气旋雨盾位置与热带气旋移向

4.3.6.3 螺旋辐合带的变化

螺旋辐合带是一条位于热带气旋中心周围的螺旋结构的雨带,也称内辐合带。当热带气旋大部分落入雷达有效测距范围内时,螺旋辐合带回波就显示出来。用螺旋辐合带判断热带气旋的移动与外辐合带方法一样,它往往是对外辐合带判断的补充。另外,热带气旋中心还有向螺旋辐合带曲率最大处移动的趋势。

4.3.6.4 眼壁回波对热带气旋移动的指示作用

探测中发现,热带气旋前进方向的眼壁回波通常比后部宽阔,顶部也高。因此,当探测到宽阔且与顶部相比也是最高的眼壁所在方向,就可推断台风的移向了。此外,眼壁回波的前方经常出现一些特亮的小块回波,称为高强度点,热带气旋一般有朝着亮点方向移动的趋势。

热带气旋眼壁回波的强弱,表明了热带气旋发展的程度,它的变化也反映了热带气旋的变化。在连续的探测过程中,如眼壁回波向四周扩散,眼区扩大,或眼区隐没,表明热带气旋中心的移动将出现异常变化。若眼壁回波突然衰减或高度降低,表明热带气旋将要转向或消亡。

4.3.7 疑难热带气旋路径的诊断

疑难热带气旋是路径异常的热带气旋移动轨迹与"最佳引导层"气流之间出现较大偏差的热带气旋。这类热带气旋路径出现的几率虽小,但分析预报困难,多引起热带气旋预报、警报的失败而导致重大灾害,必须认真对待。

4.3.7.1 黄海西折的热带气旋

当热带气旋接近西风带的中、高纬度时,绝大多数都向东北方转向。只有极少数折向西北方入侵华东和华北地区,1970年以来这种路径出现4次,其西折的诊断条件如下:

(1)热带气旋进入黄海后我国东北到朝鲜一带要有一势力较强的高压脊,且此脊与西北太平洋高压连接,脊线呈西北—东南走向。这个高压位置少动,且与副热带高压性质很接近。

(2)东北高压脊前方日本以东的北太平洋上有西风槽加深,或日本东南有冷涡中心出现。

(3)我国大陆上空为一准静止低槽或冷涡中心。槽后疏散气流使低槽很少东移,甚至西退。与槽前沿海的偏南气流相伴随的暖平流和负涡度平流,促使东北高压脊得到加强。

根据统计,热带气旋西折发生在36°N附近,超过36°N以后西折的可能性就很小了。

4.3.7.2 东海西折的热带气旋

跨越22°~30°N的东海海区,夏、秋受到热带、副热带和中纬度西风带系统的影响,所以热带气旋路径复杂,有的热带气旋已经转向东北方向或偏北方向移动,但由于大型环流剧烈变化,可使热带气旋突然西折并在我国沿海登陆。这类热带气旋仅出现在7月、8月、9月三个月,8月最多但也仅占3%。西折的诊断条件是:

(1)西北太平洋副高突然增强。

(2)热带气旋北面西风槽附近,出现强烈的正变高和地面正变压。

(3)西风槽南端有切断冷涡并向西南方移动,标志着热带气旋北侧已经被副高和东北气流控制。

这类热带气旋西折点多出现在台湾至冲绳附近。

4.3.7.3 南海西行北折的热带气旋

这类热带气旋路径能导致登陆点偏东,因而对航行在东北侧海区的船舶造成威胁。这类路径6—11月占全部西行台风的8%,其诊断条件为:

(1)由于西风带低槽或印缅槽东移,或者东风波附近,使热带气旋北侧连续出现

3 hPa 以上的负变压,且北面原来完整的高压带有断裂的趋势。

(2)当热带气旋南方出现明显的加压和正变压,在 700 hPa 和 500 hPa 图上,这里的偏南风增强到 10~12 m/s 以上。卫星云图上有一片晴空区从热带气旋环流东侧向西南伸到热带气旋以南,也是热带气旋突然北折的征兆。

(3)西行北折的南海热带气旋,北折前一、二天的平均移速要比稳定西行的慢,且北折前两天内的减速现象比较明显,而西行热带气旋的移速几乎不变。

4.3.7.4 南海北上西折的热带气旋

从南海北上的热带气旋突然西折,给防台工作带来困难。这类热带气旋的诊断条件为:

(1)夏季西折热带气旋

西风带低槽一般出现在 105°E 以西,热带气旋西折当天副高从 27°~28°N 加强西伸,华南上空东风明显增大,而不西折热带气旋副高脊线从 27°~28°N 南落到 25°~26°N,我国江南偏东风较强,强中心出现在华南中部地区。

(2)过渡季节西折热带气旋

过渡季节南海西折热带气旋主要受低层引导气流引导,所以基本上可取低层大气中冷空气活动过程的特点为判断依据:

冷空气强度:在 35°~50°N,90°~120°E 范围内高压中心强度达 1030 hPa 以上;或在热带气旋进入南海后 24 h 内,冷空气主力从热带气旋东北侧回流南下;冷空气前锋南压至 25°N 附近,并在此附近连续两天有较强的降温,850 hPa 有 12 m/s 左右东北风。

热带气旋中心强度:热带气旋中心不断减弱,12 h 中心气压平均升高 7 hPa,风速减小 7 m/s。

4.3.7.5 穿越副高北上的热带气旋

绝大多数台风移动路径与 500 hPa 引导气流方向基本一致,但也有少数热带气旋横切引导气流穿越副高北上,这也是最疑难路径之一。诊断要点是:

(1)副热带高层为冷涡

在对流层中、下层为副热带高压,而对流层高层则变为冷涡,在高层冷涡的东侧 200~300 hPa 上有一支很强的偏南风,热带气旋可受此气流引导北上。在卫星云图上,涡心北侧、西北侧外围,有弧状中、高云系,在冷涡前进方向,可看到云系逐渐向前扩展,在缺乏高层天气图时可作为参考。

(2)高空低槽南伸

当西太平洋热带气旋移近 130°E 时,副高东部偏北,西部偏南,成带状分布。如果此时中国大陆上空有一偏南的西风槽,南伸到长江以南的低纬度,按一般经验,热带气旋是很难北上的。但以后在我国东部沿海出现一个独立的副高单体,热带气旋穿过两环副高之间北上。

实习与练习

实习七 热带气旋移动过程分析

(1)目的要求:初步掌握热带气旋路径分析预报的基本方法,了解一般热带气旋移动过程。

(2)分析内容和资料

1)分析地面图和 500 hPa 图各两张;

2)作热带气旋移动预报;

3)作热带气旋过程小结。

第5章 我国大型降水过程的分析

降水是重要的天气现象,它直接影响工农业生产和部队作训任务的完成,尤其是连续的阴雨和降水急骤的大暴雨能造成灾害和飞行事故。

我国各地的连阴雨及暴雨是和雨带的季节变化及各地雨季起止相联系的。自春至夏我国雨带自南向北推进过程中有三个停滞期,5月至6月雨带停滞在华南,是华南雨季第一阶段(或称前汛期);6月中、下旬至7月上、中旬,雨带停滞在江淮流域,是江淮流域的梅雨期;7月中旬至8月中旬,雨带停滞于华北、东北地区,是华北、东北的雨季;但此时华南因受热带天气系统影响又出现另一个雨带,这个雨带8月中旬抵达最北位置(南岭附近),这是华南雨季的第二阶段(或称后汛期);8月下旬,雨带迅速南撤,至9月初南退至华南沿海。可以看出,在雨带进退过程中有三个突变期,两次向北的跃进是6月10日至20日和7月10日至20日,一次南退是8月18日至9月初。

如果把雨带移至前开始跳跃的日期也包括在雨季内,则华南雨季在4月底开始,10月中旬结束;江淮流域在6月上旬开始,9月初结束(中间7—8月有一段伏旱期);华北、东北雨季在7月上旬开始,8月底结束。可见我国雨季开始期南方早,北方迟,结束期北方早,南方迟。不过前述雨带变化主要指我国东部地区,华西雨季起始比东部要迟。云南雨季有更明显的季风气候特征,5—10月是雨季,降雨量占全年90%以上,雨日占80%以上。我国主要的连阴雨和暴雨过程,都是各地雨季中发生的。但是每年2—4月,从长江至华南之间常常出现连续的阴雨过程,这种阴雨天气虽雨量不大但持续时间长且气温偏低,对南方春播育秧危害极大。9—10月主要雨带已经南移到华南之后,长江中、下游,西南和西北的东南部也常出现连续阴雨天气。

形成降水的最基本条件有两个,即充沛的水汽和上升运动。动力辐合强迫和热力对流是上升运动发展的两个原因。分析计算垂直运动的方法已在第2章介绍,所以本章主要介绍水汽条件的分析方法。

5.1 水汽条件的分析

降水所需水汽主要来自三个方面,即降水区中空气本身的水汽含量、周围向降水区的输送、下垫面和空中水汽凝结物的蒸发。

5.1.1 水汽状态分析

(1)水汽含量分析

在日常天气分析中,常用各层比湿值的大小表示水汽含量的多少,而由于水汽压决定于露点温度,所以也可以用露点温度表示水汽含量。

有时为了了解空气的饱和程度,也常分析温度露点差$(t-t_d)$,还可以计算出相对湿度,并分析其等值线,以确定饱和区的位置。

在分析中应特别注意湿层的厚度。在本站及其附近的探空曲线中,在层结曲线与露点曲线突然远离点以下是湿层的所在,一般来说,湿层越厚,降水量也越大。

(2)可降水量的计算

地面直到大气顶的单位截面大气柱中所含水汽总量全部凝结并降落到地面可以产生的降水量称之为可降水量。可降水量R_1可用

$$R_1 = \int_0^\infty \rho q \, dz = \frac{1}{g}\int_0^{p_0} q \, dp$$

公式右侧用梯形积分法求和。由于85%~90%的水汽集中在500 hPa以下,所以积分上限一般取至300 hPa即可,可降水量表示该地区整层大气的水汽含量,一般南方大于北方,海洋大于内陆。一个地区如果产生较大的降水,其降水量远超该地区的可降水量。因此必须有水汽不断向该地区输送。

5.1.2 水汽水平输送的分析

一地区较大的降水,往往超过水汽原有含量的数倍,有时还发现在一次暴雨之后,雨区上空水汽含量反而比降水前还有增大,这说明产生降水的水汽主要是从外部流入的。因此,水汽输送的分析是降水分析中最重要的内容。

5.1.2.1 水汽水平输送的定性分析法

在天气图上(主要是850 hPa和700 hPa)加绘等露点线或等比湿线,根据等高线与等比湿线的关系,分析干湿平流(图5-1-1),分析方法与冷暖平流分析方法类似。在风速大、等比湿线(等露点线)密集且风向与等比湿线交角大的地区水汽平流也较强。

5.1.2.2 水汽通量的计算和分析

水汽通量又称为水汽输送量,是指单位时间内流经与速度矢正交的某一单位截面积的水汽质量。它表示水汽输送的强度和方向,包含水平和垂直通量。一般说的水汽通量指的是水平水汽通量。

(1)定义和计算方法

图 5-1-1 湿度平流的定性分析法

单位时间内流经与水平气流方向正交的单位截面积的水汽质量称为水汽通量 V_q。其方向与风向相同。如图 5-1-2 所示，ABCD 为与风向正交的平面，单位时间流经该平面的空气质量为：

$$g|\vec{V}|\Delta l\Delta z$$

则所含水汽质量为：

$$M_v = \rho q|\vec{V}|\Delta l\Delta z$$

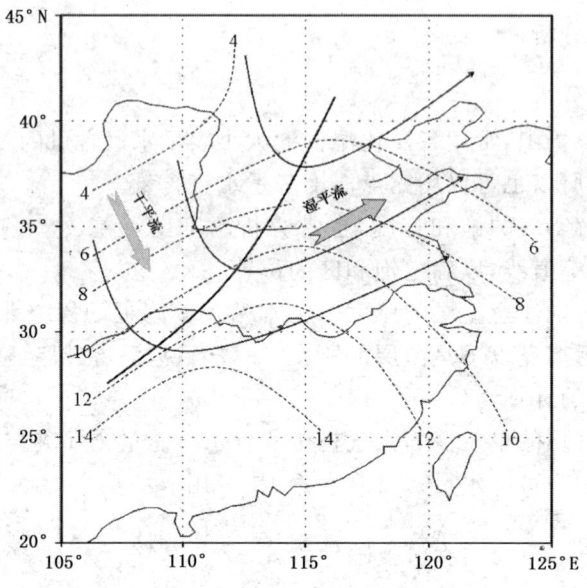

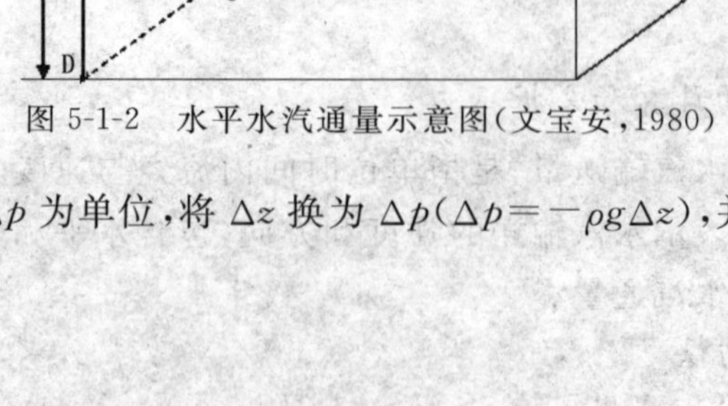

图 5-1-2 水平水汽通量示意图（文宝安，1980）

在气象上常用 Δp 为单位，将 Δz 换为 $\Delta p(\Delta p = -\rho g\Delta z)$，并取单位面积，则得到水汽通量为：

$$V_q = \frac{q}{g}|\vec{V}|$$

式中 q 取 g/kg,g 取 m/s²,$|\vec{V}|$ 取 m/s,则水汽通量的单位为:g/(cm·hPa·s)。水汽水平通量值可视为一个标量,它与风向结合组成一个矢量场。图 5-1-3 为 2009 年 11 月 8 日 08 时 700 hPa 的水汽通量场和风场。

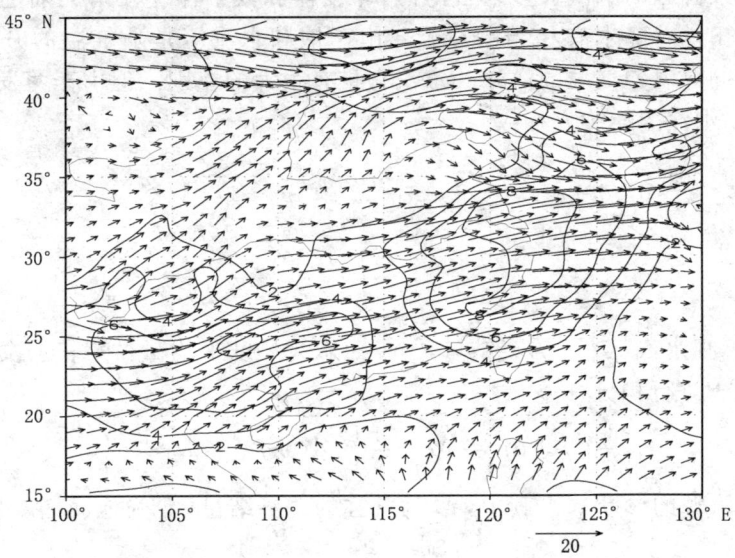

图 5-1-3 2009 年 11 月 8 日 08 时 700 hPa 水汽通量和风场

为了计算水汽的垂直输送,有时还要计算水汽的垂直通量 W_q,它是指单位时间内流经单位水平面向上输送的水汽质量,其计算公式为:

$$W_q = \frac{1}{g}qw$$

或

$$W_q = \rho q w$$

式中 $w = \dfrac{\mathrm{d}z}{\mathrm{d}t}$,是 z 坐标系的垂直速度,垂直通量的方向规定与 w 的方向相同,即向上输送为正,向下输送为负。计算时如 w 以 cm/s 为单位,则这时 g 应取 cm/s² 为单位。垂直水汽通量的单位为:g/(cm²·s)。

(2)分析方法

将计算的各站(或网格点)的水汽通量值,在测站或网格点绘出风矢,表示水汽的输送方向,并在图上绘制等通量线即得到水汽通量分布图。在水汽通量分布图上,可以根据风向和最大水汽通量轴分析水汽输送的主要通道,还能够分析水汽辐合区,即极大水汽通量轴前方水汽通量等值线密集区为主要的水汽辐合区。

5.1.3 水汽源地的分析推算

从地面或海面有水汽进入大气的地区称为水汽源地。从这个意义上说，所有的地（海）面都是水汽源地。日常分析中所说的水汽源地是指输送入降水区的水汽的主要来源。进入我国的水汽大多来自南海、印度洋和太平洋。江南大陆上的江、河、湖泊和水库稻田也对降水有相当的贡献。由于饱和水汽压是随气温的升高呈指数增加，所以，不同海温和气温的海洋其水汽含量有很大的差别。但由于蒸发量观测误差较大，而根据水汽的连续方程：

$$\frac{\partial \bar{q}}{\partial t} + \nabla \cdot \overline{\vec{V}q} + \frac{\partial}{\partial p}\overline{\omega q} + \frac{\partial}{\partial p}\overline{\omega' q'} = -\bar{m} \qquad (5\text{-}1\text{-}1)$$

和

$$-Q_2 = -\bar{m} - \frac{\partial}{\partial p}\overline{\omega' q'}$$

式中 Q_2 表示视水汽汇，m 为凝结量，"—"表示大尺度平均量，"'"表示次网格的扰动量。上式对 p 进行积分

$$\frac{1}{g}\int_{p_0}^{0} Q_2 \mathrm{d}p = M + \frac{1}{g}\int_{p_0}^{0} \mathrm{d}(\overline{\omega' q'}) = M - E \qquad (5\text{-}1\text{-}2)$$

则可得到水汽源的诊断式。其中，M 为气柱的总凝结量，E 为地面蒸发量。Q_2 可由：

$$Q_2 = -\left(\frac{\partial \bar{q}}{\partial t} + \nabla \cdot \overline{\vec{V}q} + \frac{\partial}{\partial p}\overline{\omega q}\right)$$

计算。由于对 Q_2 的计算精度也不足以准确推算出水汽来源，目前主要还是通过水汽的输送通道定性估计水汽的源地。

5.1.4 水汽通量散度的计算

水汽通量可以了解降水过程的水汽来源，但无法判断降水量的大小以及降水的位置。而水汽通量散度则与降水位置和强度关系密切。由于对气柱的水汽垂直通量整层积分为零，对短期预报来说，水汽源地的贡献也可以忽略，在持久的降水区 $\frac{\partial q}{\partial t} \approx 0$。故从(5-1-1)式可见，水汽凝结量主要来自水汽通量散度的贡献。在气压坐标中，水汽通量散度的表达式为：

$$\frac{1}{g}\nabla \cdot \overline{\vec{V}q}$$

展开，并略去"—"号，则：

$$\frac{1}{g}\nabla \cdot \vec{V}q = \frac{\partial}{\partial x}\left(\frac{1}{g}uq\right) + \frac{\partial}{\partial y}\left(\frac{1}{g}vq\right) \qquad (5\text{-}1\text{-}3)$$

由(5-1-3)式可见，水汽通量散度的计算方法与散度的计算方法基本相同，只需

将水汽通量分解为东、西方向和南、北方向的通量,即可求得水汽通量散度。注意这时 $\frac{1}{g}uq$ 和 $\frac{1}{g}vq$ 的正负号和 u、v 的相同。当水汽通量散度为正时,表示有水汽流失,反之,有水汽积聚。水汽通量散度的单位为:$g/(cm^2 \cdot hPa \cdot s)$。

5.1.5 水汽收支的计算

为诊断某地降水水汽的来源,常选取包围降水区的空气块,计算其水汽的收支,其步骤是:

(1)选取计算区域

选取的计算区域一般要把降水区完全包括进去,这样使用的降水区四周的资料就不受暴雨区中小尺度扰动的影响。计算区分两种:一种是直接使用降水区周围测点围成多边形;另一种是根据计算网格取为正方形或长方形。前一种方法计算可靠,后一种方法简便。

(2)计算

1)通量积分法

这种方法一般在任意多边形面积上使用。设在某一层等压面上水汽水平收支为 I_h,则计算公式可表示为:

$$I_h = \frac{1}{g} \oint_s V_n q \, ds \tag{5-1-4}$$

式中 V_n 为垂直于计算边界向内法线的水平风分量,s 为计算边界,如计算边界为多边形 ABCDE,则上式可写为:

$$I_h = \frac{1}{g} \left[\int_A^B V_h q \, ds + \int_B^C V_h q \, ds + \int_C^D V_h q \, ds + \int_D^E V_h q \, ds + \int_E^F V_h q \, ds \right]$$

计算时 V_h 取积分上下限的平均值,s 以 cm 为单位。将计算结果作垂直积分,即得到整个气柱的水汽收支 I:

$$I = \int_{p_t}^{p_s} I_h \, dp \tag{5-1-5}$$

计算时积分上限取至 300 hPa 即可,计算结果单位为 g/s。

2)通量散度积分法

在方形或长方形计算区中各网格点上通量散度为已知时,则可用通量散度计算包围面积的水汽水平收支。

$$I_h = -\overline{\frac{1}{g} \nabla \cdot \vec{V} q \big|_\sigma} \cdot \sigma \tag{5-1-6}$$

式中 σ 为计算面积,"‾"表示计算面积上所有网格点的平均。在计算时,边界上的格点与中央部分的格点值,由于所代表面积不同要有不同的权重。根据 I_h 值作垂直积分同样可求得整个气柱的水汽收支。

(3) 水汽收支的分析

根据前述计算,分析如下几个方面:

1) 水汽净收支量及其与实际降水量的对比;

2) 从各个方面来的收支差异,确定水汽的主要来向,横向辐合量与纵向辐合量的比较;

3) 分析不同层次水汽辐合量的大小。

5.1.6 降水量的计算

在单位时间内,单位面积的某一气层的凝结水汽量 m,就是该气层内上升空气饱和比湿 q_s 的减少量,而整个大气柱中水汽凝结量若全部下降,就是单位时间内的降水量 R:

$$R = \frac{1}{g}\int_0^{1000} m\,dp$$

其中

$$m = -\frac{dq_s}{dt}$$

不考虑湍流扩散的影响,并依据凝结函数 F(2.3 节)表达式:

$$\frac{dq_s}{dt} = F\omega$$

得到:

$$R = -\frac{1}{g}\int_0^{1000} F\omega\,dp \tag{5-1-7}$$

在计算时一般规定,当相对湿度 $\geq 90\%$ 时作为饱和,即以 T 求取 q_s,若相对湿度 $< 90\%$,由 T_d 求取 q_s。也可使用以下近似公式求取降水量:

$$R = [(F\omega)_{850} + 4(F\omega)_{700} + (F\omega)_{500}] \times (-18)$$

其中 F 单位取 10^{-2} g/(kg·hPa),ω 取 hPa/s,得到 R 为 mm/h。

5.2 我国主要的连阴雨过程

5.2.1 江南春季低温阴雨过程分析

每年 2—4 月份,我国长江以南各省往往出现连阴雨天气。这种连阴雨过程中日照少、气温低,对春播危害极大。

5.2.1.1 连阴雨发生的基本过程

春季,暖湿空气开始活跃,但冷空气仍能在东亚大槽引导之下侵入江南。在一次强冷空气主力东移入海之后,在江南近地层遗留一个冷空气垫。这时,南支槽开始活跃。孟加拉湾分裂东移的短波槽前的暖湿空气在冷空气垫之上滑升形成范围宽广的层状云系,便形成一次连阴雨过程。如果这种环流形势稳定,即北方不断有小股冷空气补充,使江南低层冷空气垫不致于破坏,而孟加拉湾动力低槽所分裂的南支小槽东移过程中也得不到发展,也就是主槽在高原南部稳定少动,那么便有一个个东移小槽滑行在冷空气垫上,由数个前述过程组成一个连阴雨过程。

5.2.1.2 连阴雨过程的诊断条件

(1) 连阴雨形成的诊断条件

形成低温阴雨过程需要一个相对稳定的环流背景,其基本要点是:

1) 欧亚中高纬环流为平直西风环流;

2) 西风遇高原后 500 hPa 以下分为南北两支,北支有动力性高压脊,南支孟加拉湾有动力性低压槽,形成南北支急流上槽脊反位相的分布;

3) 地面华南有稳定的准静止锋,700 hPa 有江淮切变线,在华南准静止锋与 700 hPa 切变线之间是连阴雨区。

根据经验,乌拉尔山有阻塞高压或欧亚中高纬度有行星尺度冷涡两种稳定的大型环流满足以上条件。

(2) 连阴雨结束的诊断条件

稳定环流的破坏即是连阴雨的结束,其基本要点是:

1) 当东亚大陆又一次新的较强冷空气南下时,南支西风小槽与北支槽合并,东亚大槽重建,整个江南上空由偏西风转为偏北风;

2) 在地面图上华南准静止锋转变为冷锋南移,在这之间往往伴有北方冷锋补充和气旋发展入海的过程。

5.2.2 长江流域初夏的梅雨

梅雨是江淮流域最稳定持久的阴雨过程,平均每年持续 20 d,最长达 60 d。梅雨期间,温度高、湿度大、降水量大,常伴有暴雨。有时可占年平均雨量的一半。

5.2.2.1 梅雨形成的基本过程

出现梅雨的基本过程是:

(1) 在 500 hPa 上,副热带高压脊稳定在 $20°\sim25°N$ 之间,中高纬度是稳定的阻塞形势,一种情况是乌拉尔山附近和雅库次克各有一个阻塞高压,两脊之间为一稳定的大槽。在这种形势下,东亚地区 $35°\sim50°N$ 之间是比较平直的西风急流,从大槽中分裂的冷空气随西风小槽东移,到达江淮流域后,与西太平洋高压脊西端的偏南气流相遇,形成降水过程。可见在江淮流域维持持续性降水的基本条件是稳定的西太平洋高压脊和 35°~50°N 之间的稳定平直西风。除了上述中高纬度有两个阻塞高压的形势外,还有所谓单阻和三阻形势,它们与双阻型的差别仅仅在于冷空气来源和路径略有差异。而且在同一年的梅雨过程中,前述的三种典型形势也常常是相互转换的。

副热带太平洋高压是一个行星尺度的环流系统,高压脊线随季节作南北移动,它在一定程度上反映暖空气的势力和强度,决定了冷暖空气交绥区所在的纬度。梅雨期间 110°~120°E 之间的 500 hPa 脊线平均位于 20°~25°N 之间,降水区则位于脊线以北 5~8 纬距。根据研究,西太平洋高压伸向华南的高压脊,处于由梅雨区上升的季风环流的补偿下沉支中,因而可以推断,它应是江淮梅雨的反馈产物。

副热带高压脊所在纬度,决定了西风急流及冷、暖空气交汇所在地区,西风带系统决定了这种过程的稳定性,这就是 500 hPa 形势的基本特征。

(2)在 850 hPa 上,梅雨期对流层低层流场的基本特征是:江淮流域有东西向的流场切变线,切变线以北是东移冷空气中一连串入海反气旋。西南季风从孟加拉湾越过中南半岛进入江淮地区切变线南部。可见在低层是热带季风穿过中层西太平洋高压脊下方直接进入江淮流域与西风带冷空气交汇。当孟加拉湾有风暴发展西移,风暴南部有西南低空急流进入南海,受低层近于南北向高压脊阻挡折向北上,这时在梅雨区南部,有一支低空急流,这种形势常对应梅雨的暴雨期。

(3)在 200 hPa 上,青藏高原南部是南亚高压中心,从高压中心东伸的高压脊刚好与暴雨带吻合,副热带西风急流约在雨带以北 5~10 纬距,在雨带以南是一致的东北气流,构成一个理想的辐散场。

在上述环流配置下,来自索马里的西南季风穿过中南半岛进入南海后折向北上与停滞在江淮流域西风带冷空气相遇,形成大范围的不稳定降水和释放对流潜热,上升气流进入高层后通过前述的辐散机制部分散失在西风带中,大部分变成高层的季风反环流进入低纬和南半球,构成闭合的季风环流圈。

5.2.2.2 梅雨过程的诊断条件

(1)中、高纬要有稳定的环流形势。一般需要有阻塞高压,但有时没有阻高也能维持较长时段的平直西风而导致梅雨。

(2)500 hPa 副高脊稳定在 20°~25°N 之间。

(3)高原南支西风消失,印度季风爆发。

5.2.2.3 梅雨暴雨的诊断条件

(1)低层西南季风与副热带西风在我国东部大陆汇合。有时在入梅前,从西太平洋至印度孟加拉湾有一东、西向的 ITCZ(信风型或季风型),这是南海台风生成活动的第一高峰期。当孟加拉湾有风暴发展西移,而南海有台风转向东北进入日本南部太平洋时,ITCZ 以南的季风便脱离限制而与西风带的西南气流打通,这通常是印度季风中断但同时是季风向我国爆发的过程。有的年份虽然上述过程不那么典型,但至少需要在我国南海对流层下层有偏东气流减弱过程。

(2)印度季风中断,印度主要雨带移向雅鲁藏布江—布拉马普特拉河谷(以下简称雅—布河谷),相应地对流层上层的南亚高压中心移向青藏高原的南坡,其东伸脊刚好位于梅雨带上空,这便构成了梅雨降水的外流通道,以及起正反馈作用的季风环流圈,否则是不能在江淮形成稳定而持久的暴雨的。

(3)在对流层中层,在入梅前西太平洋高压脊一般先有一个东退过程,以利于西南季风的北上。而以后的进退往往是和梅雨强弱同步的,虽然它对梅雨降水的水汽流入起限制作用,但毕竟不是主导的。

5.2.2.4 梅雨期短过程诊断条件

梅雨是一个长期的天气过程,实际上并不是在所有时间都是连绵不断的阴雨,而是由若干个短期天气过程所组成。对一个固定地区来说,在梅雨季节中可有 1—2 d 的中断期。因此,在梅雨期间的业务预报还要考虑具体的短期过程变化。

梅雨是西风带冷空气与西南季风在江淮流域对峙的产物,两者势力的消长会影响雨带位置和强度,具体过程有如下两种:

(1)冷空气势力增强,雨带暂时南移。梅雨切变线以北的冷空气是依靠西风带小波动所携带的冷空气的不断补充来维持的,每一次补充过程,都将使冷空气势力有暂时增强,雨带随之南移,冷空气势力愈强,雨带南移越多,待冷空气主力入海之后,雨带才又恢复到平均位置。

(2)冷暖空气性质对比减弱,由于没有新的冷空气补充,或来自印度洋上的西南季风被截断,梅雨降水带便逐渐减弱以致消失,直待有新的冷暖气流补充才会再度增强。

5.2.2.5 梅雨结束过程的诊断条件

梅雨结束伴随着行星风带一次北跳过程。副热带西风急流从 35°N 北跳到40°N,西太平洋高压脊则由 20°N 北跳至 25°N 以北。这种北跳大体有两种具体过程:

(1)高纬的阻塞形势崩溃,一次长波槽东移使雨带南移,当长波槽入海,槽后高压脊与西太平洋高压合并而北跳,从此江淮流域进入盛夏。应当注意,这最后一次合并的槽后高压(脊),可能是由伊朗副热带高压分裂块越过帕米尔高原从河西走廊东移的。

(2)由于高纬阻塞形势的破坏,梅雨切变线以北的冷空气逐渐变性,切变线消失,冷高压逐渐变性增厚,与其南侧的西太平洋高压合并北跳,雨带北移,江淮流域进入盛夏。

5.2.3 盛夏华北和东北地区的降水分析

到了盛夏，随着江淮流域梅雨的结束，雨带北移到华北、东北和西北地区的东部，因此，盛夏是这些地区降水最频繁的时期。这个时期，不但降水日数多，而且降水量和降水强度大，常达大雨、暴雨程度，降水性质多为雷阵雨。有时也有稳定性降水，但次数不多，也不像江淮流域那样出现阴雨连绵，数日见不到太阳的现象。一般3—5 d有一次降水过程，每一次降水约为1—3 d，也有时出现持续5 d以上的连阴雨。如1969年7月哈尔滨一带就出现了18 d的连阴雨，总雨量达200 mm。

5.2.3.1 华北和东北出现连阴雨的诊断条件

连续阴雨主要出现在以下两种环流条件下：

(1) 纬向型

该型500 hPa如图5-2-1所示，副热带高压脊线在30°N附近，呈东、西走向，长江中、下游及青藏高原为副热带高压控制；在贝加尔湖以北有阻塞高压；45°~55°N为低压带，低压带南面(35°~45°N)的西风带比较平直，呈纬向型。在平直的西风带上，许多小槽自巴尔喀什湖经我国新疆、河套东移，影响西北、华北和东北地区。与此相应，在700 hPa或850 hPa图上，也有低压槽或低涡自西北、西南地区沿副热带高压脊北侧向东或东北方向移动。地面图上，从蒙古到我国东北地区为一个大低压带，不断有小股冷空气自新疆经甘肃、河套东移，并与东南方的副热带高压脊北侧的西南暖湿气流交绥，在近地面层形成锋区。这时，锋区往往移速很慢，甚至呈准静止状态，形成连阴雨天气。每当空中小槽、低涡沿地面冷锋上空东移时，辐合上升条件更好，降

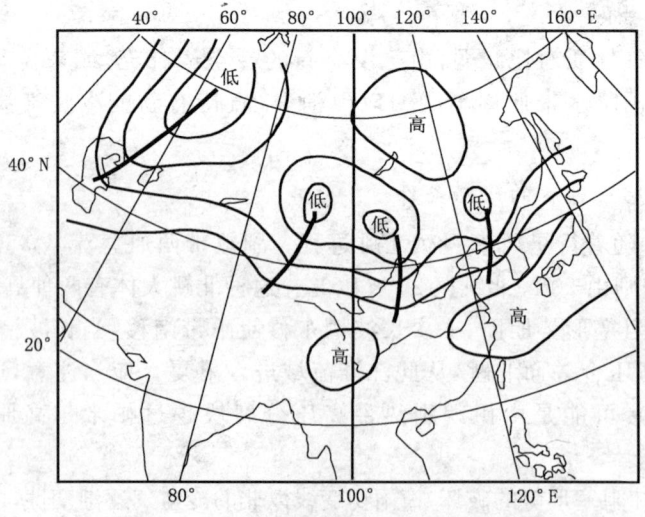

图5-2-1 北方盛夏纬向型阴雨示意图

水加大。但是,一般来说,本型的阴雨天气不及经向型强烈。

(2)经向型

该型和纬向型不同之点就是副热带高压偏北(图5-2-2),日本海附近出现一个高压脊或高压中心,这个脊(或中心)常常是由东北地区入海的高压与西太平洋高压脊合并而成,或与雅库次克的阻塞高压打通。因此,脊线常呈南—北或东北—西南向,对西来的系统有阻挡作用。每当巴尔喀什湖以西的大槽分裂出短波槽东移,并移至河套以东时,受这个高压的阻挡,移速缓慢,近于停滞,常在河套附近构成一个稳定的深槽,槽前为西南气流,槽后为西北气流,经向环流明显。这时,在地面图上,位于槽前的河套地区,可以看到气旋波发生、发展,但受日本海高压的阻挡,东移也很慢,于是和高空槽前强烈的暖湿气流相配合,造成连续阴雨天气。若高空槽位置偏西,连阴雨首先在西北地区东部和华北地区出现,然后逐渐移至东北地区;如高空槽位置偏东,连阴雨就在华北地区东部和东北地区发生。当700 hPa图上有西南涡、西北涡或正在填塞的台风配合时,辐合上升作用更强,降水量更大,容易造成水灾。

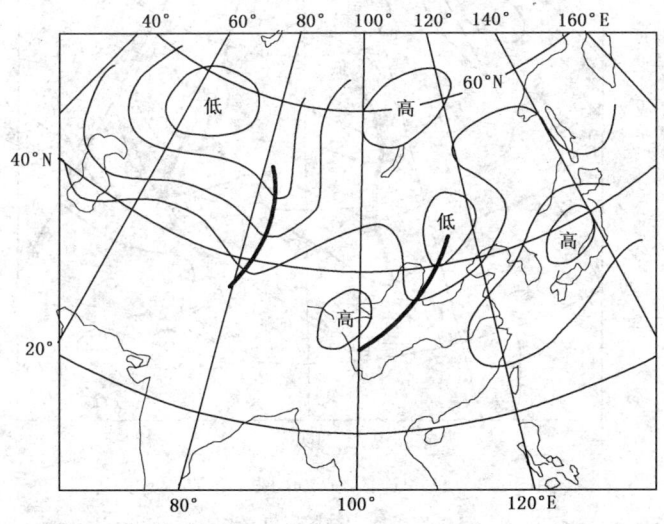

图5-2-2 北方盛夏经向型阴雨示意图

以上两种环流构成的关键是较高的纬度上(华北至东北)出现稳定的阻塞形势,它可以是副热带高压的一个单体,或者是叠加在副热带高压脊上的一个暖性高压脊。阻塞形势的建立和破坏标志着连续阴雨的建立和破坏。

5.2.3.2 华北暴雨的诊断条件

华北暴雨发生在前述之经向型环流形势下,满足如下几点,华北可有暴雨出现:

(1)有西南低空急流,从华西一直伸展到华北。

(2) 850 hPa 或 700 hPa 上有自西向东或自西南向东北移动的低槽、西北涡、西南涡；或有西行的台风被西风带系统阻滞在华北少动。

(3) 在卫星云图上有热带云团经华西进入华北，或从太平洋绕过副热带高压进入华北。

5.2.4 我国秋季连阴雨过程的分析

秋季，当副热带高压脊开始从最北位置南退，西风带南移，华北雨带同时南退。在一定环流配置下，也会在长江中下游、西南地区、西北地区东南部出现持久的阴雨天气。

5.2.4.1 秋季连阴雨环流的诊断条件

500 hPa 环流可以概括如图 5-2-3 的形势：

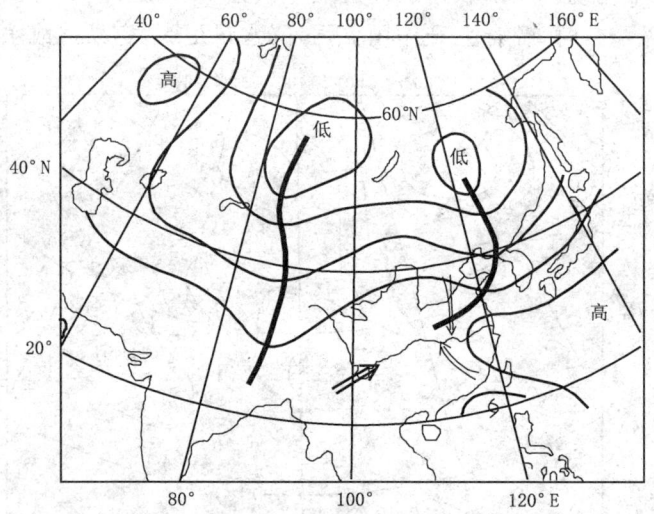

图 5-2-3　秋季连阴雨 500 hPa 环流示意图
（图中矢线为冷暖空气路径）

(1) 高纬欧亚多呈大槽大脊，通常在欧洲或乌拉尔山有阻塞性高压脊，在其东面为大槽所在，在中纬度（35°～50°N）亚洲上空比较平直，多为小槽小脊传播。

(2) 在小槽向东传播过程中，带动小股冷空气从西北地区经河西走廊南下至四川盆地，从华西至华南常有准静止锋形成。

(3) 副热带高压脊稳定于 20°～25°N 附近。

5.2.4.2 长江中、下游出现连阴雨的诊断条件

(1) 长江中、下游连阴雨多出现在东南沿海有台风活动时。在前述环流形势下，

遇有较强的冷空气南下时,由于副热带高压受其南侧台风的阻挡而稳定少动。

(2) 850 hPa 上西风槽顺转为切变线停滞于江淮流域,冷锋在江南趋于静止。

5.2.4.3 西南地区连阴雨的诊断条件

(1)西风带南移,高原南支西风出现明显的动力性低槽,这时西太平洋副热带高压脊 588 线西脊点到达四川一带。

(2)偏东路冷空气取回流路径,昆明准静止锋稳定在四川、云南一带,每一次南支小槽东移,都能出现一次阴雨过程,数个过程可持续一个月之久。

5.2.4.4 西北地区东南部的连阴雨诊断条件

(1)在这个季节中,副热带高压脊偏北(30°N)偏西(西脊点在 110°E 以西),中心停留在闽浙一带,副热带西风急流稳定在 40°~50°N 之间。

(2)当西风带上有小槽东移,槽后冷空气与副热带高压脊西部的暖湿空气在西北地区的东南部相遇,形成阴雨天气。只要这种形势稳定,阴雨便能持续下去。

5.3 持续性暴雨的分析

暴雨是指降雨强度和降水量很大的雨,是一种常见的灾害性天气。我国台湾省新寮于 1967 年 10 月 17 日一次暴雨 24 h 降水量达 1672 mm,这是我国有雨量记录以来极大值。有时候在几天或更长时间内出现多次暴雨,例如 1975 年 8 月 5—7 日河南的台风暴雨是由 3 d 的连续暴雨组成的。1954 年长江中下游的洪水是由 8 场暴雨组成的。中国气象部门规定,24 h 降水量≥50 mm 为暴雨,≥100 mm 为大暴雨,250 mm 以上为特大暴雨。由于我国幅员辽阔,南方和北方、沿海与内陆降水强度差异甚大,全国不能有硬性规定统一的暴雨标准。一般说来,虽然降水强度大(如一分钟数十毫米),但降水时间短,总降水量不大,且降水面积也较小时,并不能造成明显的灾害。而那些降水强度虽然不十分大,但持续时间长而降水面积大的容易造成大范围灾害。我国持续性大暴雨出现在华南的前汛期,江淮的梅雨期,华北、东北和西南地区盛夏期。

5.3.1 持续性暴雨发生的诊断方法

5.3.1.1 强大稳定的水汽输送带

发生暴雨需要有比一般降水更充沛的水汽供应。但中纬度夏季,含水量较多的一块积雨云中全部水汽降落至地面也只相当于 10~20 mm 降水量,这说明供给暴雨的水汽几乎全部来自外界的水汽输送。造成我国暴雨以上的气团,一般来自太平洋、南海或印度洋上的热带气团或赤道气团。存在一条强大而稳定的水汽输送带是出现大范围的持续性暴雨的必要条件。水汽输送和水汽通道的分析方法已在 5.1 节介绍，这里不再重述。

5.3.1.2 持续的强上升运动以及对流不稳定能的再生

假定在饱和气柱中空气有上升运动，并且凝结的水汽全部降落成雨，则在 Δt 时间单位面积上的降水量可表示成：

$$R = -\frac{1}{g}\int_{t}^{t+\Delta t}\int_{0}^{p_0} F\omega \mathrm{d}p\mathrm{d}t$$

其中 F 是凝结函数，对暴雨来说 ω 的大小是一个关键。

大气中的上升运动可以由多种因素引起，大体可分为以下四类：

(1) 大尺度天气系统的上升运动，上升速度量级为 10^0 cm/s，由这种上升运动引起的降水约为 $10^0 \sim 10^1$ mm/d，因此只依靠大尺度中的上升运动不能引起暴雨。

(2) 中尺度系统中的上升运动，上升速度量级为 10^1 cm/s，相应的降水量级为 10^1 mm/h。

(3) 小尺度系统中的上升运动，上升速度量级为 10^2 cm/s，极端情况下积雨云中上升速度可达 40 m/s。所造成降水量的量级一般为 10^2 mm/h。

(4) 由地形引起的上升运动，视地形坡度而定。

在这四类上升运动中，同暴雨直接有关系的是中、小尺度上升运动和地形性上升运动。然而，大尺度上升运动提供了中小尺度上升运动发生发展的环境条件。

中小尺度的上升运动直接与不稳定能量的释放相联系。但强对流总是导致层结的湿中性化，抑制对流的持续和发展。要使暴雨持久，就要求在暴雨区有位势不稳定层结的不断重建机制。位势不稳定层结重建的型式是多种多样的，对暴雨来说，低空的异常暖湿空气的流入是最重要的，对流层中上层干冷空气进入并不十分重要，一般是弱冷平流较为有利，而强冷平流并不有利。而天气尺度低空急流的左前方，一方面引起向暴雨区水汽输送和辐合，一方面低层暖湿输送促进不稳定能的再生。分析位势不稳定能重建的方法有：

(1) 定性分析方法

低空急流的存在和加强是位势不稳定重建的最重要的条件。一般常在 850 hPa 或 700 hPa 上分析等风速线以了解低空急流的活动。在分析中要着重考虑以下几个方面：

1) 低空急流的尺度和成因

低空急流的尺度差别很大，有的低空急流是暴雨反馈引起的，它随着暴雨的消失而消失，虽然它也能正反馈地对暴雨持续有贡献，但比较起来，来自低纬海洋的大尺度低空急流的作用就要大得多。因此一定要注意低空急流轴的连续变化、尺度大小和形成原因。

2)低空急流的垂直结构

低空急流的结构有两类,第一类风速随高度增强;第二类风速随高度迅速减小,500 hPa以上就由西南风转变为偏东风。只有第二类的低空急流对位势不稳定重建的贡献最大。因为只有低空对暖湿空气输送超过高空才会造成位势不稳定的重建。

(2)位势不稳定变化的诊断分析

一般用相当位温 θ_e 随高度的变化表示位势稳定度,即:

$$-\frac{\delta\theta_e}{\delta p} \begin{matrix} < \\ = 0 \\ > \end{matrix} \begin{matrix} \text{不稳定} \\ \text{中性} \\ \text{稳定} \end{matrix}$$

在我国,常用假相当位温 θ_{se} 代表 θ_e。用 σ_e 表示位势稳定度,即 $\sigma_e = -\frac{\partial\theta_{se}}{\partial p}$,根据 θ_{se} 在湿绝热过程中的守恒性,即:

$$\frac{\mathrm{d}\theta_{se}}{\mathrm{d}t} = \frac{\partial\theta_{se}}{\partial t} + \vec{V} \cdot \nabla \theta_{se} + \omega \frac{\partial\theta_{se}}{\partial p} = 0$$

考虑不可压缩条件得:

$$\frac{\partial\theta_{se}}{\partial t} = -\nabla \cdot \theta_{se}\vec{V} - \frac{\partial\theta_{se}\omega}{\partial p}$$

用此式对 p 求导,并利用 θ_{se} 和位温、比湿的近似关系:

$$\theta_{se} \approx \theta + \frac{1}{c_p}q$$

略去对 p 的二次微商项得:

$$\frac{\partial\sigma_e}{\partial t} = -\vec{V}_n \cdot \nabla\left(-\frac{\partial\theta}{\partial p}\right) + \frac{\partial\vec{V}}{\partial p} \cdot \nabla\theta + \frac{1}{c_p}\frac{\partial}{\partial p}(\nabla \cdot q\vec{V}) + \left(\frac{\partial\theta}{\partial p} + 2\sigma_e\right)\nabla \cdot \vec{V}$$

(5-3-1)

由式(5-3-1)可见,影响位势稳定度倾向 $\left(\frac{\partial\sigma_e}{\partial t}\right)$ 的有如下各项:

1) $-\vec{V} \cdot \nabla\left(-\frac{\partial\theta}{\partial p}\right)$,它是干静力稳定度平流对位势稳定度变化的贡献。

2) $\frac{\partial\vec{V}}{\partial p} \cdot \nabla\theta$,它是热成风平流输送对位势稳定度的贡献,写成标量形式是:

$$\frac{\partial u}{\partial p}\frac{\partial\theta}{\partial x} + \frac{\partial v}{\partial p}\frac{\partial\theta}{\partial y}$$

这一项表示由于风随高度变化使上下层冷暖平流强度不同而引起的稳定度变化。例如在 $\frac{\partial\theta}{\partial x} > 0$ 地区,如果 $\frac{\partial u}{\partial p} > 0$(西风随高度减小),则 $\frac{\partial\sigma_e}{\partial t} > 0$,即冷平流随高

度减小,则位势稳定度增大。

3) $\frac{1}{c_p}\frac{\partial}{\partial p}(\nabla \cdot q\vec{V})$,它是由水汽通量散度随高度的变化,造成湿度随高度分布的变化,从而引起稳定度的变化。

4) $\left(\frac{\partial \theta}{\partial p}+2\sigma_e\right)\nabla \cdot \vec{V}$,是位势稳定度的散度对位势稳定度倾向的贡献。

上式各项水平差分一般用中央差分,垂直差分多用后差分计算。式中 u,v 用实际风,也可用地转风替代。

5.3.2 持续性降雨暴雨发生的基本条件

持续性暴雨发生的基本条件,受一定的环流背景制约。发生于我国的持续性暴雨,可归纳为两种形式:

5.3.2.1 纬向型

如图 5-3-1(a)所示,梅雨期暴雨多在这种流型下发生。其特点是中高纬为阻塞形势,在这种形势下从西北的冷槽中不断有小槽东移到达江淮地区顺转为切变线,切变线南侧是来自孟加拉湾的暖湿气流,其对流层低层多是一支大尺度的低空西南急流(季风)。在对流层上层,35°~40°N 之间是副热带急流,而青藏高原东南部平均是南亚高压中心。低空的辐合上升气流一部分随副热带急流向东北方向辐散,另一部分沿南亚高压东伸脊进入热带东风向低纬下沉,构成季风补偿环流圈。在这种形势下,低层高湿气流不断使位势不稳定再生,上升到高层的气流有通畅的外流通道,促使低层急流加强,只要湿空气来源不断,便能形成较长久的正反馈,形成持续性暴雨。

华南前汛期的持续性暴雨的形式与之相似,只是整个风系位置偏南,副热带高压脊位于 14°N 附近,南亚高压中心位于中南半岛,其东伸脊也约在 15°N 一线。

5.3.2.2 经向型

如图 5-3-1(b),夏季华北至东北的暴雨多发生在这种形势下,高纬也是明显的阻塞型,西太平洋副热带高压脊明显偏北(40°N),但在日本海有副热带高压的分裂块,高空副热带西风急流在 45°N 以北,在此形势下,从我国东北伸向西南地区的冷槽被副热带高压阻滞少动,从川西发生的西南涡常沿槽线(切变线)连续移向华北和东北,从西太平洋及孟加拉湾和南海低空来的热带暖湿空气与槽后的冷空气在华北交汇,形成持续性暴雨,这种形势低空湿空气有两个入流通道。而高空则有三个外流通道,即经副热带高空急流向我国东北流出,向日本附近太平洋中部槽流出,以及南亚高压东伸脊前向南流出,1975 年 8 月河南的特大暴雨就属于这种环流,只不过西太平洋的台风深入到河南境内代替了西南涡的位置。

根据前述两种持续性暴雨环流型,可以将持续性大暴雨出现应考虑的几个基本

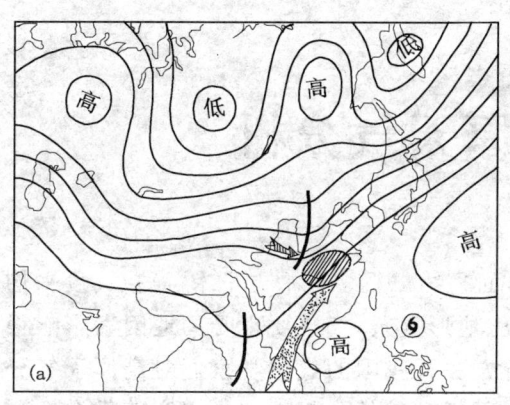 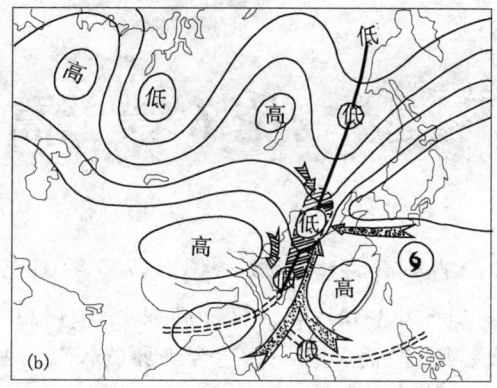

图 5-3-1　持续性大暴雨环流型示意图
(图中带点箭头为低空暖湿急流,斜线箭头为冷平流,阴影区为暴雨区)

环流条件归纳如下:
（1）阻塞的行星尺度环流。
（2）有西南或东南季风伴随低空急流的入流通道。
（3）天气尺度系统的减速、阻滞、打转、强烈发展、系统叠加、反复发生。
（4）高层的外流通道,特别是高空急流的配置。在高低空急流相互接近和交叉区,是最有利的暴雨持续发生区。

实习与练习

实习八　暴雨分析

（1）目的要求

掌握暴雨形成的基本条件、分析方法,了解暴雨的形成过程。

（2）内容和资料（任选一个过程）

1）北方暴雨:分析地面图 2 张,850 hPa、700 hPa 图各 1 张,作暴雨发生预报及过程小结。参考图:天气图 6 幅,其他图 8 幅。

2）梅雨暴雨:分析地面图和 700 hPa 图各 2 张,作暴雨发生预报及过程小结,参考图:天气图 4 幅,其他图 20 幅。

第6章 高原天气分析

青藏高原地处 26°～40°N,70°～104°E,面积约二百多万平方千米,海拔高度平均 4000～5000 m。在这样的高原上,山峦重叠,地形复杂,气象要素受局地因素影响很大。因此,需要有一套适合高原的天气分析方法。我国的气象学家们对高原天气分析方法做过许多的研究和实验,提出了一些可行有效的分析方法。本章着重介绍高原地区常用的一些分析方法和高原主要天气系统的分析方法。

6.1 高原天气图分析方法

6.1.1 高原地面图分析

在高原上,地面图分析最困难的问题就是气压场。如果按地面气压分析,各测站间海拔高度差别很大,互相间没有可比性,若订正到海平面,不免有许多假定条件,很难表达大气当时的真实情况,分析的海平面气压场纯属虚构。为此,实际分析中,一般不采用直接分析气压场来揭示高原上气压系统的活动。

6.1.1.1 地面24 h变压(Δp_{24})分析

在地面天气图上分析 24 h 等变压线,确定 24 h 变压分布是目前高原台站常用的方法之一。

24 h 变压能间接反映高原气压系统的活动。一般情况下,负变压区位于高压后部和低压的前部,正变压位于高压的前部和低压的后部。冷锋后有明显的正变压,暖锋前为负变压区,变压零线大体落于锋后附近。副冷锋常表现为明显的正变压梯度。为了具体了解气压系统的活动,常常把地面上分析的 Δp_{24} 同靠近高原地面的等压面图对照进行分析。根据上下层等压面局地变化关系式:

$$\frac{\partial H_p}{\partial t} = \frac{\partial H_{p_s}}{\partial t} + \frac{\partial H_{p_s}^p}{\partial t}$$

可导出等压面局地变化与地面变压的关系。依静力学原理,公式右侧两项分别为:

$$\frac{\partial H_{ps}}{\partial t} = \frac{1}{9.8}\frac{1}{\rho_s}\frac{\partial p_s}{\partial t} = \frac{R}{9.8}\frac{T_s}{P_s}\frac{\partial p_s}{\partial t}$$

$$\frac{\partial H_{ps}^p}{\partial t} = \frac{R}{9.8}\ln\left(\frac{p_s}{p}\right)\frac{\partial T_m}{\partial t}$$

则

$$\frac{\partial p_s}{\partial t} = \frac{9.8}{R}\frac{p_s}{T_s}\frac{\partial H_p}{\partial t} - \frac{p_s}{T_s}\ln\left(\frac{p_s}{p}\right)\frac{\partial T_m}{\partial t}$$

式中下标 s 代表地面，下标 m 表示地面至某等压面气层的平均值。从式中可看出，地面气压局地变化与两项因子有关：一项是该地上空 p 等压面位势高度的局地变化，一项是 p 等压面至地面气层之间平均温度的局地变化。对于距地面较近的等压面，$p \approx p_s$，式中第二项可以忽略。这时地面上的变压与 p 等压面上的变高成正比。在高原上 500 hPa 与地面相接近，500 hPa 上的 24 小时变高 ΔH_{24} 能粗略反映地面上的 ΔP_{24}。因此，用 500 hPa ΔH_{24} 配合地面 ΔP_{24}，能定性分析近地面天气系统的移动和发展。图 6-1-1 是一次 ΔP_{24} 与 500 hPa 槽脊关系实例。图上 500 hPa 槽前为 $-\Delta P_{24}$ 区，槽后为 $+\Delta P_{24}$ 区，零线稍落后于槽线。由于每天至少可分析 4 次定时报告的 ΔP_{24}，这样，就可连续追踪 500 hPa 上系统的移动和发展，并近似代表地面气压系统的发展。

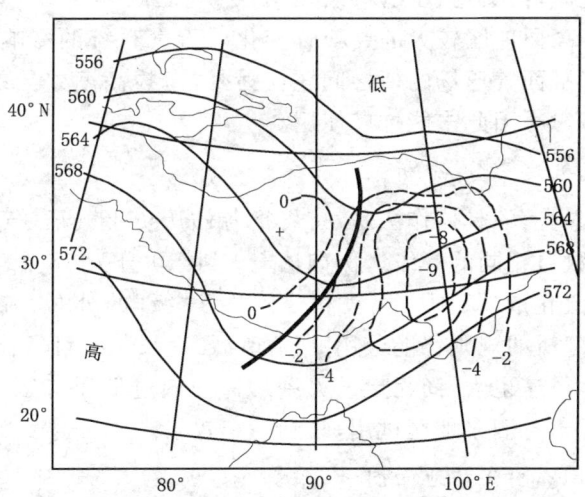

图 6-1-1　500 hPa 槽脊与 ΔP_{24} 关系实例

图中实线为 500 hPa 等高线（单位：dagpm），粗线为槽线，虚线为地面 ΔP_{24} 等值线

高原边缘的柴达木盆地、河西走廊、云贵高原等地区，由于海拔高度低，地面 Δp_{24} 就不能完全与 500 hPa 上系统相关联，这时，或者将地面 Δp_{24} 与该地地面相近的等压面联系进行分析，或者进一步区别上式两项因子分别进行分析。实际上这些地

区都是根据经验加以处理的,这里不再赘述。

地面 Δp_{24} 毕竟是一种局地变压分布,并不直接表示气压系统,而且和地面风场也没有固定关系。根据:

$$\Delta p_{24} \approx \frac{\partial p_s}{\partial t} = \frac{\partial p_s}{\partial t} - \vec{V} \cdot \nabla p_s$$

由上式可知,在系统强度不变($\frac{dp_s}{dt} = 0$)时,Δp_{24} 才能准确地反映气压系统的移动。当系统静止($-\vec{V} \cdot \nabla p_s = 0$)时,才能准确地反映强度变化。当两项因子引起的变压具有同一符号时,可以大体反映系统的移动和发展。若两者符号相反,Δp_{24} 就完全失去了作用。另外,对于强度相同而时间尺度不同的系统,Δp_{24} 也会有很大的差别。特别是时间尺度短于 24 h 的系统,用 Δp_{24} 根本就无法分析出来。

6.1.1.2 地面压、温、湿距平分析

地面压、温、湿距平是指气压、气温和湿度对于长期气候平均的差值。距平图的作法是先求出各站气象要素的历史平均,然后计算每天定时观测的记录与相应要素历史平均的差值,分析压、温、湿的等距平线,即得到距平图。

在距平图上分析气压距平线,可以确定高、低压系统。其风场与高低压系统之间基本上适合风压定律,但交角较大,一般在 45°~90°之间。

距平场消除了高原地区较大的要素日变化对天气系统的影响,其缺点是尚未解决与高原以外的海平面气压场的衔接问题。另外,海拔高度差异的影响不能完全消除,绘制起来也较麻烦,因此未能推广使用。

6.1.1.3 地面"气象要素势"分析

地面"气象要素势"的具体作法是:首先把各站历史上气压、气温资料,从小到大排列起来,并分成数目相同的等级。例如从 +9 到 -9 分为 18 个等级。然后将各站的各时气温、气压值化成"级别",比较和分析要素"级"的分布。在气象要素势场图上,许多等压面图分析的规则仍能应用。例如高压有反气旋性环流,低压有气旋性环流,气压势梯度大,风速也大(尚无定量关系),锋面通过低压势区气旋性曲率最大处等。这种方法在甘肃省酒泉地区试用,收到一定效果。

6.1.1.4 用 600 hPa 图代替地面图

由于高原主体平均海拔在 4000 m 左右,所以,可用 600 hPa 等压面图代替地面图。600 hPa 不是标准等压面,不能及时得到定时的高空气象报告,通常用静力学方程:

$$dz = -\frac{RT}{g} d\ln p$$

积分:

$$\int_{H_s}^{H_{600}} \mathrm{d}z = -\int_{p_s}^{p_{600}} \frac{RT}{g} \mathrm{d}\ln p$$

得：

$$H_{600} = H_s + \frac{R}{g} T_m \ln \frac{p_s}{600} \tag{6-1-1}$$

计算 600 hPa 等压面高度。其中 H_{600} 表示 600 hPa 位势高度, H_s 为测站海拔高度, T_m 为气层平均温度, p_s 为地面气压。只要知道测站海拔高度和当时观测的地面气压 p_s 和气温 T_s（可换算得 T_m）就可制成表格, 以备查算。把 600 hPa 的高度和 4000~4500 m 的测风记录填在一张图上, 即可绘出 600 hPa 等压面图。从兰州高原大气所试用情况看, 它比 Δp_{24} 更能直观地反映高原地面天气形势。主要缺点是 600 hPa 受日变化的影响较大, 有时这种日变化甚至超过系统本身的强度。所以, 有时 600 hPa 上系统的移动规律还不如 500 hPa 明显。

6.1.1.5 保风投影法

前面介绍的几种地面图的分析方法都无法解决高原地区与周围海平面气压场的衔接问题。这样, 地面图上高原地区始终是一片空白。有人提出"保风投影法"和"保热成风投影法", 试图解决这一困难。

保风投影法是假设高原地面至海平面之间的地转风不变, 利用月平均地转风加以瞬时的扰动订正后, 投影到海平面上, 求得海平面气压场, 其基本步骤与方法是：

(1) 求高原地区月平均海平面气压。首先利用中国气象局出版的气候图集, 读取接近该站海拔高度的月平均标准等压面高度, 如海拔在 800~2300 m 的读取 850 hPa, 海拔在 2300~3500 m 的读取 700 hPa 高度, 海拔在 3500 m 以上的读取 600 hPa 等压面高度。然后, 将上述各等压面上的月平均高度填入月平均海平面气压场图上。由于假设：

$$\overline{V_{gs}} = \overline{V_{g0}} \tag{6-1-2}$$

(下标 s 和 0 分别代表地面和海平面) 得到：

$$\overline{\Delta p_0} = \rho_0 g \nabla \overline{h}$$

ρ_0 为海平面空气密度, "$\overline{}$" 为平均值。所以, 就可以将高原外围的海平面等压线, 根据 $\nabla \overline{h}$ 依次向高原内部延伸, 得到平均的海平面气压场。

(2) 求瞬时的 p_0 场, 设：

$$p_0 = \overline{p_0} + \rho_0 g h'$$

"h'" 为扰动值, 由于已经假设：

$$V_{g0} = \overline{V_{g0}} + V'_{g0} = \overline{V_{gs}} + V'_{gs} = V_{gs}$$

即：

$$\frac{1}{\rho_0} \nabla p_0 = \frac{1}{\rho_0} \overline{\nabla p_0} + g \nabla h'$$

这样，只要求取 h' 即可得到瞬时的 p_0 场。

h' 的求法，是将式(6-1-1)用在任一标准等压面 p 上，则：

$$h = H_s + \frac{R}{g} T_m \ln \frac{p_s}{p} \qquad (6-1-3)$$

式中 H_s 为测站海拔高度，h 为 p 等压面的高度。再令 $p_s = \bar{p}_s + p'_s$，$T_m = \bar{T}_m + t'_m$。代入(6-1-3)式得：

$$h = H_s + \frac{R}{g} \bar{T}_m \ln \frac{p_s}{p} + \frac{R}{g} \bar{T}_m \ln\left(1 + \frac{p'_s}{\bar{p}_s}\right) + \frac{R}{g} t'_m \ln \frac{p_s}{p}$$

由于 $\frac{p'_s}{\bar{p}_s} \approx 1/50 \sim 1/100$，所以 $\ln\left(1 + \frac{p'_s}{\bar{p}_s}\right) \approx \frac{p'_s}{\bar{p}_s}$，上式可写成：

$$h = \bar{h} + \frac{R}{g} \bar{T}_m \frac{p'_s}{\bar{p}_s} + \frac{R}{g} t'_m \ln \frac{p_s}{p} = \bar{h} + h'$$

式中：

$$\bar{h} = H_s + \frac{R}{g} \bar{T}_m \ln \frac{p_s}{p}$$

$$h' = \frac{R}{g} \frac{\bar{T}_m}{\bar{p}_s} p'_s + \frac{R}{g} t'_m \ln \frac{p_s}{p}$$

式中 $\bar{T}_m$、$\bar{p}_s$ 都可事先求出，p 为常数，根据场面气压和气温的距平值，即可求得高度距平 h'。

试用此法对 1979 年 7 月 11—20 日共 40 张天气图进行分析，证明它所分析的高原天气尺度系统，不但本身的连续性好，而且出入高原时也可保持其连续性，其缺点是它假设地转风随高度不变，等于假定高原以下各等压面上温度处处相等，这在热力性质比较均匀的系统是合理的。但遇有斜压性比较明显，例如有锋面活动时，就会有较大的误差。因此，保风投影法的使用就受到很大限制。

6.1.2 高原等压面图的分析

6.1.2.1 高原北部边缘700 hPa 图的分析

高原北部边缘地区，大部分台站海拔都在 3000 m 以下，仍然可作 700 hPa 图的分析。但因 700 hPa 接近地面，气温和风等要素受地形影响非常明显，分析时应认真处理好这些问题。

高原北侧地形对风的影响常表现为：

(1)在特殊地形作用下，常有超梯度风出现。例如甘肃的敦煌，位于祁连山北侧的东西向狭谷中，在 700 hPa 图上，这一地区常出现强的东风或西风(风速大于 20 m/s)。又如当高空槽经过河西进入河套时，由于 3000 m 高度的地形等高线突然向南转向，所以在 700 hPa 图上有时会形成明显的辐散气流，因而产生超梯度风。

(2) 当气压场较弱时，由于地形和日变化影响，地方性风往往比较显著，掩盖了系统性风。如西宁、兰州等地，由于处于东西向河谷中，700 hPa 上常吹偏东风。西宁站在弱系统中，山谷风非常明显，在 08 时图上常吹西风，而 20 时图上就变为东风了。

(3) 700 hPa 等压面常与测站低空逆温层相切割，而逆温层上下风向切变有时很大，使得 700 hPa 图上风场很乱，这时不能机械地按照风向来绘制等高线，否则会分析出一些实际上不存在的小系统。

(4) 高原北部边缘地区，700 hPa 上温度的日变化也很显著，常出现冷、暖中心。在冬、春季节，夜间晴朗，地面辐射冷却，使得 08 时 700 hPa 温度明显降低，在柴达木盆地和甘南地区出现冷中心，与高原外围测站相比出现极大温差。在夏季，高原白天增温强烈，使得 20 时 700 hPa 图上，高原北部出现很强的暖中心。如冷湖、格尔木、合作（这三个站海拔高度在 2700 m～2900 m 之间），700 hPa 气温都偏高。南疆盆地和柴达木盆地西部地区，冬季低空常出现强烈的辐射逆温，逆温层的底部和顶部温差很大。如果相邻两站 700 hPa 上的温度记录，分别为逆温层底和顶部，这样两站间的温差就会很大，分析出的等温线显得过分密集，也可能误以为有锋面存在。

6.1.2.2　500 hPa 图的分析

高原上 500 hPa 图的测风记录，除个别站外，一般都具有代表性，在分析时必须认真考虑使用。尤其是夏半年多雨季节里，高原上经常有些浅弱的小槽、小脊或闭合系统活动。如果仍按 40 gpm 的间距来分析等高线，往往会把一些小系统漏掉。所以，常改为 20 gpm 的间隔分析等高线。等温线的分析，有时也采用 2℃ 为间距。高原上 500 hPa 记录受地方性影响明显的只是个别站，如帕里位于高原南端，在它的西北和东南两面都是海拔 7000 m 以上的高山（珠穆朗玛峰与大吉岭）。不要仅根据这一个站的记录把高空槽分析得太深。又如班戈和申扎，因为海拔高度在 4700 m 左右，500 hPa 上的风常受地形影响。当天气系统弱时，08 时经常吹西北风，20 时常转为西南风。再如高原西南部的噶尔站的西边和南边有 7000 m 以上的高山，因而常盛行西南风。当 500 hPa 槽过境后，它往往仍吹西南风。

6.1.2.3　400 hPa 图的分析

在高原上，400 hPa 等压面图仍被认为是重要的层次。原因有三个方面：因高原平均高度在 4000 m 以上，所以一般来说，500 hPa 还在摩擦层的顶部，只有到了 400 hPa 才能代表自由大气。其次，400 hPa 附近的水汽输送对高原降水过程有重大影响。因此，$(T-T_d)_{400}$ 通常是高原上降水预报的有效指标之一。最后应强调一点，400 hPa 也是高原上平均对流最强的层次。

6.2 高原天气系统的分析

高原上空的天气系统是很复杂的,对天气的影响也很不一样。冬季,南支西风急流的位置在拉萨南面且比较稳定,整个高原处于西风范围内,这时出现在高原上的是西风带系统,北方的冷空气不时侵入高原地区。夏季,西南季风侵入高原,高原进入雨季。这时季风气流与从北面来的内陆气流常在高原汇合,形成切变线,它是夏季高原降水的主要天气系统。下面介绍高原上几种主要的天气系统的分析。这些系统有的是高原上产生的,也有的是从外面移入高原的。

6.2.1 高原锋面的分析

高原上不仅有冷锋的活动,而且还有暖锋、静止锋以及锋面气旋的活动。下面介绍高原锋面的分析问题。

6.2.1.1 高原锋面在卫星云图上表现

一次强的寒潮冷锋侵入高原,卫星云图上常表现为一云带随之进入高原。开始云形并不典型,仅为一狭窄而破碎的云带,这说明冷锋在翻越高原山脉时强度减弱。进入高原主体后,云带变密加强。夏季常可见呈涡旋状的积雨云团。这种现象,是由于高原热力和动力的影响或高空槽斜压性加强所致。

当低纬度有大量暖湿空气向北涌进到高原的时候,例如高原南部的孟加拉湾风暴移近高原时,随着风暴云带北上高原,相应的有一次暖空气活动过程,从而造成高原上暖锋锋生和北推。高原上的静止锋和锋面气旋波,在卫星云图上表现也非常明显,具有和其他地区相类似的特征。

6.2.1.2 高原锋面附近要素场特征

高原上地形复杂,地面测站的许多要素缺乏比较性,尤其温度和湿度更是如此。所以,在高原上,一般不能用温、湿的特征去定锋,而要用前述之 Δp_{24}、"要素势"等方法确定锋面,此外单站的时间演变图也可作为定锋的可靠工具之一。

高原上的静止锋,上空常有一条东西向的切变线与之对应。地面上也表现为明显的风的切变,Δp_{24} 不明显,但由于北侧冷空气的流入和南部暖空气的北上,锋两侧 ΔT_{24} 差异明显,北侧为负 ΔT_{24},南侧为正 ΔT_{24}(图 6-2-1)。

高原上的锋面前后天气差异一般还是明显的。冷锋上常伴有降水,夏季,锋前往往有对流天气出现。当冷锋移到高原中部,如果冷空气继续由青海经西藏东北部向雅鲁藏布江流域侵袭,这种东北回流的冷空气可使高原在锋后出现连续性的范围大、

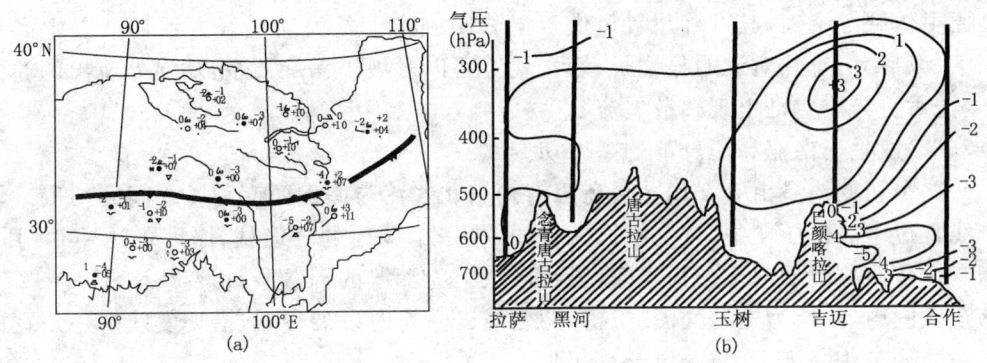

图 6-2-1 1970 年 6 月 18 日 08 时高原静止锋
(a)地面图 (b)变温垂直剖图

雨强大的降水区。在静止锋上,冷空气一侧多阴雨天气,暖空气一侧常为多云,间或有阵雨。

高原上的锋面多表现为相对的稳定层或等温层,很少有逆温现象,露点曲线与层结曲线平行。有时暖锋的逆温反而很清楚。

进入高原的冷锋,500 hPa 图上都有明显的锋区和冷槽配合,槽后有明显的冷平流。而在高原上的暖锋,其锋区往往在 400～300 hPa 表现最明显。

在高原主体北部边缘上,由于地形的巨大落差,午后到傍晚局地锋生和高原热低压相结合产生的锋面气旋,表现在近地面层等温线密集。所以,在 600 hPa 图上,锋区特征有明显反映,锋前后的切变明显。若外来高空锋区与其结合,可以发展成对流层锋,且气旋引起的雨(雪)区也将扩大。这类气旋波,垂直尺度较小,温压场结构较弱,是一种介于天气尺度和次天气尺度之间的系统。

6.2.2 高原 500 hPa 切变线的分析

6.2.2.1 高原切变线性质的分析

高原切变线主要出现在春夏两季,是高原降水系统之一。高原切变线平均位于 32.5°N,大体呈 WSW—ENE 走向,横贯整个高原。从 500 hPa 温压场的配置可将高原切变线分为冷性切变、暖性切变及冷转暖性切变三类。以切变线活动时行星尺度环流背景的不同,高原切变线有如下特征:

(1)发生于西风带的切变线

这类切变线位于西风急流南面的强风带下,多出现于春季。垂直风切变也较强。初期都是冷性的,有明显的锋区结构,即使转变为暖性切变之后,400 hPa 上仍有明显的斜压性。这类切变线的东部多与西风槽相连,所以分析其性质并不困难,但由于高原主体缺乏资料，其准确位置可借卫星云图确定。这类切变线云系初期以中高云为主，以后，由于热对流明显增长，切变线上可以发展出涡旋云系，从向外流出的卷云砧看，对流云上空已出现辐散气流。

(2) 发生于南亚高压脊下的高原切变线

这类切变线是由 500 hPa 暖高压南侧东北气流与南侧西南季风之间的切变。切变线常位于热低压槽中，其上空风速很弱，是一个深厚的暖气柱，厚度可达 200 hPa。切变线所及高度层内是一辐合区，辐合区之上为深厚的辐散层，切变线南北 5～10 个纬距范围内，整层为上升气流。这种切变线云系有时发展很强，沿切变线有一条宽而稠密的云带，并且云系与季风云系相联。

6.2.2.2 切变线形成过程的分析

高原 500 hPa 切变线多发生在西风带，其形成过程和江淮切变线相似，多是 500 hPa 一个个西风槽顺转而成的。高原北侧东风气流的发生是形成切变线的关键。西风槽转成横切变，多是西风存在着较大的经向水平切变的缘故。而高原对西风的强迫、绕流、摩擦等，使高原北部西风风速向北加大，形成较强的水平切变。所以，春、夏高原 500 hPa 切变线很多。

6.2.3 高原低涡分析

由于高原的热力和动力作用，在高原主体及其四周边界层常有低涡活动。这种低涡气旋性环流要比气压场的扰动清楚，这就是称为"低涡"的原因。

在高原四周，低涡主要出现在 850～700 hPa 之间，如西南涡和西北涡等，在高原主体上主要是 500 hPa 低涡。这里主要介绍西南涡和 500 hPa 低涡的分析方法。

6.2.3.1 西南涡的分析

西南涡一般指形成于四川西部地区的 700（或 850）hPa 上具有气旋性环流的闭合小低压，其水平尺度在 300～400 km，西南涡分析中最困难的在于其源地靠近高原主体，许多涡旋的西半部海拔高度超过 3000 m，因而很难判定是否有闭合的涡旋出现。使用卫星云图会对西南涡的生成分析有很大的帮助。因为西南涡生成时，在红外云图上都有明显的低涡云系出现，甚至云图上的涡旋比天气图上的低涡更早出现。此外，西南涡形成前，常常有云团或云系在青藏高原和四川盆地一带聚集，称为低涡的"胚胎"，然后才发展成云涡，因此，连续分析涡源的云系变化，能够对低涡的发生分析有帮助。在西南涡形成后，地面图上常有低云和降雨区出现。根据以上特征和 700(850) hPa 上环流能够对西南涡的发生作出较正确的判断。

6.2.3.2 高原 500 hPa 低涡的分析

高原上空一年四季都有低涡活动。从热力性质上低涡可分冷涡和暖涡两类。冷涡多是西风槽切断形成,冬春两季出现较多,暖涡主要是在夏季高原加热作用和西南季风的影响下形成,其结构类似于热带低压或副热带气旋。由于高原上空缺乏资料,而低涡的水平尺度又较小,所以卫星云图的应用在高原低涡分析中占着重要的地位。一般只要卫星云图上有云涡发现,不管在 500 hPa 图上能不能分析出闭合低压中心,都要算作一次高原低涡活动,因为这类云涡东移都能在我国东部引起一次降水或雷暴。

(1) 冷涡的分析

高原冷涡在 500 hPa 图上多有冷中心位于涡心的西北部,或者与冷涡配合的是一窄长的冷槽,在涡旋的四周有一条云带呈明显的气旋性旋转,涡心是无云区,云带的云系白亮,以中、高云为主,云带边缘看不到明显的卷云线,说明高空向外的辐散流很弱。

(2) 暖涡的分析

高原暖涡的水平尺度 400~500 km,暖中心偏于低涡的西南方,低涡北边有明显锋区。气压场和流场扰动限于 400 hPa 以下,而温度场的暖中心却可达 300 hPa 以上。暖涡在发展过程中,低层渐渐变冷,高空仍为暖性,这和一些热带扰动相似。有的低涡甚至与发展初期的热带气旋结构相似,其暖心达 200 hPa 以上,并且有下凹的等 θ_{se} 面与涡心相配合(见图例 19)*。

高原暖涡一般位于切变线上,初期常出现在切变线的西端。低涡附近是一个高湿区,特别是充分发展的低涡涡心附近有一湿中心与之配合,低涡降水主要集中在中心附近 400 km 范围内。

暖涡的涡旋云系明显,在低涡中心有很多对流云团,而在外围是一些螺旋云带,在春季主要位于北侧,在夏季螺旋云带主要从南面卷入低涡中心,说明西南季风的作用。由这些积雨云团和云带产生强烈的向外辐散的流出气流,说明潜热的对流输送对这种低涡的产生和维持起着十分重要的作用。春季的辐散气流主要是向东和东北方向,这是环境西风的影响。盛夏则主要是向西南方向流出的,这时,低涡是处于热带高空东风气流中,其发生发展类似于热带海洋的热低压,在涡心甚至可计算出类似台风眼中的下沉气流(见图例 19)*。

对于高原暖涡主要从以下两方面诊断其发展:

1) 周围流场对高原低涡发生发展的影响

高原低涡的生成发展和西风带系统关系密切。当高原上游 60°E 以东有长波槽,高原北侧刚好在长波脊控制下,常有小高压在高原北部活动,高原中部为切变线。当长波槽前分裂出小冷槽滑过高原北侧并向南压时,会激发出东—西向的对流云带,在

---

* 乔全明,阮旭春主编,《中国主要天气过程图例》,p106~117,1990.北京:气象出版社。

对流云带中发展出一个个螺旋状云系,成为高原涡的胚胎。冷空气侵入高原是产生高原低涡的激发条件。印度季风槽为高原低涡的发展提供了水汽来源。

2)用卫星云图诊断高原低涡的发生发展

在卫星云图上看,高原低涡有三种形成过程:

a. 当西风槽云系的尾部与印度、孟加拉湾低压北上的云系连接后,在西风槽尾部生成低涡。

b. 当西风槽云系转成东—西向后,如遇西南气流加强,云团北上形成涡旋状云系,这就是所谓的"切尾涡"的形成过程。

c. 印度、孟加拉湾低压的涡旋云系北上扩展到高原上空,在高原上另外形成螺旋云系。

大多数暖涡都在高原上消失,极少能东移影响到我国东部平原上空。然而一旦移出,总能引起我国东部大范围降水、雷暴等恶劣天气发生。因此,高原暖涡能否移出高原是人们甚为关心的一个问题。暖涡只要变为冷涡(或斜压涡)才能移出,所以暖涡在移出前必须转变成斜压涡或冷涡。转变的条件是西风带斜压系统的移近和冷空气的侵入。

除满足以上条件外,低涡是否移出还受背景场的制约。位于高空西风带的低涡,在高空锋区(急流)进入高原主体,且东部大槽远离高原,槽后主要冷平流区在120°E以东,低涡西部高原主体上冷槽达到300 hPa以上时,低涡才能移出高原。位于对流层上层高压脊及其南部的低涡,类似于副热带气旋。当500 hPa低涡南端低空强西南风绕过高原达到低涡所在纬度以北,并在我国形成强降水带时,这时低涡才有可能向东移出高原。

高原低涡东移受高空平均气流的操纵。从平均情况看,300~200 hPa气流的方向与低涡移向的偏差在±10°之内,其中300 hPa层的风向与低涡的移向几乎一致。低涡的移速,用300~100 hPa风速时,其引导系数为0.5~1.0之间。

6.2.4 高原高空槽分析

青藏高原是一个扰动源,一年四季都有西风槽活动。强烈的高空槽可以带来高原寒潮和暴风雪天气。青藏槽不管是否东移,对我国东部天气都有很大的影响。由于青藏槽多是短波槽,生、消移动迅速,有时高空图上尚未发现,而云系已达长江中、下游。因此准确的分析对我国东部天气预报具有重大意义。

在500 hPa图上确定青藏槽的存在和位置,除了参考高原四周的记录及其进入高原前后的历史演变以外,利用青藏高原上地面观测的ΔP_{24}和云系天气演变,是一个重要的方法。利用卫星云图分析高原高空槽具有更重要的意义。

冬半年,活动于高原的短波槽云系和西北槽类似,主要由高云组成,表现为一个卷云盾,加深的高空槽的盾状云系范围很大,云区很稠密,这种槽移出高原后可以引起江淮气旋的发展。

夏季,短波高空槽是高原上常见的降水系统。在槽的南端云带加宽,具有多层云结构,其中包含许多明亮的对流云团。

移过高原的大槽,浓密的云带伸展可达几千千米,这种高空大槽移过高原后会在我国造成大范围寒潮天气。

第 7 章 中尺度天气分析

大气运动在空间和时间上都具有很宽的尺度谱。目前,对大、中、小尺度的界线判定,意见很不一致。当前普遍采用的沃伦斯基(Orlanski,1975)提出的中尺度标准:α 中尺度,水平尺度为 250~2500 km 的扰动;β 中尺度,水平尺度为 25~250 km 的扰动;γ 中尺度,水平尺度为 2.5~25 km 的扰动。

由于中尺度系统有许多不同于大尺度系统的特点,故有些中尺度分析方法也与大尺度分析不一样。自 20 世纪 50 年代以来,经过藤田哲也(T. Fujita)等的总结,已经形成了一套中尺度天气分析方法。近些年来,我国在暴雨天气研究中,也提出一些可行的中尺度天气分析方法。但总的来说,中尺度天气分析方法尚不够成熟。下面介绍的是常用的一些分析方法。

7.1 中尺度分析方法

由于中尺度系统在时间、空间上的特点,依靠常规的气象观测手段和天气观测网,难以满足中尺度分析的需要,必须组织专门的观测网,并使用一些专门的观测手段。观测网覆盖面积,一般要求为 500~700 km^2,才能观测到中尺度系统的发展演变全过程;测站之间的距离最好为 10~30 km;观测时间间隔一般为 1 h。

仅仅增加测站密度,还不能满足中尺度分析的需要,因为这些资料中还包含了大、中、小尺度系统在内,必须将大尺度扰动的影响滤掉。第 2 章介绍的高通滤波和带通滤波方法就可应用于中尺度诊断分析。

由于中尺度系统引起的气象要素变量(扰动量)比大尺度系统变量往往要小得多,为此,用于中尺度分析的资料比用于大尺度分析的资料精度要高,必须对一般气象观测的要素值作一定的处理。

7.1.1 中尺度资料的订正方法

7.1.1.1 气压的订正

在作中尺度分析时,需要利用许多测站的气压记录,而这些测站往往因测定的海拔高度不准或其他原因,使海平面气压有较大的误差。这种误差大小常可与中尺度扰动的大小相当。另外,通常使用的气压订正方法也会引起海平面气压相对于原始的本站气压自记曲线的变形。由于这些原因,须另行设计海平面气压的订正方法。现在常用的订正方法按如下步骤进行:

(1)绘制 24 h 平均海平面气压场图。选用测站海拔高度准确、仪器质量较高的测站,用通常的方法订正出其海平面气压值,并作 24 h 平均。同时求出这些站的 24 h 风矢平均,然后填在图上,参照地转风关系分析 24 h 海平面平均气压场图。

(2)用内插法反读各站的 24 h 平均海平面气压 $\bar{p}_0$。

(3)求取测站本站气压的 24 h 平均值。方法是在各站的气压自记曲线上画一直线,使 24 h 气压自记曲线与直线截成的上、下两部分面积正好相等,这条直线上的气压值就代表了本站气压的 24 h 平均值 $\bar{p}$。

(4)在自记曲线上读取各时刻测站的本站气压 p 与 $\bar{p}$ 的差值 $\Delta p = p - \bar{p}$(图 7-1-1)。

(5)用 $p_0 = \bar{p}_0 + \Delta p$,求算各站各时的海平面气压 p_0。求算时,可在自记纸上将 $\bar{p}$ 值换成 $\bar{p}_0$,在自记纸上直接读取。如图 7-1-1 上,某站 19 时 $\bar{p} = 978$ hPa,$\bar{p}_0 = 998$ hPa,$\Delta p = -8$ hPa,$p_0 = \bar{p}_0 + \Delta p = 998 - 8 = 990$ hPa。

用这种方法求得的测站海平面气压,不仅会消除气压曲线的变形,使中尺度气压系统不受歪曲,同时也可以订正一些由于测站高度误差等原因引起的海平面气压的误差。

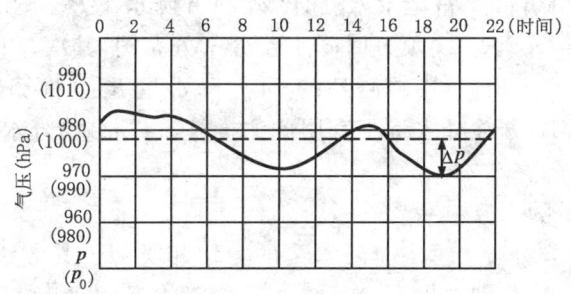

图 7-1-1 气压自记上读取海平面气压的方法

7.1.1.2 气温的订正

由于测站海拔高度不同,地面气温的相互比较性差,有时就要把地面气温订正到海平面上。

常用的订正方法是:首先根据历史资料,求出平均温度随高度、纬度变化的关系,画出一张以纬度为横坐标,高度为纵坐标的温度随高度和纬度的分布图。如图 7-1-2,就是根据美国中西部温度资料作出的平均温度随高度和纬度变化图。其次,算出各测站本站气温的 24 h 平均值($\bar{T}$),再从图上查算出测站的平均海平面气温

($\overline{T}_0$)。用本站气温 T 与 $\overline{T}$ 求各时的 $\Delta T = T - \overline{T}$,则每一时刻测站的海平面气温 $T_0 = \overline{T}_0 + \Delta T$。

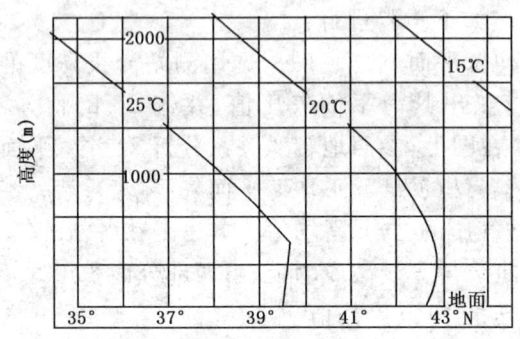

图 7-1-2　平均温度随纬度和高度分布

7.1.1.3　降水资料的订正

降水资料除气象台的正规观测记录外,还有水文站的观测记录,故较其他要素要密集得多。但由于记录的时段很不一致,而在作中尺度分析时,需要分析 1 h 降水量图,有时还要分析系统降水量图,因此,要设法作间接推算。下面是常用的推算方法。

(1)每小时降水量的推算法

首先根据实测 1 h 降水量记录 R_1 和该站 24 h 降水量 R_{24},求取各时降水占 24 h 降水的百分率 $r(r = R_1/R_{24})$,填各时降水百分率分布图,其次,用该图内插求出缺测站各时的降水百分率。最后,用缺测站的 24 h 降水量 R_{24},推算出每小时的降水量 $R_1 = R_{24} \cdot r$。对于 10 分钟降水量不宜用此法推算,否则会给降水量分布带来较大的误差。

(2)系统降水量的求算

系统降水量的求法与求每小时降水量的方法相类似。其方法是,根据有降水起迄时间的测站的记录,分别求出某一系统造成的降水量并进而求出系统降水量与过程降水量的比率,用内插法求得缺测站的比率,反推该站系统降水量。

7.1.2　时空转换方法

在进行中尺度分析时,有时感到测站过稀,难以反映出中尺度的一些重要特征。在这种情况下,可设法通过某一测站的连续观测记录转换成空间分布,以弥补记录的不足。通常把这种方法称为时空转换,其原理是:假定在短时间内系统的个别变化不大,即:

$$\frac{\delta F}{\delta t} = \frac{\partial F}{\partial t} + \vec{C} \cdot \nabla F \approx 0 \tag{7-1-1}$$

得(差分形式):

$$\frac{\Delta F_t}{\Delta t} = -C\frac{\Delta F_n}{\Delta n} \tag{7-1-2}$$

式中 F 是中尺度系统任意特征量,C 是系统的移速,由于已假定系统强度不随时间变化,所以,在 $\Delta F_t = \Delta F_n$ 时,上式可进一步改写为:

$$\Delta n = -C\Delta t \tag{7-1-3}$$

利用(7-1-3)式可将时间加密观测资料,转换到距测点 Δn 的空间位置上。当然进行这种转换的前提是事前已求得系统的移速 C。

例如有一自西北向东南移动的中尺度低压,时速为 20 km,经过测站 A 前后测得 6、7、8、9、10 时的气压记录分别为 994.5、993.5、992.5、993.6、994.6 hPa。则在 08 时中尺度气压场图上,求得如图 7-1-3 所示的空间气压分布。其具体步骤方法是:

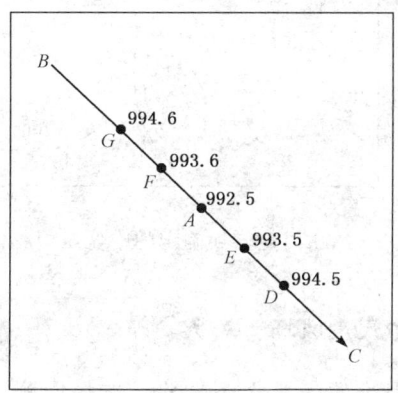

图 7-1-3 时空转换的 08 时空间气压场

1)根据以往分析,确定系统移速 C。

2)根据(7-1-3)式,用测站 A 的记录之间的时间差,求取一个时间差(例中为 1 h)所代表的空间距离 Δn(例中为 20 km)。

3)在所要分析时次的天气图上,通过测站 A 作系统移向的矢线 $\overrightarrow{BC}$。

4)在 $\overrightarrow{BC}$ 上以 Δn 为单位,作格点 G、F、A、E、D。

5)将 08 时的观测记录填入 A 点上,将与分析图次(例中为 08 时)时间差在 $-2\Delta t$,$-1\Delta t$,$1\Delta t$,$2\Delta t$ …的记录分别填入 $2\Delta n$,$1\Delta n$,$-1\Delta n$,$-2\Delta n$ 的位置上,即 6,7,9,10 时的记录填入 D,E,F,G 的位置上。进行时空转换时要特别注意,第一,由于 Δt 与 Δn 符号相反,观测时间在前的,要插向系统移去方向;第二,进行转换的时间不可无限地延长,以小于中尺度本身的生命尺度为宜。

有时根据中尺度系统的演变时间规律,也可直接转换成空间分布,例如某中低压中心的移速为 30 km/h,14 时在 A 站,15 时在 B 站。在 16 时图上,可按时空转换,将中低压中心定在 B、C 两站之间(图 7-1-4)。此时,因中低压范围小,中心附近梯度大,可能 C 站尚无反映,而 B 站低压中心已过,气压已升高。如不按时空转换来分析,16 时图上很可能将中尺度低压漏掉。

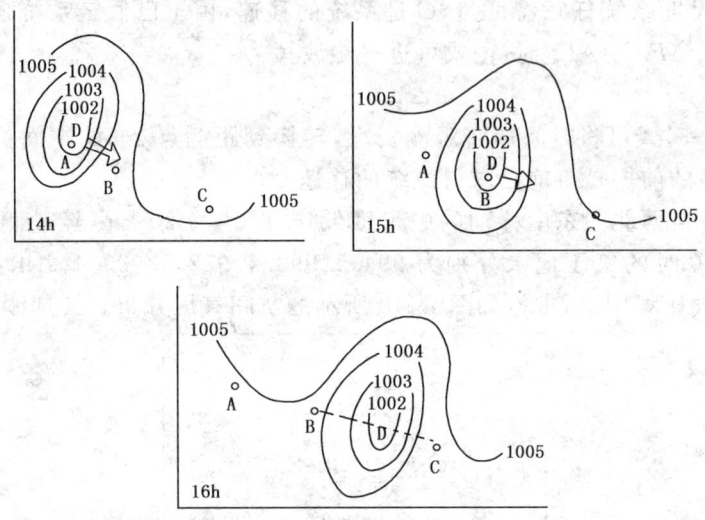

图 7-1-4 由时空转换确定的中低压中心位置

7.1.3 从卫星云图推算中尺度风场

在中尺度分析中,最困难的问题之一是缺乏空中探测资料。近些年来,随着静止气象卫星的广泛应用,美国、欧洲以及日本等国先后开展了静止卫星测定云风(云导风或云迹风)的研究,有的已投入业务使用。如日本由"CWES"(即云风计算系统)测得的云风,每日向世界各地播送两次(00Z、12Z)。美国也已公开播送热带区域(15°S～15°N)的云风。

云风资料是对无线电测风网资料的补充,也是解决中尺度分析测风资料不足的途径之一。下面介绍云风测定的基本方法。云风的测定,是用静止卫星连续跟踪云的移动,从而推算出云所在高度上的风。为此,必须解决云的跟踪和云高的估算问题。

7.1.3.1 云的跟踪方法

目前,有两种方法:第一种是单个像素法。即用每一张云图中云块的最亮点或其他可以鉴别的特征来定位。正常情况下,对地静止卫星的观测间隔时间为 30 min,所选定的云块特征必须存在 1 h 以上,才能连续观测到被跟踪云的移动路径。为了获得更多的中尺度风的资料,卫星观测时间应更短些才好,使其观测的时间尺度与测定的中尺度风场的观测所需的空间尺度一致。第二种方法,称为相关方法。即把两张连续时间的云图相重叠,与初始时间选定的一个小面积范围的亮度资料分别求相关系数,其中相关系数最大处,就定为这个面积的中心位置。现行业务使用中,一次可选 200~250 个点,然后用计算机得出云风来。

7.1.3.2 云高的确定

知道了云的移动速度,可以计算出云风,但不知道云风所处的高度,还要对云的高度作出判断。由于云区常伴有垂直运动,往往云的移动并不一定与同高度上环境空气的运动一致。在热带地区用统计方法,找出最佳拟合高度,还是比较好用的。但在中纬度,由于云系变化很大,用这种方法就不适用了。现在,通常是推算云中温度,找出气压与温度的对应关系,求出云的高度。用这种方法估算出的云高,其误差较大,可达 50~100 hPa。所以,对于卷云测得的风,有的就认定为气候对流层顶高度上的风,低云测得的风,则可放在对流层下层的任一高度上(日本测得的低云风固定在 850 hPa 层上)。由于卫星分辨率的限制,几乎得不到中云的卫星云风。

目前,在不可能建立适合中尺度分析的稠密测风网的情况下,用卫星得到的风的资料进行中尺度分析,无疑比内插要进了一步。随着卫星探测方法的不断改进,卫星测风方法必将越来越完善。

7.1.4 地面中尺度天气图的绘制

在地面中尺度天气图上,一般的分析项目有:气压(或风场)、温度、湿度、天气现象、云和降水量等。这些要素可以用不同颜色的线条分析在一张图上,也可单独进行分析。中尺度天气图的分析,要注意以下三点:

第一,保持每小时(演变快的系统要 10 min 或 30 min)分析一张图,图上天气系统要有与中尺度系统特征相符合的合理连续性;

第二,要有与中尺度系统特征吻合的空间结构;

第三,纯粹的局地现象可以平滑掉。

7.1.4.1 气压场的分析

分析每小时海平面气压场,可以揭示中尺度气压系统的活动。一般每隔 1 hPa 或 0.5 hPa 分析一条等压线。由于中尺度气压场比较弱,而海平面气压订正常常会有一些误差,在分析等压线时,要特别注意从整个气压系统的时空分布特征来判断气压记录的正误,对于明显偏高、偏低的某些气压值要仔细核对,并结合其他要素特征予以慎重处理。

一般情况下,在中尺度图上都是经过订正的海平面气压场,但是由于中尺度气压系统变化只有 1~3 hPa,但海平面气压值往往包含着各种不同尺度的气压扰动。因此,为了清楚地反映中尺度气压系统,最好分析中尺度气压扰动场。中尺度气压扰动量的求法除前面提到的直接从气压自记曲线上求得外,在缺乏气压自记和进行大范围诊断计算时还可采用带通滤波的方法(见第2章)。

7.1.4.2 风场的分析

一般是根据各站实际风分析流线。要注意风场的辐合点和辐合线的位置,因为强对流天气常发生在那里。中尺度图上风的记录通常也不是经过分离处理的,而是各种尺度的扰动叠加一起的。为了便于清楚地反映中尺度风场,可作风场分离处理。

7.1.4.3 温度场和湿度场的分析

地面温度场分析可以揭示出高温舌或局地迅速增温区。这种地区如果与高湿区或风场辐合区相配合,很可能是对流天气的爆发区。但是每小时的等温线,看起来都很相似,不易清楚地揭示出温度场的演变。因而还可以分析逐时或 3 h 变温分布。

湿度场的分析在中尺度图上占有很重要的地位。通过湿度场的分析,可以了解水汽是怎样被迅速地带到发展系统中来的,可以确定湿舌的位置及其演变和水汽的集聚区。常分析的有等露点线或等比湿线。

在中尺度图上,一般间隔 2 ℃画一条等温线或等露点线。变温线、变露点线、等比湿线可视情况而定,应以能清楚揭示其演变和特征为准则。

7.1.4.4 云的分析

在中尺度图上可以分析云的分布。一般可以用不同的颜色分别标出高、中、低云,还单独标出对流云区。另外也可画等云量线,一般常画的是少云区(0~3 成),多云区(8~10 成)两条线。借助这种分析,可以研究云系的演变规律及其与天气系统的关系。对航空天气分析和预报来说,这种方法更为必要。

7.1.4.5 降水的分析

主要是分析降水量图。首先是绘制过程降水量图或系统降水量图,有条件时还可以分析 1 h 降水量图,在 1 h 降水量图上大于 5 mm 或 10 mm 的雨区称为雨团,所以,连续追踪其演变情况,可以成为研究分析暴雨的主要方法。图 7-1-5 是连续四次的每小时雨量图。从图中可以清楚地看到雨团的活动。

为了分析、预报和研究的需要,有时还要分析每 10~20 min 的雨量图,日雨量以及暴雨的总量图等。

前面讲的这些分析项目,不可能都分析到一张地面中尺度综合图上,有些项目要单独填图进行分析,如降水量等。

7.1.5 中尺度辅助图的分析

在中尺度分析中,还要根据不同需要,作一些辅助图。下面介绍几种常用的辅助图的分析方法。

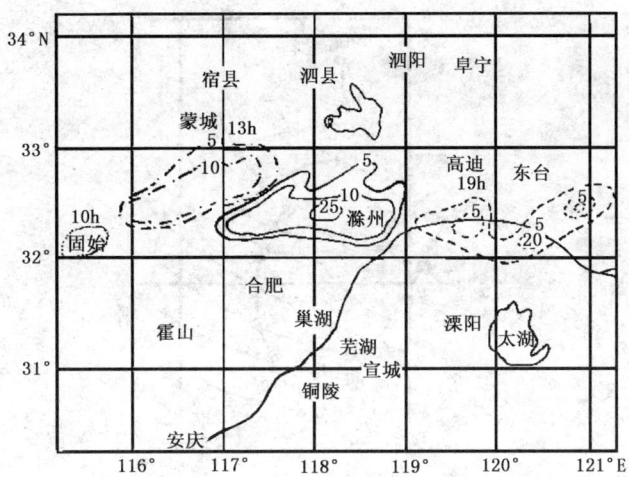

图 7-1-5　1981 年 6 月 25 日雨团活动
图中点线为 9—10 时雨量线，点划线为 12—13 时雨量线，
实线为 15—16 时雨量线，虚线为 18—19 时雨量线

7.1.5.1　等时线图和中尺度系统动态图

等时线图是一种能表现各种天气现象随时间演变规律的图。例如雷暴的起止时刻、飑线的过境时间等等都可用等时线图来研究其活动规律。有时也可以绘制气温骤降、风向急转、气压陡升的等时线，以了解雷暴等天气演变的细节。图 7-1-6 是一次冰雹、大风的等时线图。由图可以清楚地看出由于两条飑线活动，造成冰雹、大风天气。它们由西北向东南移动，在每条飑线上，排列有 1~3 个雷暴中心，在几小时以后，两条飑线逐渐靠近，最后连结成一条比原来长的飑线。

中尺度系统动态图能表示中尺度系统在不同时刻的位置、范围、强度等连续演变情况，通过这种图可以了解中尺度系统的活动规律。这种图形式多样，可根据需要选取不同的内容和表示方式。例如图 7-1-7 是一个中尺度系统的连续演变图，图中既表示中尺度系统的范围的变化，又表示了中尺度系统的活动路径。图 7-1-6 也是一种描述飑线的动态图，只是用了不同的表示方法。

7.1.5.2　时空演变图

时空演变图把某要素随时间和空间的变化情况画在同一张图上，以揭示一些要素或中尺度系统的活动情况。如图 7-1-8 就是一种雨量时空演变图。其中有 A、B、C、D 四个站的每小时雨量分布，并按高空盛行气流(700 hPa 或 500 hPa)将四站顺序排列(A 站在上风方，D 站在下风方)。从图中不仅能看出四个站的雨量分布，还能看出中尺度降水系统的活动情况。

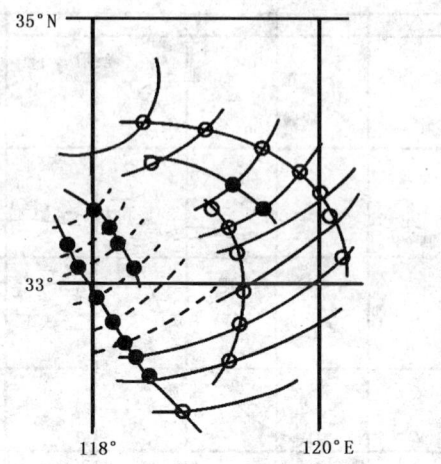

图 7-1-6　1964 年 6 月 13 日的一次飑线活动
图中实、虚线为雷暴开始时间等时线，空心圆为各时雷暴中心位置，
实心圆为有冰雹或大风的雷暴中心，各中心均自北向南移动。

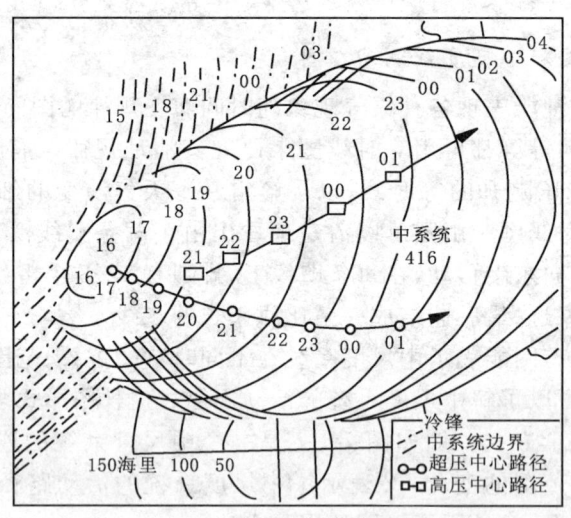

图 7-1-7　一次中尺度系统的动态图

---

* 1 海里＝1.852 km

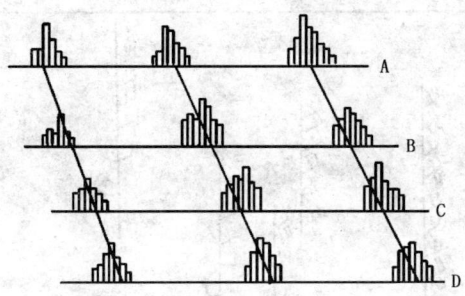

图 7-1-8　每小时降水量时空演变图

另外,作中尺度分析时,还经常画一种气压扰动时空演变图。从图中可以看出中尺度系统的演变情况,如图 7-1-9 是 1962 年 6 月 8 日苏北一次飑线过程的气压扰动的时空演变图。从图上看到,飑线自北向南,从低压中心向外传播的情况。

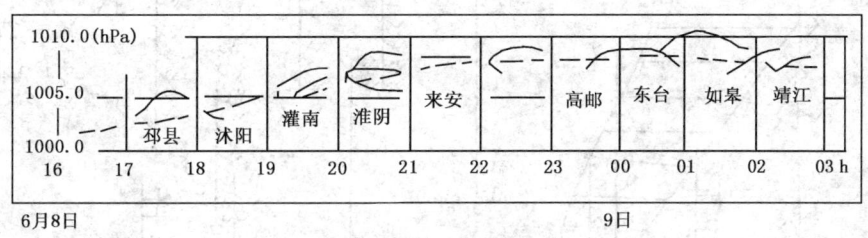

图 7-1-9　一次飑线过程中气压扰动时空演变图
图中虚线为未受扰动气压,实线为扰动气压

7.1.5.3　风柱图

风柱图是集高空与地面资料于一体的一张要素空间分布图。它能清楚地反映出低层风场的辐合及冷空气的活动,是夏季中尺度暴雨分析预报的一种有用工具,风柱图填写与分析方法是:

(1)选取适当的范围,其大小由短期内周围中尺度系统可能影响的范围确定,将各站地面和高空风资料逐次填在图上,成一个个立体风柱(图 7-1-10),并在相应的高度上填上温度、湿度参数、稳定度指数和天气现象等(图中未标出)。

(2)为了使风场特征更醒目,根据不同气流对当地天气的不同影响,将填入的风向按"东北、东南、西南、西北"划分为四个象限,并以不同的颜色标绘这四个象限。

(3)依据风柱上温度的分布画出冷空气堆,业务分析用蓝色涂满(图 7-1-10 中斜线区)。这样可看出冷空气的活动范围、厚度及其在雷暴雨区生成中的作用。

(4)把雷暴雨区标出,并从风柱图上分析与其发生、发展有关的各种特征值,如深厚辐合区、强的垂直切变,不稳定区及水汽的输送等。

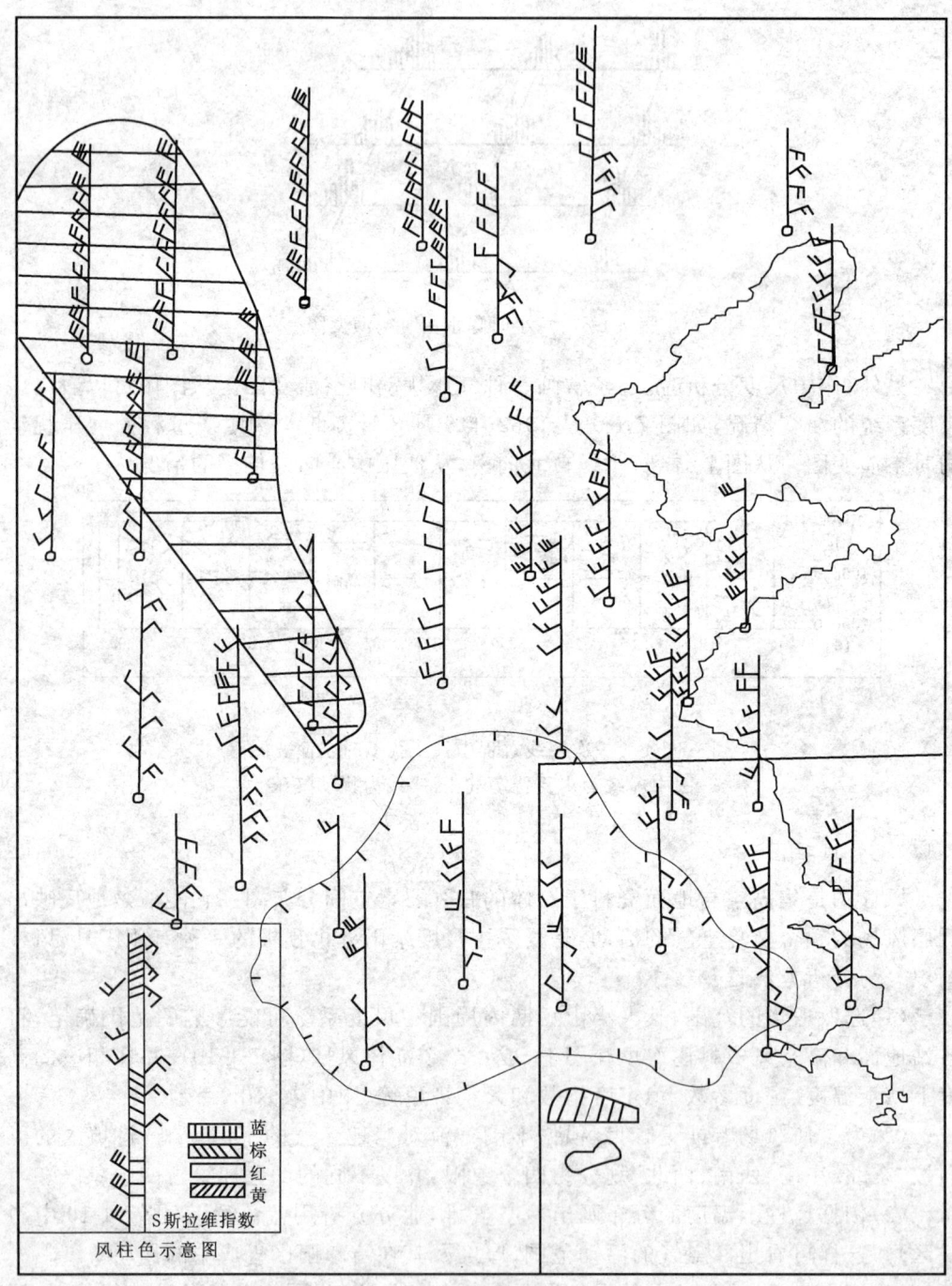

图 7-1-10 风柱示意图(1963 年 8 月中)

7.1.5.4 雷达回波图

雷达探测为中尺度分析提供了极为丰富的资料。连续的雷达探测为了解中尺度系统的活动提供了连续的图像,是监视中尺度暴雨活动的重要手段。为表现雷达回波的连续变化,常常绘制雷达回波时间演变图。如图 7-1-11 就是一张雷达回波时间演变图。该图是 1977 年 6 月 25 日甘肃平凉雷达观测的一块多单体雹云的连续回波图。从图中一方面能看到多单体雹云的移动路径,同时也能看出单体合并的发展过程。

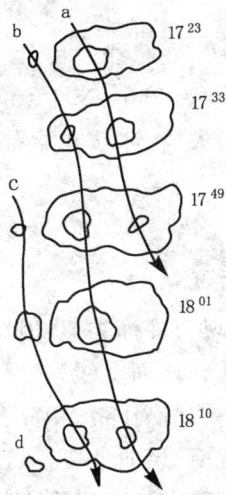

图 7-1-11 1977 年 6 月 25 日甘肃平凉雷达回波时间演变图

目前我国很多地区的雷达测站已能完全衔接并覆盖全区,在规定的季节组织连续播发雷达回波图像。这就为掌握中尺度雷暴雨的活动提供了良好条件。

7.1.5.5 θ_{se} 和 E_p 图

θ_{se} 和湿静力能 $E_p = gz + c_p T + Lq$,都是表示温度和湿度的参量,分析其垂直分布能了解大气的稳定度。在地面或等压面图上分析等 θ_{se} 或等 E_p 线,有助于确定能量锋的位置。地面图上,等 θ_{se} 线或等 E_p 线的相对密集带,称为能量锋区,飑线或中尺度暴雨多发生在能量锋附近,且偏于暖湿舌一侧。当高能舌呈"Ω"形成"锢囚"形时,容易出现强对流或暴雨。为了分析大气稳定度和温湿的垂直分布,通常绘制 850 hPa、700 hPa 和 500 hPa 等压面上的等 θ_{se}(E_p)线及 $\theta_{se700} - \theta_{se850}$ 或 $E_{p700} - E_{p850}$ 分布图。强对流天气常出现在高温、高湿的对流不稳定区或其下风方向。另外,借助 θ_{se} 或 E_p 的分析,有利于确定雷暴外流边界等一些中尺度边界线的位置。这些界线对启动对流天气的发生有重要作用。

7.2 飑线的分析

综合运用各种中尺度图表,包括卫星云图、雷达资料,确定中尺度系统的性质、结构及其发展演变,进而推断短时天气变化,是中尺度分析的主要任务。目前已经发现的中尺度系统很多,如雷暴高压、超级单体、飑线、中尺度对流复合体、龙卷等,但多数系统还只能在中尺度试验中去研究。在日常业务分析的地面中尺度图上最常见的中尺度系统是雷暴高压和中尺度低压,而飑线是由几个最强的对流系统排列起来的雷暴高压带的前阵。飑线的水平尺度为 150~300 km,时间尺度 4~18 h,属 β 中尺度天气系统,它可以带来雷暴、暴雨、大风、冰雹和龙卷等恶劣天气。

7.2.1 飑线位置的分析

7.2.1.1 在中尺度地面图上分析飑线

飑线在中尺度地面图上的表现与冷锋类似,但比冷锋强烈得多,主要表现为:

(1)气压场和流场:飑锋(飑线与地面交线)位于中尺度低压槽中,飑线后部是由一至数个中尺度雷暴高压组成的雷暴高压带,相应有较大的正三小时变压中心,正变压值可达 4~5 hPa 以上。飑线过境,风向急变,风速突然加大,最大可达 8 级以上。

(2)天气:飑锋多与强雷暴相伴,并夹有骤雨,有时还有冰雹。

(3)温、湿场:飑锋后面是从强雷暴云中下降的气流,因此,飑锋过境时,气温和湿度急降,温度和露点都可在短时间内下降 10℃ 以上。所以,飑锋前后温湿梯度都很大。在 E_p 场上,飑线是一个高能系统,飑线与能量锋相对应,强飑线(多是两条飑线合并加强的)多有锢囚高能舌出现。

单站的温、压、湿自记曲线对飑线的反应最敏感,在飑锋过境时气压涌升,气温和湿度骤降、风速突然增大现象有助于确定飑锋的位置和强度。

在天气图上飑锋与冷锋不容易辨别,实践中主要从以下两个方面考虑:

(1)对流层锋区与地面锋(飑)线的关系:飑锋在地面图上虽然有很强的温湿梯度,但并没有深厚的对流层锋区结构。飑线常发生在锋前的暖区,也可以发生在冷锋后比较均匀的冷气团中,但都远离 850 hPa 锋区,而冷锋却位于 850 hPa 锋区的暖侧边界。

(2)系统的尺度。飑线是 β 中尺度,其水平长度一般不超过 300 km,特别飑锋后部的高压带的横切方向的尺度不过数十千米,这和冷锋及锋后冷高压的尺度是不可比拟的。

7.2.1.2 利用雷达回波分析飑线

飑线在雷达图像中表现为许多雷暴单体(也称超级单体)排列成线状回波,每个单体可以独立存在,也可以连成一个回波带。两条合并的飑线多呈"人"字形。在高显图上飑线的高程可达 16 km,比一般雷暴要强大得多。

7.2.1.3 利用卫星资料分析飑线

在卫星云图上飑线是一条由积雨云群组成的强对流线,常表现为一条明亮的云带或云线,边缘光滑,有的还呈卵形。如果飑线云系头部大,尾部愈来愈变细,这种飑线天气最强烈。发生在冷锋前的飑线云带一般与冷锋云带之间有一宽约 50～100 km 的晴空区,飑线可表现为积雨云团,有时也表现为一条狭窄弧状细线,色调白亮,与冷锋平行(图 7-2-1)。有时还表现为大面积卷云覆盖的雷暴区,冷锋云带不明显。还有一种飑线位于冷锋云带的前缘,在红外云图上色调很白,云顶很高,后边缘是冷锋位置。发生在冷锋后的飑线,表现为破碎的螺旋云带,位于云涡的后方。

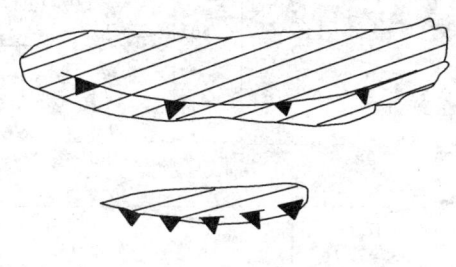

图 7-2-1　锋面飑线

7.2.2　飑线发生的分析

飑线发生的诊断比较困难,一般从两个方面判断出现的可能性。

7.2.2.1　飑线产生的大尺度天气背景

飑线常发生在以下几种天气形势下:

(1)高空槽后。飑线生成位置上空为西北气流,在西北气流中常有中尺度或中间尺度的短波槽或切变线并配合有冷温中心,冷平流很强。在高空槽后西北气流的下方 850 hPa 图上为槽前西南或偏南气流区,且为一暖舌或湿舌。有时 850 hPa 也处于槽后,但仍有明显的自西南向北或东北方向伸展的暖舌或湿舌。当上空强冷平流迭置在低空暖平流或湿舌上空时,可形成明显的对流性不稳定层结,地面形势的主要特点是有冷锋南下,飑线就发生在冷锋前、露点锋附近。图 7-2-2 就是在这种形势下,发生在华北的飑线。

(2)高空槽前。这类飑线产生在加深着的高空槽前。槽前是暖平流,槽后是冷平流,有时冷平流能扩展到槽前。850 hPa 上多为一发展的低涡或切变线。在低涡系统的东南有低空急流存在。飑线经常出现在低空急流发展最盛的时候。伴随低空急流的发展,有暖脊或暖平流以及湿舌向北伸展,飑线出现在暖湿舌的西侧。在高空正涡度平流和槽前暖平流的作用下,地面低槽从西南向东北伸展,倒槽中有低压环流产生。强对流天气或飑线即发生在倒槽的切变线或小低压附近。若有冷锋进入倒槽,或倒槽中锋生,强对流天气或飑线即在锋前产生。图 7-2-3 是这类飑线产生前的大尺度天气形势,从下午到夜间在地面气旋暖区高温、高湿区(图 7-2-3c)、冷锋前沿先后产生了三条飑线。

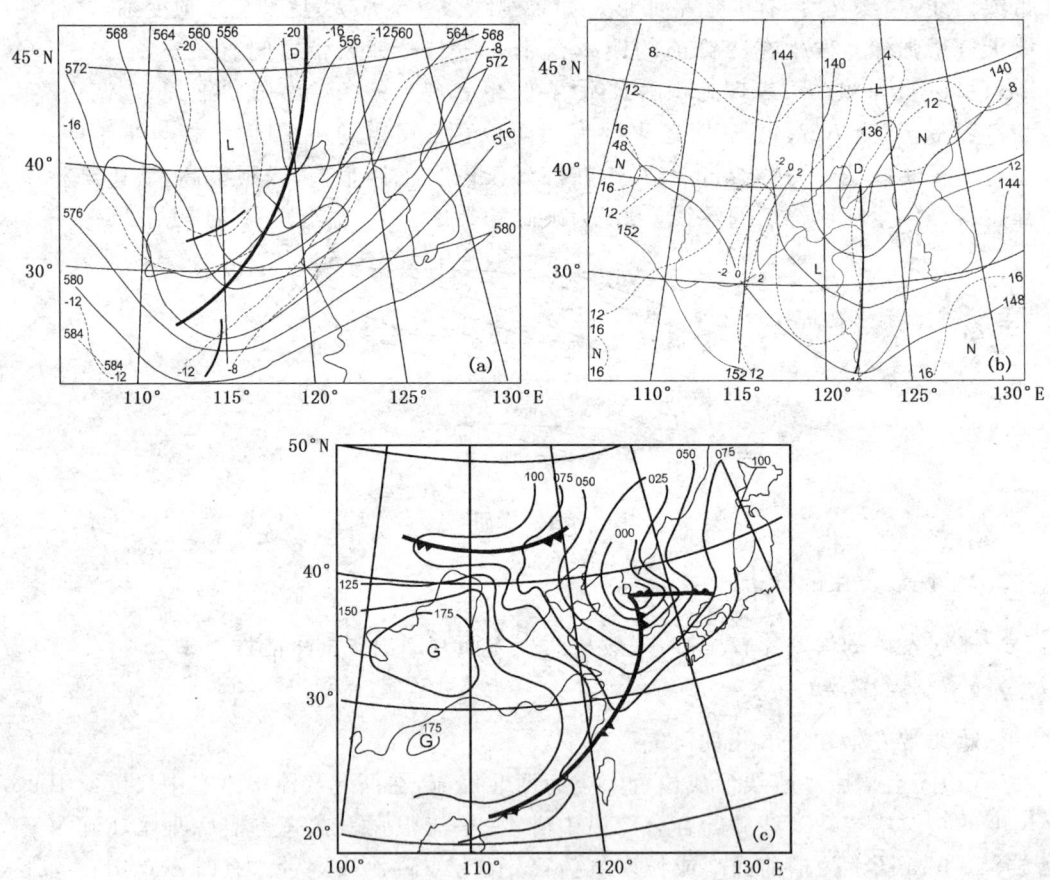

图 7-2-2 1980 年 6 月 2 日飑线产生前大尺度天气形势
(a)500 hPa;(b)850 hPa;(c)地面

(3)"阶梯"槽。就是说在飑线生成前,高空图上南北有几个槽排列呈阶梯形。如图 7-2-4 所示。在南北排列的"阶梯"槽之间,有温带急流和副热带急流同时出现,这是该类型飑线产生的大尺度环流背景的重要特征。地面图上,蒙古高压前缘有冷锋,呈东北至西南走向。冷锋前暖湿平流明显,并有湿舌形成。850 hPa 也有类似情况。飑线就生成在高空疏散槽下方的湿舌顶部露点锋附近。

(4)高压后部。当副热带高压在我国沿海地区稳定或西伸,或中纬度高压脊缓慢东移时,在脊后或高压西部边缘的偏西南气流中湿舌十分明显和深厚,可达到 500 hPa 或更高层。850 hPa 的西南气流有时达到低空急流的强度。飑线常产生在湿舌两侧,低空切变线或横槽附近,地面图上往往是高压后部偏南气流的气旋性曲率区。图 7-2-5 是副热带高压西侧形成飑线前的大尺度天气形势。

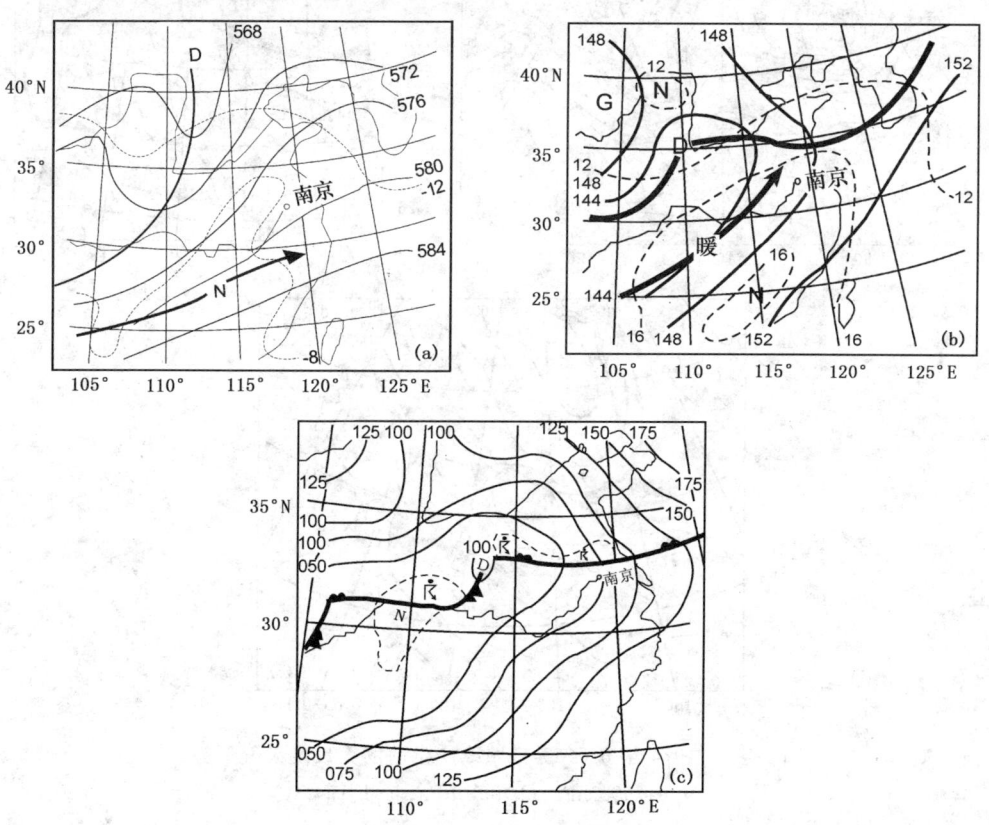

图 7-2-3　1977 年 4 月 23 日飑线产生前的大尺度天气形势
(a)500 hPa；(b)850 hPa；(c)地面

7.2.2.2　飑线形成的中尺度条件

近些年的研究表明,飑线常生成在低层与中尺度能量锋相结合的中尺度气流辐合线上。在低层,能量锋常常是干线或露点锋。

能量锋只能是反映出现对流的一种可能性,只有当能量锋与气流辐合结合在一起,使对流不稳定能释放,才能产生对流天气,最后发展成飑线。从中尺度分析和研究中发现,形成低空辐合的原因有许多,常见的有以下几种:

1)冷锋锋线的辐合可以触发锋前不稳定区能量的释放,并随着对流活动的发展,将中高层具有高水平动量的干冷空气卷挟和输送到低层,使锋上辐合线加强或在锋前造成一条新的中尺度辐合线,产生新的对流天气和飑线。

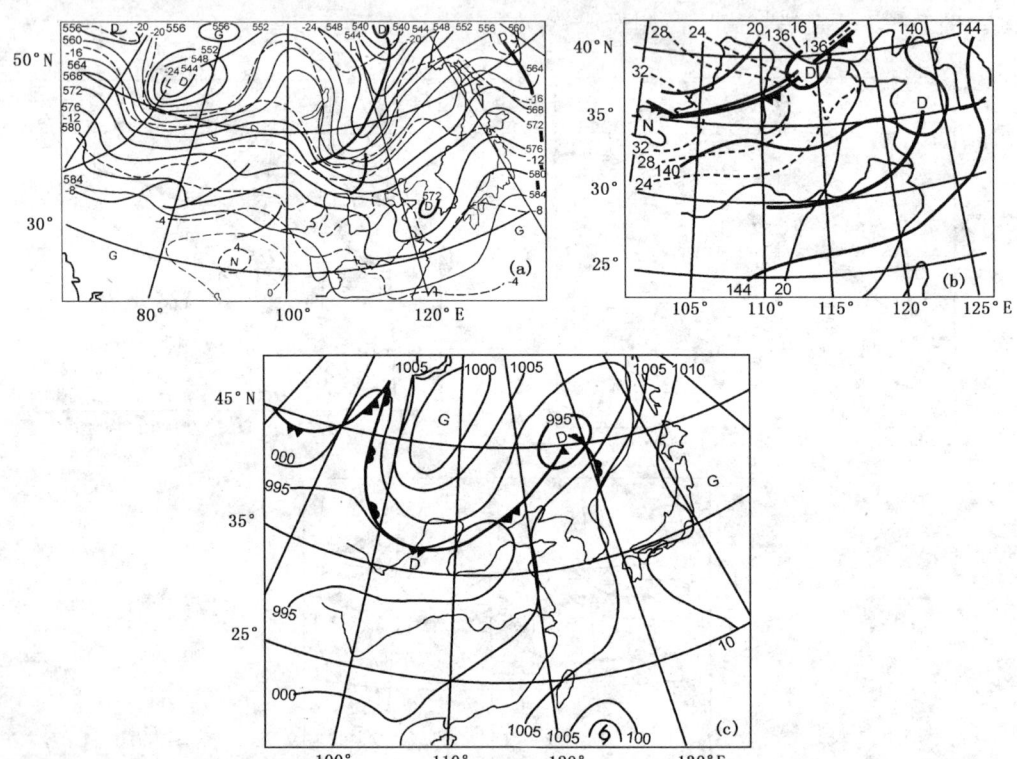

图 7-2-4　1974 年 6 月 17 日飑线产生前的大尺度天气形势
(a)500 hPa;(b)850 hPa;(c)地面

2)中层风水平动量向下输送到能量锋的低能区一侧。如由于热力或动力的原因有对流发展时,使中层的强动量输送至边界层内,造成地面风速增大,在能量锋附近形成气流和水汽的辐合区,从而在气流辐合线上形成飑线。

3)边界层影响。有云区和无云区辐射的差异,引起边界层空气温度差异和密度差异,会在云的边界形成气流辐合线,有时仅仅因为白天干、湿空气温度日变化的差异,也会出现中尺度辐合线和上升运动,启动对流的爆发。

4)山地、河谷、海岸等特定的地形条件下。常常会形成一些局部环流,构成气流

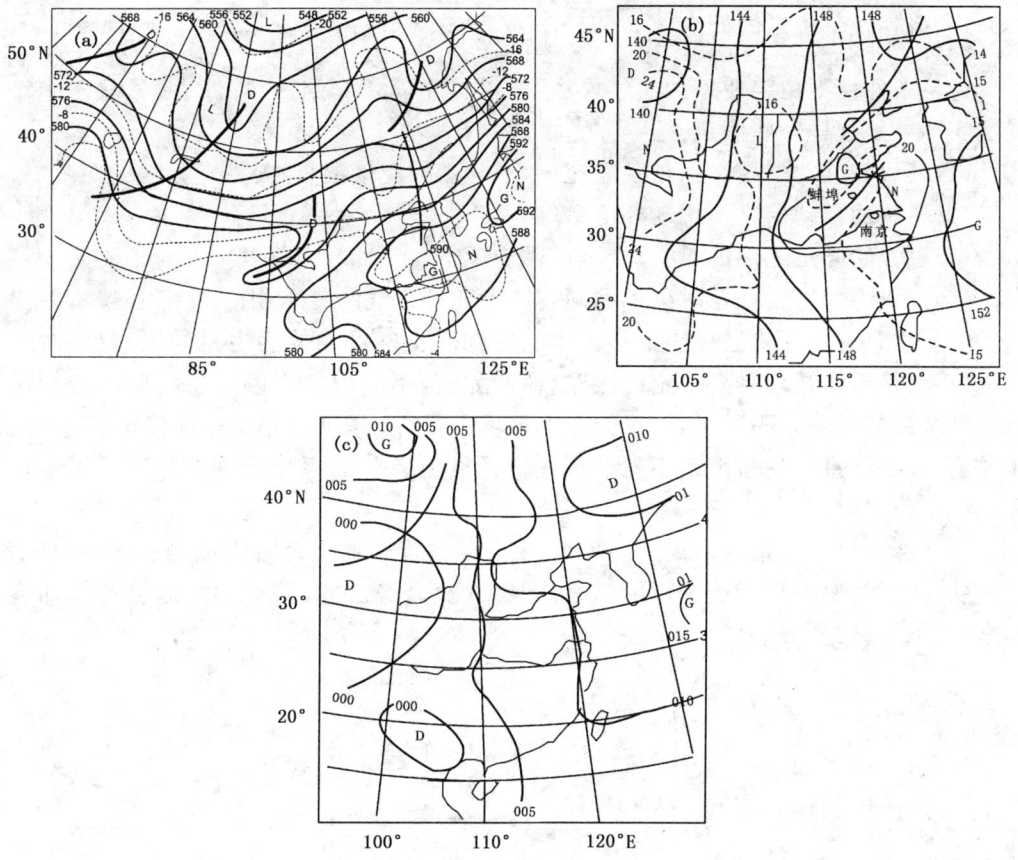

图7-2-5 1976年7月27日飑线产生前的大尺度天气形势
(a)500 hPa;(b)850 hPa;(c)地面

辐合线(区)。另外,低空急流大风中心及与低空急流有关的风切变也会形成中尺度辐合线(区)。

7.3 大气稳定度分析

  大气的稳定度可用气块法和整层空气抬升法两种方法讨论。其中气块法主要考虑的是热力对流的形成和发展机制,对应的不稳定状况称为条件性不稳定;整层空气抬升法考虑的主要是动力抬升对流的形成和发展机制,对应的不稳定状况称为对流性不稳定或潜在不稳定。

7.3.1 条件性不稳定的概念

讨论条件性不稳定使用的是气块法,所以首先简要介绍一下什么是气块法。气块法实际上是这样一些假定:
(1)气块在移动中始终保持独立完整,不与周围空气混合;
(2)气块的移动始终不扰动环境空气;
(3)过程始终是绝热的;
(4)气块的气压在任意时刻都和同高度上环境空气的气压相同。

气块法只有在气块做微小位移时才能得到较正确可靠的静力稳定度判据,对于有限位移,得出的结论具有一定的误差,即使如此,不妨碍它对静力稳定度的定性讨论。气块法的另一方面不足是:不能考虑环境对气块位移的反作用,即不考虑扰动气压梯度力产生的加速度,因此不能处理气压梯度力引起的不稳定度。如正压不稳定和斜压不稳定等。

条件性不稳定是指气块离开源地后,若气块的温度高于环境温度,则称气块是不稳定的,而若气块的温度低于环境温度,则称气块是稳定的,若气块的温度等于环境温度,则称气块是中性的。

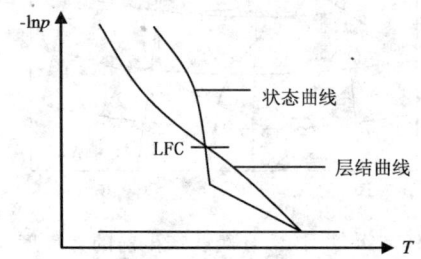

图 7-3-1 气块绝热上升示意图(LFC 为自由对流高度)

在一般情况下,气块温度和环境温度的分布如图 7-3-1 所示。在自由对流高度以下气块是稳定的,在自由对流之上是不稳定的。所以气块必须在外力作用下抬升到自由对流高度,才能作不稳定运动。所以这种不稳定是有条件的。所以称为条件性不稳定。

7.3.2 条件性不稳定的判据

从热力学图解上,只要分析气块的温度与环境温度,就很容易判断大气的条件性稳定度状况,但在实际业务使用中并不方便。所以,通常是使用稳定度指数来分析大气的条件性稳定度状况。

7.3.2.1 用湿静力温度来表示的条件性稳定度指数

湿静力温度的表达式为：

$$T_\sigma = T + \frac{g}{c_p} z + \frac{L}{c_p} q \tag{7-3-1}$$

如果将上式乘以 c_p，就是能量，包括显热能（$c_p T$）、位能（gz）、潜热能（Lq）。在风速小于 30 m/s 时，动能相当的温度小于 0.5℃，所以可以用 $c_p T_\sigma$ 来代替总能量。

在气压、温度不变的条件下，假定空气达到饱和，这时的湿静力温度称为饱和湿静力温度，其表达式为：

$$T_\sigma^* = T + \frac{g}{c_p} z + \frac{L}{c_p} q_s \tag{7-3-2}$$

则用湿静力温度表示的静力稳定度指数为：

$$I_{condi} = T_{\sigma H}^* - T_{\sigma z_i} \tag{7-3-3}$$

$I_{condi} > 0$ 为条件性稳定，否则为不稳定或中性。
其中，假设气块从 z_i 高度抬升到 H 高度，$T_{\sigma H}^*$ 为 H 高度的饱和湿静力温度，$T_{\sigma z_i}$ 为起始抬升高度的湿静力温度。

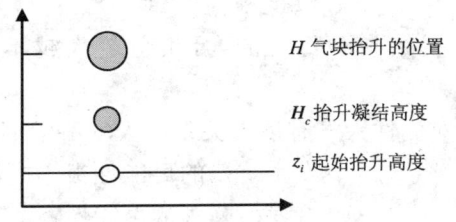

图 7-3-2　气块抬升示意图

实际上，气块在绝热上升过程中，其湿静力温度具有守恒性，到达 H 高度（假设在抬升凝结高度之上，参看图 7-3-2）的饱和湿静力温度就等于起始抬升高度湿静力温度。由于饱和湿静力温度与温度之间是单调的函数关系，所以气块内外的饱和湿静力温度差与温度差同号。故可以使用 $I_{condi} = T_{\sigma H}^* - T_{\sigma z_i}$ 来反映气块的内外差，也就是反映条件性不稳定。

7.3.2.2 用 θ_{se} 来表示的条件稳定度参数

与湿静力温度类似，θ_{se} 在绝热上升过程中具有守恒性，而且，θ_{se} 与温度成单调函数，所以可以使用 θ_{se} 来代替 T_σ 构成稳定度参数，其具体形式如下：

$$I_{condi} = \theta_{se}^* - \theta_{se z_i} \tag{7-3-4}$$

$I_{condi} > 0$，条件性稳定，否则不稳定或中性。其中 θ_{se}^* 为高度 H 处（图 7-3-2）的饱和假相当位温，$\theta_{se z_i}$ 为起始抬升高度处的假相当位温。

例如取 850 hPa 为起始抬升高度，500 hPa 代表上层，则：

$$I_{condi} = \theta_{se500}^* - \theta_{se850} \tag{7-3-5}$$

7.3.2.3 肖瓦特(Showalter)指数

这是20世纪50年代引入的一个稳定度指数,至今仍广泛应用。它定义为850 hPa等压面上的湿空气沿干绝热线上升到抬升凝结高度后再按湿绝热线上升到500 hPa时具有的气块温度(T')与500 hPa等压面上的环境温度(T_{500})的差值。

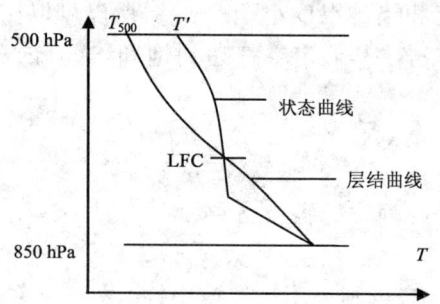

图 7-3-3　肖瓦特(Showalter)指数示意图

$$SI = T_{500} - T' \tag{7-3-6}$$

当 $SI<0$ 时,大气层结是不稳定的,且负值越大越不稳定。反之,气层是稳定的。

据外国资料,SI 与对流性天气有以下关系(《大气科学词典》编委会,1994):

$SI>3℃$　　　　　　　　发生雷暴的可能性很小或没有;
$0℃<SI<3℃$　　　　　有发生阵雨的可能性;
$-3℃<SI<0℃$　　　　有发生雷暴的可能性;
$-6℃<SI<-3℃$　　　有发生强雷暴的可能性;
$SI<-6℃$　　　　　　　有发生严重对流天气(如龙卷风)的危险。

肖瓦特指数从定义上看从 850 hPa 上升到 500 hPa 的,在我国的一些地区可能无法使用。如果出现这种情况,可另外选择两层来代替。但要从大量历史资料中统计新的强度标准或判据。

7.3.2.4 修正的肖瓦特指数(SI_{mod})

这是1958年Curtie和Panofsky引入的一个指数,其表达式为:

$$SI_{mod} = T_{500} - T'_{mod} \tag{7-3-7}$$

其中 T'_{mod} 是指起始抬升高度(850 hPa)的气块湿度,取为850~500 hPa之间的平均湿度。

Ducroq 等(1998)讨论 SI_{mod} 在分析预报强对流天气时,SI_{mod} 的阈值取为小于等于5℃。

7.3.2.5 抬升指数

$$LI = T_{500} - T'\qquad(7\text{-}3\text{-}8)$$

其中 T' 为气块从地面以上 900 m 高度抬升,干绝热上升到抬升凝结高度,再按湿绝热线上升到 500 hPa 所具有的温度。$LI<0$,大气条件性不稳定,并且负值越大,越不稳定。

抬升指数与肖瓦特指数类似,只是初始上升的高度不同。

7.3.2.6 最大抬升指数(BLI)

最大抬升指数(BLI)是指把底层厚度 300 hPa 的大气按 50 hPa 间隔分为若干层,并将各层中间高度处上的各点分别按干绝热上升到各自的抬升凝结高度,然后又分别按湿绝热线上升到 500 hPa,于是得到各点的抬升指数,其中最不稳定者对应的抬升指数即为最大抬升指数。

也可以定义成是将近地面 300 hPa 内垂直方向上 θ_{se} 最大处的空气按干绝热上升到抬升凝结高度,然后按湿绝热线上升到 500 hPa,得到的抬升指数。这两个定义有一定的区别,但差异很小。

7.3.2.7 抬升垂直运动指数

这是 20 世纪 90 年代初引入的一个指数(McGinleg 等,1991)。该指数由地面抬升指数和由运动学方程导出的垂直运动组合而成,表达式为:

$$LLIW = \log(-LI \times w)\qquad(7\text{-}3\text{-}9)$$

式中 LI 的单位取为 ℃,w 的单位取为 cm/s。在式中只取 LI 和 w 的数值。当 $(-LI \cdot w)<1$ 或 $w<0$ 或 $LI>0$ 时,$LLIW$ 无定义。

抬升指数和垂直速度可以独立用作对流发生前的指示参数。这两个参数结合起来,可以表示不稳定空气被抬升的区域。

7.3.3 对流不稳定的概念

前面讨论的条件性不稳定是假设小块空气上升,其周围空气不发生任何变化,这可以近似地反映热力对流的情形。而在实际大气中,常常会遇到另外一种情形,即相当大的大块空气整体被抬升,例如气流过山,槽前气团整体抬升,锋面附近的暖气团被整体抬升等。这种情况下会导致大范围的不稳定,出现大范围的对流,如飑线。

当整层空气被抬升,稳定度下降,从而导致的不稳定称为对流性不稳定,又叫位势不稳定。

在什么情况下,空气整层抬升会导致稳定度下降呢?从图 7-3-4 示意图中可以看出。如有比较厚的一层空气(ABCD),在抬升前是层结稳定的,由于某种动力原因导致整层抬升,在抬升过程中空气质点的相对位置不变,每一个空气质点的状态都按绝热过程变化。则当空气被抬升到某个高度后（A'B'C'D'），其层结曲线就会发生变化，气块可能会由稳定状态转变为不稳定状态。

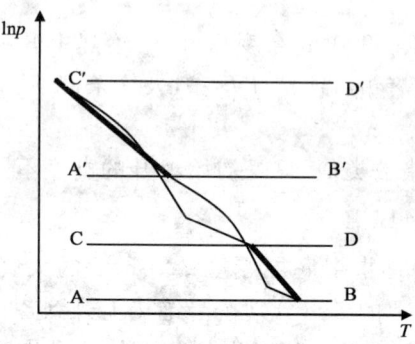

图 7-3-4　对流性不稳定示意图

从图 7-3-4 中可以看出在抬升过程中有利于层结稳定度下降的因子有两个，一个是气层在抬升的过程中厚度增加，上层降温的过程比下层长，导致上层降温量大，这一因子对于所有抬升过程的影响是相同的，所以不是分析讨论的关键。另一个因子，就是上下层空气在上升过程中经历的干绝热过程的厚度不同，如果下层空气干绝热过程短，降温量小，上层干绝热过程长，降温量大，则抬升过程气块的稳定性下降。

决定干绝热过程长短的主要因素是空气的干湿程度，空气越趋于饱和，其上升过程中干绝热的路程越短，反之越长。这一物理过程是导致气块抬升过程中稳定度下降的关键因素。所以大气抬升后的稳定度主要由初始的稳定度和气层中水汽的垂直分布决定。

对流不稳定与条件性不稳定都是潜在的不稳定，因为在初始时刻大气是处于稳定状态的，只有在一定的条件下才变得不稳定。

7.3.4　对流性稳定度指数

7.3.4.1　用 θ_{se} 表示的对流性稳定度指数

θ_{se} 是常用的表征大气状态的物理量，它既能反映大气温度的高低，也能反映大气中水汽含量的多寡。所以使用它来表示大气的对流稳定性是最常用也是非常有效的。具体的形式是：

$$I_{conve} = \theta_{se上} - \theta_{se下} \tag{7-3-10}$$

如果 $I_{conve} > 0$，为对流性稳定；$I_{conve} < 0$，为对流性不稳定。

7.3.4.2　用 T_σ 表示的对流性稳定度指数

类似地 T_σ 也是既能反映大气温度的高低，也能反映大气中水汽含量多寡的物理量,所以使用它来表示对流稳定性状况也是可行的。

$$I_{\text{conve}} = T_{\sigma\pm} - T_{\sigma\mp} \tag{7-3-11}$$

同样 $I_{\text{conve}} > 0$,为对流性稳定;$I_{\text{conve}} < 0$,为对流性不稳定。其中上、下层如何取法,有的认为分别取 500 hPa 和 850 hPa,也有人认为取700 hPa 和 850 hPa 更好。

7.3.4.3 最大对流性稳定度指数

经验表明,利用强对流天气的临(邻)近探空资料计算出的 θ_e(或 T_σ、θ_w)在垂直方向的分布如图 7-3-5 廓线,在边界层附近有一个 θ_e 的极大值,在对流层中层往往有一个 θ_e 的极小值。所以据此定义了最大对流性稳定度指数 BI,就是指 θ_e 最小值与最大值之差。即:

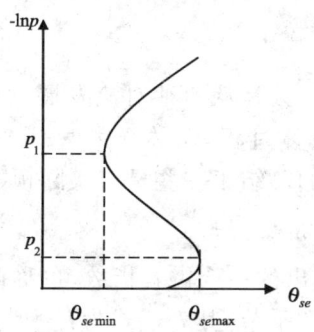

图 7-3-5 最大对流性稳定度指数示意图

$$BI_{\text{conve}} = \theta_{\text{semin}} - \theta_{\text{semax}} \tag{7-3-12}$$

这是一个理想指数,因为在垂直方向的分辨率较差,很难确定 θ_e 最小值与最大值的位置和强度。所以在实践中只能用探空资料近似计算。

一般认为(Atkins 和 Wakimoto,1991),该指数应比用固定层次计算的对流性稳定度指数要好一些。

7.3.4.4 条件—对流稳定性指数

条件性稳定度是考虑一小块空气上升得到的,而对流性稳定度是考虑厚度相当大的某一层空气抬升得到的,两者各自具有独立性。从实际出发,可把两者结合起来构成条件—对流稳定度指数,其表达式为:

$$I_{\text{condi-conve}} = (\theta^*_{se500} - \theta_{se0}) + (\theta_{se500} - \theta_{se0}) \tag{7-3-13}$$

或

$$I_{\text{condi-conve}} = (T^*_{\sigma 500} - T_{\sigma 0}) + (T_{\sigma 500} - T_{\sigma 0}) \tag{7-3-14}$$

7.3.4.5 对流稳定度指数与条件性稳定度指数的关系

(1)当对流性稳定时,必然是条件性稳定的。

这是因为 $\theta^*_{se} \geqslant \theta_{se}$,所以当 $I_{\text{conve}} = (\theta_{se\pm} - \theta_{se\mp}) > 0$ 时(即对流稳定),必有 $I_{\text{condi}} =$

$(\theta_{se\text{上}}^{*} - \theta_{se\text{下}}) > 0$（即条件性稳定）。

(2) 当条件性不稳定时,必然是对流性不稳定的。

同样因为 $\theta_{se}^{*} \geqslant \theta_{se}$,所以当 $I_{condi} = (\theta_{se\text{上}}^{*} - \theta_{se\text{下}}) < 0$ 时（即条件性不稳定）,必有 $I_{conve} = (\theta_{se\text{上}} - \theta_{se\text{下}}) < 0$（即对流稳定）。

即对流性不稳定较易发生,条件性不稳定要求更高一些。这与实际预报经验是一致的。当有大尺度系统导致大范围上升运动时,很容易出现不稳定,作为预报员如果觉得热力对流容易发展时,再配合有锋面或高空槽时,那对流发生的可能性更大。所以,在实际预报中,这两种机制有时是联系在一起的,很难完全割裂开来进行分析预报。

7.3.5 强对流分析的经验指数

前面介绍的对流稳定度指数是从两种对流发展过程的物理机制中导出的,而实际分析预报时,并不关心其具体过程,而关心大气是否有利于对流不稳定发展。所以,根据资料统计和经验,人们总结了一些具有实际预报能力的稳定度经验指数。

7.3.5.1 杰弗逊(Jefferson)指数(JI)

JI 是 Jefferson(1963)提出的一个雷暴指数,也称修正的不稳定指数。Jefferson 认为它可以适用于不同区域和季节,其表达式为:

$$JI = 1.6\theta_{w900} - T_{500} - 11 \tag{7-3-15}$$

其中 θ_{w900} 是 900 hPa 的湿球位温。T_{500} 是 500 hPa 温度。

杰弗逊指数 JI 的数值大于零,则易出现雷暴,数值越大越不稳定,越容易出现雷暴。

7.3.5.2 莱克力指数

莱克力指数是在杰弗逊指数 JI 中加入了中层(700 hPa)的湿度条件,所以又称修正的杰弗逊指数。其表达式为:

$$JI_{mod} = 1.6\theta_{w900} - T_{500} - \frac{1}{2}(T - T_d)_{700} - 8 \tag{7-3-16}$$

或

$$JI_{mod} = JI - \left[\frac{1}{2}(T - T_d)_{700} - 3\right] \tag{7-3-17}$$

王名才(1994)使用莱克力指数分析雷暴,取临界值为 28,结果表明,该指数对雷暴具有较好的预报能力。

7.3.5.3 T^* 指数

T^* 指数的表达式为:

$$T^* = \frac{10}{H_0}[27.3 - (\Gamma - \Gamma_1)] + \frac{1 + \frac{1}{27.3}T_g}{1 + \frac{1}{27.3}\sum(T - T_d)} + R \qquad (7\text{-}3\text{-}18)$$

其中 Γ、Γ_1 分别为抬升凝结高度至 500 hPa 高度之间层结曲线和状态曲线的温度直减率；H_0 为 0℃ 温度层的高度（以 100 m 为单位）；T_g 为预报的地面最高温度；$\sum(T - T_d)$ 为 850 hPa、700 hPa、500 hPa 上的温度露点差之和；R 为不稳定度，是凝结高度抬升至 500 hPa 时，状态曲线和层结曲线在各高度上温差的平均值。T^* 指数是一个无量纲数。

在上海地区 T^* 指数被用作预报雷雨指标。实际资料统计说明，当 $T^* \geqslant 8$ 时，12 h 内 87% 的个例发生雷暴。而当 $T^* \leqslant 7$ 时，12 h 内 84% 的个例不发生雷暴。

7.3.5.4 瑞士新雷暴预报指数

Huntrieser, Schiesser, Schimid, Waldvogel(HSSW) 使用瑞士的高分辨资料统计分析表明，850~500 hPa 之间大气的状态与雷暴密切相关。所以他们将表征热力学和动力学的参数进行组合构成了适合瑞士北部的新雷暴预报指数。

为了便于日常业务应用，HSSW 将雷暴预报指数分为两类：用于预报是否有雷暴发生的 SWISS 指数与判断是否会出现大范围雷暴的 CS 指数。

(1)SWISS 指数

SWISS 指数用于确定是否有雷暴发生，它类似美国气象学家提出的强天气威胁指数。

$$SWISS_{00} = SI_{850} + 0.4Shr_{3\sim6} + 0.1(T - T_d)_{600} \qquad (7\text{-}3\text{-}19)$$

其中下标"00"表示用世界时 00 时的探空资料进行计算；SI_{850} 是肖瓦特(Showalter)指数；$Shr_{3\sim6}$ 是 3~6 km 垂直风切变的数值（单位是 m/(s·(3 km))；$(T - T_d)_{600}$ 是 600 hPa 的温度露点差。

当 $SWISS_{00} < 5.1$ 时预报有雷暴，否则预报无雷暴。

$$SWISS_{12} = SLI + 0.3Shr_{0\sim3} + 0.3(T - T_d)_{650} \qquad (7\text{-}3\text{-}20)$$

其中下标"12"表示用世界时 12 时的探空资料进行计算；SLI 是地面抬升指数的数值；$Shr_{0\sim3}$ 是 0~3 km 垂直风切变的数值；$(T - T_d)_{650}$ 是 650 hPa 的温度露点差。

当 $SWISS_{00} < 0.6$ 时预报有雷暴，否则预报无雷暴。

(2)CS 指数

CS 指数主要用世界时 12 时的探空资料判别是否会出现大范围雷暴：

$$CS = CAPE_{cl} \cdot Shr_{0\sim6} \qquad (7\text{-}3\text{-}21)$$

其中 $CAPE_{cl}$ 是一个修正的对流有效位能；$Shr_{0\sim6}$ 为 6 km 以下垂直风切变的数值（单位是 m/(s·(6 km)))，式中修正的对流有效位能与一般的对流有效位能的差别在于:空气块从修正的对流凝结高度 CCLmod 开始做湿绝热上升(CCLmod 是指地面到 850 hPa 层平均混合比等值线与温度层结曲线相交之点所在高度)。

式中 $Shr_{0\sim6}$ 的计算公式为:

$$Shr_{0\sim6} = \left\{ \frac{\int_0^{6\text{ km}} \rho(z)|\vec{v}(z)|\text{d}z}{\int_0^{6\text{ km}} \rho(z)\text{d}z} - \frac{1}{2}|\vec{v}(0\text{ km}) + \vec{v}(0.5\text{ km})| \right\} / 6\text{ km} \quad (7\text{-}3\text{-}22)$$

HSSW 的计算表明,在大范围雷暴日,$CAPE_{cl}$ 和 $Shr_{0\sim6}$ 的值均很大。当 CS>2700 J/(kg(m/s)·(6 km))时,预报有大范围雷暴;否则预报无大范围雷暴。

7.3.5.5 风暴强度指数

从中尺度动力学知道强风暴与一般风暴在结构和形成机制上都有不同,强风暴一般在有较强风切变的环境下形成。所以强风暴与一般风暴既有相同之处,也有不同之处。在分析中也有两种思路:一种是根据雷暴出现的判据,判断是否有雷暴,再区分强雷暴和非强雷暴;另一种是直接针对强雷暴寻找预报指数。

在分析雷暴强度时常用对流有效位能代表热力学不稳定条件,用垂直风切变表示动力学因子。Miller(1972)认为强雷暴是在强热力学不稳定和强动力学因子都出现时才发生。后来的大量研究表明:强雷暴不但可发生在强热力学不稳定和强动力学因子都出现的情况下,也可出现在强热力学条件、弱动力学条件或弱热力学条件、强动力学条件下。

所以,对于强雷暴就构建了由 CAPE 和 Shr 组合的风暴强度指数,具体形式如下:

$$SSI = 100[2 + (0.276\ln(Shr)) + (2.011 \times 10^{-4}(CAPE))] \quad (7\text{-}3\text{-}23)$$

其中 Shr 是 0~3600 m 的环境风垂直切变。

在应用中有人将 SSI 的临界值取为 100,也有人取为 120。

7.3.5.6 储能机制指数

从能量的角度讲,强对流的发生发展是大量能量累积、发展与释放的过程。所以在强对流发生之前应有一个能量积累的过程,只有积累了大量的能量才能在强对流发生时集中释放。大气低层能储存多少能量也是未来对流强度的重要指标,与雷暴强度有密切关系。研究表明在强雷暴发生前,常伴有逆温层或垂直下沉运动存在。储能机制指数主要反映低层储存能量的能力。

(1)干暖盖指数

$$L_s = [(\theta_w^*)_{\max} - \bar{\theta}_w] \quad (7\text{-}3\text{-}24)$$

其中 $(\theta_w^*)_{\max}$ 表示逆温层顶处的最大饱和湿球位温,$\bar{\theta}_w$ 表示靠近地面 50 hPa 气层中的湿球位温的平均值。L_s 越大说明干暖盖越强。

(2) 储能指数
$$ChuI = [(T_\sigma^*)_{\max} - \overline{T}_{\sigma,0\sim50}] \tag{7-3-25}$$

其中 $(T_\sigma^*)_{\max}$ 表示逆温层顶处的最大饱和湿静力温度，$\overline{T}_{\sigma,0\sim50}$ 是靠近地面 $0\sim50$ hPa 气层中的湿静力温度的平均值。

7.3.5.7 全总指数

$$TT = T_{850} + T_{d850} - 2T_{500} \tag{7-3-26}$$

TT 越大，越容易发生对流。

修正的全总指数：

$$TT_{\mathrm{mod}} = \overline{T} + \overline{T}_d - 2T_{500} \tag{7-3-27}$$

其中 $\overline{T}$ 和 $\overline{T}_d$ 分别是地面到 850 hPa 的平均温度和平均露点。同样，TT_{mod} 越大，越容易发生对流，其预报阈值可因时因地而异。Ducrocq(1998)给出的阈值为 57℃。

7.3.5.8 强天气威胁指数(SWEAT)

这是 20 世纪 70 年代 Miller 和 Maddox(1975)引入的，目前在很多国家和地区使用。它是根据 328 次龙卷资料和日常经验得出的一个预报指数，表达式为：

$$I = 12T_{d850} + 20(TT - 49) + 2f_{850} + f_{500} + 125(S + 0.2) \tag{7-3-28}$$

其中 T_{d850} 是 850 hPa 露点温度(℃)，若露点小于 0℃，此项为零；TT 是全总指数，若 $TT<49$，则 $20(TT-49)$ 项为零；f_{850} 为 850 hPa 风速(海里/h)；f_{500} 为 500 hPa 风速(海里/h)；$S = \sin(\alpha_{500} - \alpha_{850})$，其中 α_{500} 和 α_{850} 分别是 500 hPa 和 850 hPa 风向；最后一项在下列四个条件中任一条件不满足时为零：①850 hPa 风向在 130°~250°之间；②500 hPa 风向在 210°~310°之间；③500 hPa 风向减 850 hPa 风向为正；④850 hPa 及 500 hPa 风速至少等于 15 海里/h(7.72 m/s)。

美国应用 SWEAT 分析过去的龙卷和强雷暴个例时得到：发生龙卷的 I 临界值为 400，发生强雷暴的临界值为 300。这里指的强雷暴是伴有 25 m/s 以上大风，或直径 1.9 cm 以上降雹的雷暴天气。

Ducrocq(1998)在讨论对流天气预报时，给出的 I 临界值大于 100。

7.3.5.9 K 指数

K 指数的定义为：

$$K = (T_{850} - T_{500}) + T_{d850} - (T - T_d)_{700} \tag{7-3-29}$$

它又被称为 George 指数或气团指数。它是温度直减率、低层水汽含量和中层饱和程度的综合反映。K 指数越大层结越不稳定。

K 指数可以配合涡度、散度分析制作雷暴的客观预报。北美地区在使用这种方法时有以下经验：在风力微弱无明显的锋面及气旋影响的地区中，可以有气团性雷暴发展。K 值大小与可能出现雷暴活动的关系为：

当 $K<20℃$ 时,无雷暴;

当 $20℃<K<25℃$ 时,孤立雷暴;

当 $25℃<K<30℃$ 时,零星雷暴;

当 $30℃<K<35℃$ 时,分散雷暴;

当 $K>35℃$ 时,成片雷暴。

但是,在 K 值所指示的不稳定区域中,常受气流辐合、辐散的影响。在辐合区中,雷暴活动加强;在辐散区中,雷暴活动减弱。为了将气流形式的特征引进到预报方法中,可以用 700 hPa 和 850 hPa 等压面的高度相加得 $H'(H'=H_{700}+H_{850})$,再分析 H' 值的分布,并根据 K 值与 H' 的分布情况作出综合判断和雷暴预报。

Charba(1979)、朱晓冬(1993)提出修正的 K 指数。考虑地面温度状况后修正的 K 指数为:

$$K_{\text{mod}} = \frac{1}{2}(T_0+T_{850}) + \frac{1}{2}(T_{d0}+T_{d850}) - T_{500} - (T-T_d)_{700} \quad (7\text{-}3\text{-}30)$$

同样 K_{mod} 值越大,表示气团底层越暖湿,稳定度越小,因而越有利于对流的发生。对于对流天气预报,Ducrocq(1998)给出的阈值为 35℃。

7.3.5.10 山崎指数(KYI 指数)

山崎指数(KYI 指数)是山崎 20 世纪 70 年代引入的。他认为有利于对流发展至少要满足三方面的条件,即大气的稳定度、低层的水汽和上升运动。

山崎指数常用于诊断强降水。他认为强降水是从对流云中降落的,所以产生强降水首先要形成对流云,即大气处于某种不稳定,并且云底高度附近的气层必须潮湿。另外他考虑到由于对流将能量向上输送容易导致大气层结逐渐趋于稳定,这不利于强降水的维持。所以应在低层有一定的暖平流,上层有冷平流或无平流,这样有利于维持层结不稳定。

山崎认为,上述三个因子满足下述条件时易发生强降水:

(1) $SI \leqslant 1.5℃$ (6 月 $\leqslant 3℃$,5 月 $\leqslant 4℃$)

(2) 850 hPa 温度露点差:$(T-T_d) \leqslant 3℃$

(3) 850~500 hPa 温度平流:$T_A = -(\vec{v} \cdot \nabla T)_{850\sim500} \geqslant 2 \times 10^{-5}℃/s$。

KYI 指数的具体表达式为:

$$KYI = \begin{cases} \dfrac{T_A - SI}{1+(T-T_d)_{850}} & \text{当 } T_A > SI \text{ 时} \\ 0 & \text{当 } T_A \leqslant SI \text{ 时} \end{cases}$$

其中 T_A 的单位取 $10^{-5}℃/s$,但在式中只计算数值。

其阈值如下:

当 $1<KYI<2$ 时,大雨有可能发生;

当 $2<KYI<3$ 时,出现大雨的可能性大;

当 $KYI>3$ 时,基本会出现大雨。

7.3.5.11　A 指数

A 指数同样是由层结稳定度和大气湿度组成,其具体形式如下:

$$A = (T_{850} - T_{500}) - (T - T_d)_{850} - (T - T_d)_{700} - (T - T_d)_{500} \qquad (7\text{-}3\text{-}32)$$

指数越大发生雷雨的可能性越大。有数据表明,如果 $A \geqslant 0$,90% 以上有雷雨。

实习与练习

实习九　飑线过程分析

(1) 目的要求:

　　1) 学会应用中尺度天气图等资料确定飑线位置和移动规律。

　　2) 学会不稳定指数的计算方法。

(2) 内容:

　　1) 分析 500 hPa 图一张,中尺度地面图三张。

　　2) 作飑线移动预报和过程小结。

　　3) 利用单站探空计算不稳定指数。

附 录

Ⅰ.地面天气图填图格式及分析的技术规定

Ⅰ.1 地面天气图的填图格式

地面天气图的填图格式如图Ⅰ-1所示。其各个项目的含义和填写方法是：

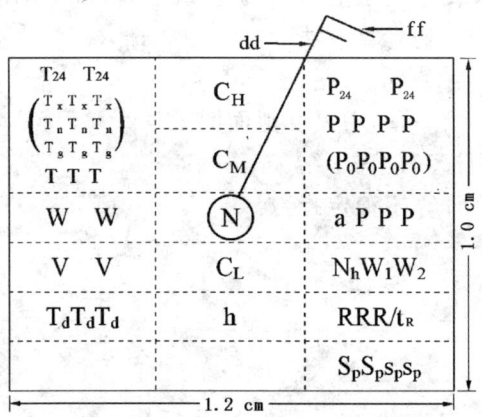

图Ⅰ-1 地面天气图填图格式

N 总云量，按表Ⅰ-1的符号表示。⊖ 表示缺报。

表Ⅰ-1 总云量填图符号表

电码	0	1	2	3	4	5	6	7	8	9
符号	○	◐	◐	◐	◐	◐	●	◐	●	⊗
总云量	无云	1或小于1	2~3	4	5	6	7~8	9~10	10	不明

C_H、C_M、C_L——高云状、中云状、低云状以表Ⅰ-2的符号表示。

表 I -2 云状的符号

电码	符号	低云状	符号	中云状	符号	高云状
0	不填	没有低云	不填	没有中云	不填	没有高云
1	⌒	淡积云	∠	透光高层云	⌐	毛卷云
2	△	浓积云	∠	蔽光高层云或雨层云	⌐	密卷云
3	△	秃积雨云	ω	透光高积云	⌐	伪卷云
4	↶	积云性层积云	∠	荚状高积云	?	钩卷云
5	∪	普通层积云	∠	系统发展的辐辏状高积云	⌐	卷层云 云层高度角<45°
6	—	层云或碎层云	✕	积云性高积云	⌐	云层高度角>45°
7	---	碎雨云	ɓ	复高积云或蔽光高积云	⌐	云层布满全天
8	⊠	不同高度的积云和层积云	M	堡状或絮状高积云	⌐	云量不增加也没有布满全天
9	⊠	鬃积雨云或砧状积雨云	⌐	混乱天空的高积云,高度不同	⌐	卷积云

N_h 低云量,图上填的为电码。电码和云量的关系见表 I -3。"×"为不明或缺、错报。和总云量相同时不填。

表 I -3 低云量填图电码和云量的关系

电码	0	1	2	3	4	5	6	7	8	9
N_h		1	3	4	5	6	8	9	10	×

表Ⅰ-4　基本天气现象的中文名称及符号

中文名称	符号	中文名称	符号	中文名称	符号
雨	•	扬沙	$	低吹雪	＋→
阵雨	▽̇	沙尘暴	↻	高吹雪	＋↑
毛毛雨	，	烟	∼	雾凇	V
雪	✳	霾	∞	冻雨	∽
阵雪	▽̇	浮尘	S	尘卷风	⦚
雨夹雪	✶	雷暴	⌐	雷暴伴有雨或雪	⌐/⌐
冰雹	▲	闪电	∠	雷暴伴有冰雹	⌐
雾	≡	飑	∨	雷暴伴有沙尘暴	⌐
轻雾	=	龙卷	)(		

表 I-5　现在天气现象的符号

电码	0		1		2		3		4	
0	轻雾	≡	片状或带状的浅雾	≡≡	层状的浅雾	≡≡	闪电	∠	烟幕	⌒
1	观测前1h内有毛毛雨	⋅]	观测前1h内有雨	⋅]	观测前1h内有雪	✻]	观测前1h内有雨夹雪	⚡]	视区内有降水,但未到地面	(⋅)
2	轻或中度的沙(尘)暴,过去1h内减弱	S	轻或中度的沙(尘)暴,过去1h内无变化	S	轻或中度的沙(尘)暴,过去1h内增强	S	强的沙(尘)暴,过去1h内减弱	S	观测前1h内有毛毛雨或雨,并有雨凇	∽
3	近处有雾,但过去1h内测站没有雾	(≡)	散片的雾(呈带状)	≡≡	雾,过去1h内变薄,天空可辨	≡≡	雾,过去1h内变薄,天空不可辨	≡≡	强的沙(尘)暴,过去1h内无变化	S
4	间歇性毛毛雨	,,	连续性毛毛雨	,,	间歇性中常毛毛雨	,,	连续性中常毛毛雨	,,,	雾,过去1h内无变化,天空可辨	≡≡
5	间歇性小雨	⋅	连续性小雨	⋅⋅	间歇性中雨	⋅⋅	连续性中雨	⋅⋅⋅	间歇性浓毛毛雨	,,,
6	间歇性小雪	✻	连续性小雪	✻✻	间歇性中雪	✻✻	连续性中雪	✻✻✻	间歇性大雨	⋅⋅⋅
7	小阵雨	∇	中常或大阵雨	∇	强的阵雨	∇	小的阵雨夹雪	∇	间歇性大雪	✻✻✻
8	中常量或大量的冰雹,或有雨,或雨夹雪	△	观测前1h内有雷暴,观测时有小雨	⚡	观测前1h内有雷暴,观测时有中或大雨	⚡	观测前1h内有雷暴,小雪或霰,或雨夹雪	⚡	中常或大的阵雨夹雪	∇
9									观测前1h内有雷暴,或雨夹雪,或霰,或冰雹	⚡

续表 I-5

电码	5		6		7		8		9	
0	∞	霾	S	浮尘	$	测站附近有扬沙	₥	观测时或观区内 1 h 内有尘卷风	(S)	观测时视区内 1 h 内有沙(尘)暴(或观测)前 1 h 内有沙(尘)暴(尘)区
1	)C(	视区内有降水,但距测站较远(5 km 以外)	⊙	视区内有降水,在测站附近(5 km 以内)	ʀ	有雷暴,但测站无降水	▽	观测时或观测前 1 h 内有飑	)(	观测时或观测前 1 h 内有龙卷
2	⍁	观测前 1 h 内有阵雨	⍁	观测前 1 h 内有阵雪或阵性雨夹雹	⍁	观测前 1 h 内有冰雹或冰粒,或霰,或伴有雨	═	雾	⌒	观测前 1 h 内有雷暴或伴有降水
3	ᛋ	强的沙(尘)暴,过去 1 h 内增强	↔	轻或中度的低吹雪	↔	强的低吹雪	↔	轻或中度的高吹雪	↔	强的高吹雪
4	≡	雾,过去 1 h 内无变化,天空不可辨	≡	雾,过去 1 h 内变浓,天空不可辨	≡	雾,过去 1 h 内变淡,天空不可辨	≡	雾,有雾凇,天空可辨	≡	雾,有雾凇,天空不可辨
5	,,	连续性大雨	,,	轻毛毛雨	∞	中常或浓毛毛雨,并有雨凇	;	轻毛毛雨夹雨	⁂	中常或浓毛毛雨夹雪
6	··	连续性大雨	•	小雨,并有雨凇	∞	中或大雨,并有雨凇	⁂	轻毛毛雨夹雪或轻雪	⁂	中常或浓毛毛雨夹雪或雨夹雪
7	⁂	连续性大雪	↔	冰针(或伴有雾)	⌂	米雪(或伴有雾)	⁂	孤立的星状雪星(或伴有雾)	△	冰粒
8	▽	小阵雪	▽	中常或大的阵雪	▽	少量的阵性霰或小冰雹,或有雨夹雪	▽	中常量或大量的阵性霰或小冰雹,或有雨,或雨夹雪	▽	少量的冰雹,或有雨或毛毛雨夹雪
9	⌒	小或中常雨,并有雨,或雪,或雨夹雪	⌒	小或中常的雷暴,或小冰雹	⌒	大雷暴,并有雨夹雪或雪	⌒	雷暴,伴有沙(尘)暴	⌒	大雷暴,伴有冰雹,或霰,或小冰雹

h 低云高，以数字表示，以 100 m 为单位。

TTT 和 $T_dT_dT_d$ 气温和露点，以数字表示，以 ℃ 为单位。填写十位、个位、小数一位。十位数为零时，省略不填。前面加"一"号者，表示温度、露点为负值。

WW 现在天气现象，即观测时或观测前 1 h 以内的天气现象。填图符号所代表的意义如表 I-5。"××"为不明或缺、错报。

VV 水平能见度，以数字表示，以 km 为单位。

PPPP 海平面气压，以数字表示，单位为 hPa。填写后三位数字，最后一位为小数。如"035"，代表气压为 1003.5 hPa；"995"，代表气压为 999.5 hPa。

PPP 过去 3 h 气压变量，即观测时的气压与观测前 3 h 气压的差值。分别表示气压变量的个位和小数一位。"×"为缺、错码。

a 过去 3 h 气压倾向。"+"表示过去 3 h 气压升高，"一"表示气压下降。"×"表示不明。

W_1W_2 过去天气现象，定时绘图天气观测报告前 6 h 内出现的天气现象，补充定时绘图天气观测报告为观测前 3 h 出现的天气现象。符号所代表的意义见表 I-6。W_1W_2 分别代表两种天气现象，"×"表示不明。

表 I-6 过去天气现象填写的符号与意义

电码	0	1	2	3	4	5	6	7	8	9
符号	不填	不填	不填	S/	≡	,	•	✳	▽	⚡
意义				沙暴或吹雪	雾	毛毛雨	雨	雪	阵性降水	雷暴

RRR 降水量，用数字表示，单位为 mm。1 mm 以上为整数，小于 1 mm 的填写一位小数。"T"表示微量。

t_R 降水时段指示码。降水时段 = $t_R×6$。如 1 表示过去 6 h 降水量，4 表示过去 24 h 降水量。6 h 降水量只在 02、08、14、20 四个时次编发和填写，这时 t_R 省略不填。过去 24 h 降水量与过去 6 h 降水量同时填入一张图上时，过去 24 h 降水量的 t_R 填 4，单独填时，可省略。

dd 风向。以矢杆表示，矢杆方向指向站圈，表示风的来向。风向的方位以图上的经纬线为准。静风时不填任何符号，在 C_H 上面填有 d 表示风向不明，后面的数字为风速。如"d15"则表示风向不明，风速为 15 m/s。

ff 风速。以矢羽表示，矢羽一长划表示 4 m/s，一短划表示 2 m/s，一三角旗表示风速 20 m/s，风速不明时，在风向杆尖端填"×"。风速大于 40 m/s，在风向杆另一侧填一个">"，如"▷"。

以上为必填项目。以下介绍选填项目的符号及意义。

$P_{24}P_{24}$　24 h 气压变量。以 hPa 为单位,只填十位数和个位数,十位数是零时不填。

$T_xT_xT_x$　日最高气温。在每日 02 时图上填写。

$T_nT_nT_n$　日最低气温。在每日 14 时图上填写。

$T_gT_gT_g$　地面最低温度。

以上三项填写方法与 TTT 相同。

$S_pS_ps_ps_p$　重要天气现象。填在图上的是电码数字。只在 02、08、14、20 四个时次的天气图上填写,当有两组或两组以上的天气现象报告时,都填在图上。电码所代表的意义如下:

$911f_xf_x$　911 是指示码。表示其后为 ≥ 17 m/s 的极大瞬间风速。f_xf_x 是极大瞬间风速值。以 m/s 为单位。

92sss:表示过去 6 h 有雨凇出现。92 为指示码。sss 表示电线积冰直径。以 mm 为单位。

$9939A_2$　表示过去 6 h 内在测站或视区内出现海陆龙卷或尘卷风。9939 是指示码。A_2 为 1 表示海龙卷,2 表示陆龙卷,3 表示尘卷风。

$996H_gH_g$　表示过去 6 h 内出现冰雹现象。996 为指示码。H_gH_g 是冰雹的最大直径,以 mm 为单位。若 H_gH_g 为 99,则表示冰雹直径大于 99mm。

9977B　表示河流封冻情况。9977 是指示码。B 为河流封冻情况。电码所代表的意义见表 I -7。

表 I -7　B 电码及其意义

电　码	河流封冻情况
0	不用
1	本地河流无封冻,但有上游来的冰块出现
2	河面部分结冰
3	河面全部结冰
4	本地河面尚未开始解冻,但已有上游解冻冰块向本地堆集
5	河面开始解冻
6	河面全部解冻

Ⅰ.2 地面天气图上分析项目的表示方法

Ⅰ.2.1 等压线
以黑色铅笔画的实线表示。

Ⅰ.2.2 3h等变压线
以蓝色钢笔画虚线表示。

Ⅰ.2.3 锋
表示方法见彩表Ⅰ-8。

Ⅰ.2.4 天气区
为了清楚地显示出各种主要天气现象的分布,地面天气图上采用各种颜色铅笔绘制出各种天气区。其标注方法如彩表Ⅰ-9。

Ⅰ.2.5 锋的过去位置
锋的过去位置,用黄色铅笔绘成实线,不区分锋的类型。对影响预报地区的锋,还必须计算其移动速度(以 km/h 为单位),用黑色铅笔标注在计算的锋段相应的位置上。

Ⅰ.2.6 气压系统中心过去位置和移动路径
高压中心的过去位置,用蓝色铅笔绘制符号"○",低压中心过去位置,用红色铅笔绘制符号"●",热带风暴和强热带风暴中心过去位置,用红色铅笔绘制符号"𝕾",台风中心过去位置,用红色铅笔绘制符号"𝕾"。并用黑色铅笔在其下边标注中心气压值,上边标注日期和时间。

气压系统中心过去的移动路径以矢线表示,矢线自过去中心位置指向现在中心位置。高压中心路径用蓝色铅笔绘制,低压、热带风暴、强热带风暴和台风中心路径用红色铅笔绘制。对影响本地区的气压系统,还需计算其移动速度(以 km/h 为单位),用黑色铅笔标注在移动路径的矢线的左侧或上方。

Ⅰ.3 地面天气图气压场分析的技术规定

(1)东亚、部分东亚、中国分区地面天气图和夏半年(5月至10月)的亚欧地面天气图上通常每隔 2.5 hPa,按……,997.5,1000.0,1002.5,……等数值序列用黑色铅笔绘制等压线。在北半球地面天气图和冬半年(11月至翌年4月)亚欧地面天气图上,等压线的数值间隔通常取 5 hPa,其数值规定为……,995,1000,1005,……。

(2)同一张地面图上等压线间隔应力求一致。但在气压梯度较小的区域,为了更清楚地确定气压系统的形势及其中心位置,可用细的黑断线加绘规定数值以外的等压线,气压梯度过大的地区(一个纬距内通过两条以上等压线的地区),则可按10 hPa或5 hPa的间隔绘制。

(3)等压线标注。等压线应绘到图边,否则应闭合,在没有记录的地区可例外,但应将各条并列的等压线两端排列整齐,起止于某一条经线或纬线上。

在非闭合等压线的两端应标注等压线的数值,如等压线是闭合的,则在等压线的正北方开一小缺口,在缺口中间标注数值;等值线太密时,可有规律地间隔标注数值。这些数值在中国分区、部分东亚、东亚地面天气图上,标注十位数、个位数和第一位小数。例如气压1002.5,标注02.5,997.5标注97.5;在北半球、亚欧地面天气图上,标注十位数和个位数。数字排列与纬线平行。

(4)气压系统中心位置确定。通常,高压中心应确定在风的反气旋环流中心处,环流不明显时分析在气压最高处;低压中心应确定在风的气旋环流中心处,环流不明显时分析在气压最低处;热带风暴、强热带风暴和台风中心,应当根据实况报告、卫星图像和天气雷达探测资料等综合分析确定。当最高、最低气压值的位置与环流中心不一致时,应周密考虑气压记录的准确程度和风的记录的代表性,按可靠的记录确定。根据风和气压的记录难以确定气压系统中心时,应以气压系统最内一条等压线所围区域的几何中心为系统的中心。

(5)气压系统中心标注。高压中心用蓝色铅笔标注"高"字;低压中心用红色铅笔标注"低"字;热带风暴和强热带风暴中心用红色铅笔标注符号" 🌀 ";台风中心用红色铅笔标注符号" 🌀 "。

在系统中心符号的下边,应用黑色铅笔标注系统中心数值。标注以" hPa"为单位,低压中心气压值的第一位小数舍去;高压中心气压值的第一位小数须进为整数;热带风暴、强热带风暴和台风中心气压值根据实况报告标注。例如:低压中心最低的气压为113(1011.3 hPa),应标注为"1011",如高压中心最高气压记录为113(1011.3 hPa),应标注成"1012"。

气压系统中心处的气压记录不可靠或没有气压记录时,中心值通常只标注至十位数,个位数标"×"。

Ⅰ.4 绘制地面天气图3 h等变压线的技术规定

(1)3 h等变压线规定用黑色或蓝黑色断线。

(2)3 h等变压线,通常以0 hPa为基准,以2 hPa为间隔,在预报区域及其大片的变压绝对值小于2 hPa的地区,可以加密分析,数值间隔为1 hPa。和等压线一样,3 h等变压线也要标注数值,只标整数,并在数值前标注正号"+"或负号"一"。

(3)正变压区中心的最大变压值,用蓝色铅笔标注在最大数值测站附近,负变压区中心的最大变压值,用红色铅笔标注在最小数值测站附近。标注变压值应精确到小数一位,并在数值前加注正号"+"或负号"-"。当范围较大的正变压区中出现数值较小的闭合正变压区时,数值较小的闭合正变压区使用红色标注;当范围较大的负变压区中出现数值较大的闭合负变压区时,数值较大的闭合负变压区使用蓝色标注;非闭合的正、负变压区,在其适当的位置,分别标注蓝色正号"+"和红色负号"-"。

Ⅱ. 等压面图的填图格式及技术规定

Ⅱ.1 等压面图的填图格式

如图Ⅱ-1其中各项目填写规定如下:

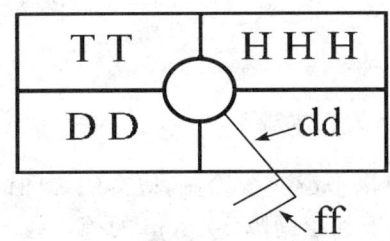

图Ⅱ-1 等压面图填图格式

HHH 等压面绝对位势高度。500 hPa 图上,填写千、百、十三位数字,如填写568,则表示绝对位势高度为5680 gpm。700 hPa,850 hPa 图上,填写百、十、个三位数字,如700 hPa 图上填写040,表示绝对位势高度约3040 gpm,850 hPa 图上填写520,表示绝对位势高度为1520 gpm。

TT 等压面图上的气温。填写十位、个位。气温在零度以下时,数值加"-"号。

DD 等压面图上的气温露点差。5℃以下填个位、小数一位,5℃以上填十位、个位。

dd、ff 风向、风速,填写方法与地面图相同。

Ⅱ.2 等压面图上必须分析的项目

(1)等高线和高、低中心(在各层等压面图上分析);

(2)槽线、切变线(在 850 hPa、700 hPa、500 hPa 等压面图上分析);

(3)等温线和冷、暖中心(在各层等压面图上分析);

(4)同时间地面天气图上的锋(通常在 850 hPa 或 700 hPa 等压面图上,用黑色铅笔按彩表 I-8 的单色符号描绘)。

Ⅱ.3 等压面图上视需要分析的项目

(1)等露点线(或等气温露点差值线)和干湿中心；

(2)脊线；

(3)平流零线和冷暖平流；

(4)同时间地面天气图上大范围的雷暴,降水等天气区(只在 850 hPa 或 700 hPa 或 500 hPa 等压面图的有关地区上描绘),用颜色铅笔勾画出其范围,并在其中标注该种天气现象(雨除外)的基本符号(或云状符号),或云量的成数。降水区、云区用绿色,雷暴区用红色。为避免与等值线混淆,还可在天气区内轻涂相应的颜色；

(5)同时间的、前 12 h 的、或前 24 h 的地面天气图上主要气压系统中心位置及其移动路径(通常在 700 hPa 或 500 hPa 等压面图上描绘)。标注方法见地面天气图上分析项目的表示方法；

(6)天气系统的过去位置。

Ⅱ.4 等高线和等温线分析的技术规定

(1)等高线为黑色铅笔以平滑实线绘制,等高线之间的间隔通常为 40 gpm。在等高线稀疏的地区,可视情况加绘间隔 20 gpm 的等高线。加绘的等高线绘成断线。每条等高线上均需标注千位、百位和十位数,标的位置和要求与等压线相同。当气压系统微弱,按规定的位势高度数值画不出闭合的中心,而风的环流又较明显的地区,可用矢线画出环流圈。绘制等高线按以下的数值序列：

在 AT_{850} 图上画……,144,148,152,……等线；

在 AT_{700} 图上画……,296,300,304,……等线；

在 AT_{500} 图上画……,556,560,564,……等线；

冬半年,500 hPa 图上等高线过密,可每隔 80gpm 画一根等高线。按……,552,560,568,……的序列绘制。

(2)在高位势区中心以蓝色标注"高"字;低位势区中心以红色标注"低"字;热带风暴和强热带风暴中心用红色铅笔标注符号"𝟿";台风中心用红色铅笔标注符号"𝟿"。

高、低中心确定的原则与地面图上高、低压中心确定的原则相似。热带风暴、强热带风暴和台风中心的确定,应参照地面天气图上该系统中心的位置确定。

(3)在等压面图上,用黑色矢线绘制系统过去中心的移动路径。系统中心的过去位置:高位势区中心,用蓝色铅笔绘制符号"○";低位势区中心,用红色铅笔绘制符号"●";热带风暴和强热带风暴中心用红色铅笔标注符号"𝟿";台风中心用红色铅笔标注符号"☙"。

(4) 等温线的分析,要依据图上的温度记录用红色铅笔绘成实线,其间隔规定为:以 0℃为准,每隔 4℃画一根。等温线的两端或闭合等温线的北部开口处应标注其温度数值,如:……,—4,0,4,……等。

(5) 在温度低值区中心,用蓝色标注"冷"字,高值区中心,用红色标注"暖"字。

Ⅲ. 影响记录代表性的原因与记录误差的判断

天气图上所填写的气象观测记录是我们进行天气分析的重要依据。为保证分析的正确性,必须对记录的代表性和记录误差的来源有所了解,并学会对错误记录判断的方法。

Ⅲ.1 影响记录代表性的原因

影响记录代表性的根本原因是地理环境的作用,但局部的天气情况和气象要素的日变化,也会使记录在某一时刻失去其代表性。

Ⅲ.1.1 地理环境

特殊的地理环境对记录代表性的影响很大。不同测站之间的地形及地表状态的差异,是某些记录具有地方性的原因。通常在地形比较简单,下垫面性质比较均匀的平原地区和海洋上,记录的代表性较好,而在地形复杂和地表性质差异大的山地区域,记录的代表性就比较差。因此,如果不具备一定的地理知识,不了解所考虑的区域各站的地形、地表性质的特点和地方性天气规律,就不可能对记录的代表性有正确的判断。

就各气象要素本身来说,在同样的地理条件下,其代表性并不都是一样的。如气温和风就容易受局部地理环境的影响而代表性较差,而气压和中、高云受局部地理环境影响则较小,代表性就较好。

Ⅲ.1.2 天气条件

天气条件对记录的代表性也有一定的影响,例如晴天的气温就比阴天的气温代表性好。另外,当有些局部现象发生时,也会使当地某些记录缺乏代表性。例如局部地区的雷暴,会使当地的气压倾向和风的代表性受到影响。

大气的稳定度对记录代表性的影响也是不可忽视的。例如在大气层结稳定且风很小时,位于盆地或低洼地区的台站,夜间地面辐射逆温很强烈,地面气温就常常比附近台站偏低。在风随高度显著增大的情况下,动力和热力的不稳定,会引起动量下传,使地面风明显增大,甚至风向也发生改变,和海平面气压场不相适应。

Ⅲ.1.3 气象要素日变化

各种气象要素的变化是由周期性的日变化和由天气系统活动引起的非周期性变化叠加的结果。当反映大范围天气过程的非周期变化起主要作用时,记录的代表性就较好。反之,记录的代表性就较差。

各项气象要素的日变化是不一样的,有的要素日变化大(如气温),有的要素日变化小(如露点),因此,我们应该了解其规律,并注意图上各地区的地方时差异,才能正确判断它对记录代表性的影响。

Ⅲ.2 记录误差的来源

实际工作中,由于各种原因,常常造成记录的误差。可分为系统性误差和偶然性误差两类,其中以偶然性误差最为常见。

系统性误差的来源,大致有下面四种情况:
(1)不合标准的观测仪器。
(2)仪器安装不合规范。
(3)订正及换算图表的误差。
(4)台站海拔高度不准确。海平面气压和等压面的位势高度就会由此产生误差。

偶然性误差的来源,主要是由于在气象观测、订正与查算、编码或译码、电讯传递和填图等工作中的疏忽而造成。

Ⅲ.3 记录误差的判断

判断记录误差的基本方法是比较法。但在使用比较法时要注意比较的条件。不同的地理环境、不同的天气系统和不同的天气条件,就不能机械地对这些与之有关的记录进行比较。例如我们分析地面图时,经常遇到华北平原地区的气温比其西侧黄土高原地区的气温高好几度,这是由于黄土高原地势较高(比华北平原海拔高出 1000 m 左右)所造成的,而不是温度记录有错误。又如锋面或高空槽附近气象要素的显著差异,正是客观情况的反映,而不是记录有问题。

系统性误差一般比较容易发现,因为这种误差在同一个气象台站中经常重复出现,只要与周围台站同一要素的记录进行较长时期的比较,即可找出误差的规律,而确定其订正值后,仍可使用。偶然性错误的判断,有时也并不难,例如在图上出现了明显不符合该季节情况的天气符号,即可很快发现。但在多数情况下,由于这种误差的规律性不好,如错情不很显著,就需要和邻站记录或该站前后时间记录作细致比较,或根据该站同一时间各要素的相互关系加以考虑才能发现。例如同一测站能见度是 2 km,而同时又有大雾,则二者之中必定一个有错误。这时便可看看该站的温度露点差并结合当时的天气形势再决定取舍,对于等压面图上记录的正误,还可以比较同一时间不同高度的记录来判断,此外,作为一个预报员还应该了解各种观测项目的精确度,熟悉各种电码和填图技术,知道观测、电讯传递和填图各个环节中容易出现的误差。所有这些知识,对于记录误差的判断都是很有帮助的。

总之,只要我们采取科学的严肃态度,许多有误差的记录都是可以判断出来的。由于修正误差通常比判断误差困难,因此,当我们没有一定的根据确定误差值时,宁可放弃该记录,也不要任意猜测。

Ⅳ. 我国各地区锋面分析特点

前面我们着重介绍了有关锋面分析的一般方法,这对于我们分析每一个具体的锋面是有指导意义的。但我国地区广大,地形复杂,因此,我国境内各地区的锋面活动都有其特殊点,如果不了解这些特点,要正确的分析锋面就有一定的困难。下面就我国各地区锋面分析的主要特点作一介绍。

Ⅳ.1 西北地区

活动于西北地区的锋面主要是冷锋,其次是准静止锋和地形锢囚锋。由于西北地处内陆,地势高低悬殊,气象要素受地形影响较大,因此,利用地面气压、气温、露点、云层和降水等要素来分析锋面有一定局限性。根据当地的经验,变压和某些单站气象要素随时间变化的特点,对定锋是有一定帮助的。

Ⅳ.1.1 冷锋

(1)冷锋后一般是$+\Delta p_{24}$和$-\Delta T_{24}$区,而在锋前一般是$-\Delta p_{24}$和$+\Delta T_{24}$区,但地面锋线并不刚好与Δp_{24}零线相重合,而是位于Δp_{24}零线前面不远的负变压区域中。锋面移动越快,锋与Δp_{24}零线相距越远。副冷锋一般是位于相对较弱的$+\Delta p_{24}$区中。

ΔT_{24}受天空状况的影响较大,故不如Δp_{24}好用。特别是在冬季的夜间,近地面有强的辐射逆温层,冷锋过后大风引起的湍流使气温反而升高,因此,锋后有$+\Delta T_{24}$的现象,在使用ΔT_{24}时必须注意。

(2)Δp_3反映了气压的短时变化,一般锋前是$-\Delta p_3$,锋后是$+\Delta p_3$。用Δp_3分析副冷锋比用Δp_{24}更好些,但高海拔地区应首先考虑Δp_{24}。

(3)露点温度。一般暖气团的湿度大于冷气团,但应注意冬半年从苏联欧洲南部过来的冷气团,有时比暖气团湿度大,冷锋过后露点上升,这种情况在北疆和河西走廊都可见到。

(4)风向风速。一般锋前是弱的东南风,锋后是强的西北风。但也有例外,如冷空气从北边下来,哈密(52203)至玉门(52436)一带锋后是东北风,塔里木盆地的若羌(51777)一般锋前为偏西风,锋后都是偏东北风,如果冷空气是从塔里木盆地西部入侵,锋后可能是西南风。这与塔里木盆地是三面环山,东部开口的马蹄形地形有关。兰州锋后多东北风,西宁锋后多东风,如冷空气主力来自青海西部,则锋后兰州是西北风,西宁是西风。

利用风来分析锋时,要根据冷空气主力的来向,结合那里的地形情况。西北地区地形复杂,风的地方性日变化明显,使用时要注意。

(5)云和降水。一般锋前为卷层云,逐渐加厚,锋面过境时变成复高积云或层积云,最后变成雨层云,并有降水。锋过后逐渐抬高变为高积云,最后变成卷云和晴天。降水多在锋线附近,有时根本无降水,而只有一些卷云。

降水情况各地区不同,如天山北部锋后一般都有降水,甘肃东南部、陕西的中部和南部绝大多数锋面附近都有降水,这主要是由于冷锋爬山,上升气流加强而产生的。其他地区则因空气比较干燥,锋后不一定降水。冷锋的降水夏季比冬季多,云和降水不强的快速冷锋及强冷锋后常有大风和风沙。

(6)地面气压形势。地面冷锋多位于低压槽里,但在河西走廊的西部也有不少冷锋位于地面热低压(槽)后部,高压脊之前沿,以后随着锋的东移而加入低压(槽)中,这种情况多出现在热低压(槽)强烈发展的初期。西北的副冷锋多位于高压脊前的隐槽或很弱的浅槽中,它往往不发展,并很快东移与主冷锋合并。

(7)气温。依据气温定锋有一定的局限性,但在地势比较平坦,地表性质也差不多的河西地区还是可用的。在西北地区(除青海外),850 hPa 等压面很接近地面,因此,850 hPa 温度场是分析地面锋的很好的参考资料。但在冬季地面有强的逆温层时就不大好用。从帕米尔高原东移的冷锋过南疆时,锋后有明显的增温,强的冷锋越过天山南下进入南疆时,也由于下沉增温的影响,锋后降温比北疆少得多。

Ⅳ.1.2 准静止锋

西北地区的准静止锋多由冷锋受山脉阻挡而形成。在天山北缘最多,在昆仑山、阿尔金山北麓的塔里木盆地南缘,有时也有准静止锋。在昆仑山脉东段北缘,柴达木盆地南部很少有准静止锋,这是因为那里地形的坡度较平缓的缘故。

进入河西走廊的东西向冷锋,若冷空气厚度不大,便受祁连山的阻挡而静止不能南下进入柴达木盆地。冷锋到达陇东及关中平原后,往往被秦岭阻挡静止一时期,等冷空气加厚到一定程度再越过秦岭进入四川盆地。

Ⅳ.1.3 锢囚锋

西北地区锢囚锋多属地形锢囚锋。当塔里木盆地从东部开口处有向西移动的冷锋,同时在帕米尔高原又有东移进入塔里木盆地向东移动的冷锋时,两条冷锋在盆地里相遇便形成锢囚锋。

当有冷空气从祁连山以北沿河西走廊经兰州折向西行,冷锋进入青海东部逐渐静止,而同时另一支冷空气从南疆进入柴达木东移,两条冷锋常在西宁附近相遇而形成锢囚锋。

Ⅳ.2 华北地区

华北地区的地形特点是,西部和北部地势较高,东临渤海,中部、南部为华北平原。它是冷锋南下必经之地,锋面活动主要是冷锋,另有较少的暖锋和锢囚锋。

Ⅳ.2.1 冷锋

冷锋按其强弱大体上可分为强冷锋、一般冷锋和副冷锋。

(1) 强冷锋

强冷锋多伴随着寒潮爆发而出现,高空图上锋区极明显,延伸较长,冷平流显著。多数是单独存在的冷锋,少数在蒙古气旋内与暖锋并存。整条冷锋处于地面强的冷高压前沿,等压线与锋线近似平行,锋多处在隐槽内,锋两侧等压线疏密相差很大。锋后有较强的正变压和大风,春季锋后多风沙。锋两侧温度相差很大。这种锋明显,比较好分析。

锋从西北方向来,锋前是西南风或南南西风。冷锋北段有的在蒙古气旋或东北气旋里。当冷空气从北方移来时,在中蒙边界及东北境内形成强的东—西向冷锋,逐渐南压,锋后多吹偏北风。

(2) 一般冷锋

自西部从新疆经河套、山西、河北东移的冷锋,在河西走廊及河套比较明显。锋前多偏东风或偏南风;锋后在内蒙境内多西北风或偏西风。在山西境内多偏西风。冷锋越过太行山后,因下坡作用使河北西部有增温现象,风力较小,经常使锋减弱或消失。

从西北方向下来的冷锋,锋线是东北—西南向;锋前多西南风,锋后多西北风;冬季多西北大风,极少降水,夏季若高空冷平流较强时,常造成雷雨天气。这种冷锋往往东北段存在于东北气旋里,当气旋发展时,后部从北方带来新的冷空气常常形成副冷锋,分析中应注意到这一特点。

从北及东北方向移来的冷锋,高空锋区呈东—西向时,锋后是偏北或东北风。当冷空气主力从东北经渤海湾向西南方向移动时,锋后华北平原有强的东北大风,同时冷空气经渤海湾增湿,加上大风扰动常形成低云降水天气。此时的冷气团湿度反而比暖气团湿度大,分析中应注意。

(3) 副冷锋

往往是冷锋后又有新的冷空气下来而形成的。它的特点是比较浅薄,高空等温线与地面锋线交角很大。副冷锋多处在地面冷高压的前沿,锋前后的风向切变不明显,仅有风速的差异(锋后大于锋前),温差较大。冬半年锋过后西北风加大,夏季常造成雷阵雨天气。副冷锋移速很快,南下后很快追上主冷锋而合并。

Ⅳ.2.2 暖锋

华北地区的暖锋活动比冷锋少得多。暖锋多在内蒙古一带及河北南部、山东西部地区形成,与气旋内的冷锋相结合,随同气旋向东北方向移出本区。夏季太平洋高压脊北上西伸到山西时,也有时在山西或北京东南方向生成气旋波,有暖锋(或准静止锋)经过本区。暖锋分析与一般暖锋分析相似,没有明显的特殊点。

Ⅳ.2.3 准静止锋

华北准静止锋存在时间不长,多演变成冷锋南下,或气旋波发展准静止锋转为暖锋,或就地消失。也有少数西移的冷锋受太行山阻挡而静止的。

Ⅳ.2.4 锢囚锋

除内蒙古以外本区由于气旋中冷锋追上暖锋而形成的锢囚锋比较少见。常见的是由西来与东来冷锋在山西迎面会合而成的锢囚锋。它的显著特点是从西面有冷锋自河西向东移,同时东面又有从东北经渤海湾向西偏南移动的冷锋,在河套东部与西来冷锋汇合形成锢囚锋(图Ⅳ-1)。在地面图上锢囚锋位于倒槽中,有时可分析出闭合低压。高空形势多为两槽一脊形,40°N一带为平直西风,锋区明显,锢囚锋形成后高空图上有暖舌配合,云雨天气区域扩大,华北地形锢囚锋存在时间不长,整个过程2~3 d即结束。

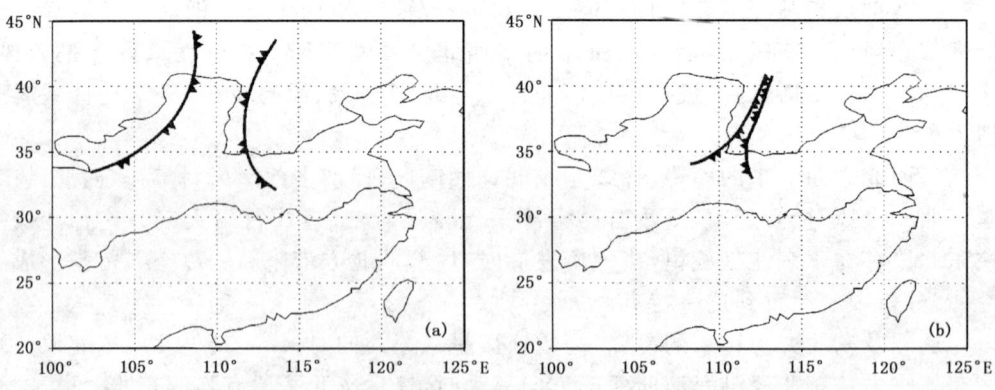

图Ⅳ-1 华北锢囚锋形成过程示意图(a)锢囚锋形成前,(b)锢囚锋形成时

Ⅳ.3 东北地区

东北地区,冷锋,暖锋和锢囚锋都较常见。

东北地区是我国气旋活动最多的地区之一,锋面气旋发展也比较完善。气旋一般都是从外区移来,如从蒙古向东南移来的,从华北河套地区及黄河下游移来的。影响本区的锋面,很多都是伴随着这种气旋而来的。

Ⅳ.3.1 冷锋

冷锋有从西北方向的贝加尔湖、蒙古地区向东南移来的,有从偏西方向的新疆经内蒙、华北进入东北的,还有从北面贝加尔湖以东向南以及鄂霍次克海北部向西南方向移入东北的。冷锋分析特点主要是:

(1) 气压场

有些冷锋不在槽中而在槽后,锋前后都是 $+\Delta p_3$,不过锋后大于锋前。经过大约 6～12 h 后冷锋进入槽中。东北平原西部有东北—西南向的地形槽,槽中风的切变明显,温差不大,有时被误认为有锋面存在,分析中要注意。

(2) 风

当锋的北段少动,南段移动快,使原来东北—西南向的冷锋变为北—南向,甚至西北—东南向时,锋前后的风常为西南风与南风,或西风与西南风,或西南西风与南风,或西南风与南南东风之间的暖锋式切变(图Ⅳ-2),分析中要特别注意,不要把冷锋分析在西部地形槽里,而把暖锋分析在真正冷锋的位置上。

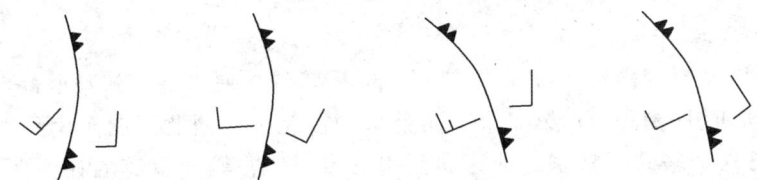

图Ⅳ-2 东北地区某些冷锋附近风的分布示意图

强的冷锋前有高云与层积云,锋后有第一型冷锋云系。弱的冷锋前后都有高积云、层积云、复高积云、积云性高积云等,距锋线较远处有卷云。很弱的冷锋和"干冷锋"两侧只有少量高云或无云。

Ⅳ.3.2 暖锋

暖锋多存在于由贝加尔湖、内蒙、黄河下游移入本区的气旋里,在分析上与一般暖锋没有更多的特殊点。一般暖锋存在于低槽中,槽往往很浅。要注意的是向东南移动的暖锋,最大 $-\Delta p_3$ 中心往往在暖区或暖锋的南端,而不是在锋前。南—北向或东北—西南向的暖锋,锋前是偏南风,锋后是西风或西北风。有时向南的暖锋,锋前是西风或西南风,锋后是北风或东北风,似冷锋切变,要特别注意不要分析成冷锋。一年中暖锋活动以 4、5 月份为最多。

Ⅳ.3.3 准静止锋

东北地区的准静止锋有的是原地形成的,有的是冷锋或暖锋演变而成的。准静止锋多在低压槽中,等压线与锋线平行或交角很小。风的切变明显,风力微弱,两侧 Δp_3 差别很小,准静止锋存在的时间不长,大多锋消或转变为冷锋。一年中以夏季为最多,冬季极少。盛夏多位于东北地区北部,春秋位于中部,冬季位于南部沿海一带。

Ⅳ.3.4 锢囚锋

东北的锢囚锋多是从蒙古及贝加尔湖地区移来的,也有在本区形成的。其形成过程多属于冷锋追上暖锋或准静止锋,位置多在 40°N 以北地区。本区是全国锢囚锋活动最多的地区。

锢囚锋的气压场多是长轴为西北—东南向的椭圆形低压,少数是南—北向的,圆形闭合等压线的锢囚气旋则少见。锢囚锋的西部常有西北大风,东部为偏南大风,常能维持 2~3 d,随着气旋的填塞,锢囚锋也就消失了。

Ⅳ.4 西南地区

影响西南地区的锋主要是冷锋和准静止锋,暖锋和锢囚锋极少见。本区因北部有秦岭、大巴山的影响,进入四川的冷锋比东部的华中地区少得多,过四川往南则受层层增高的地势阻碍,便转为准静止锋。

Ⅳ.4.1 冷锋

影响四川盆地的冷锋主要来自三个方向。第一个来向是从新疆西部向东移经过酒泉、兰州到四川(图Ⅳ-3),第二个来向是从蒙古北部或西北部向东南经兰州到四川(图Ⅳ-4),第三个来向是从华北地区向西南移来(图Ⅳ-5)。也有的在河西走廊、陕甘一带新生的冷锋移入四川,还有少数冷锋是在四川盆地形成的。

在地面图上冷锋后很少有完整的冷高压进入四川,而多为高压脊或分裂的小高压。冷锋进入四川前地面图上往往在西南地区先出现倒槽,它随着冷锋的进入而向南移。锋若在高压脊前,锋前后都是偏北风,锋后的风速大些。若冷锋在倒槽里,则锋前为偏南风,锋后为偏北风,锋后有明显的 $+\Delta p_3$ 中心出现。除冬季外,一般当冷锋入侵时,因盆地多暖湿空气,所以常形成不稳定性天气。冬季冷锋进入四川后,应注意盆地近地面层有冷空气膜的作用使锋前后温差不明显。

Ⅳ.4.2 准静止锋

西南地区因受地形及流场的作用常形成昆明准静止锋。其形成过程是南下的冷锋因云贵高原阻挡而演变成准静止锋。或由于西南涡东移后,涡后偏北气流带下的冷空气形成准静止锋。

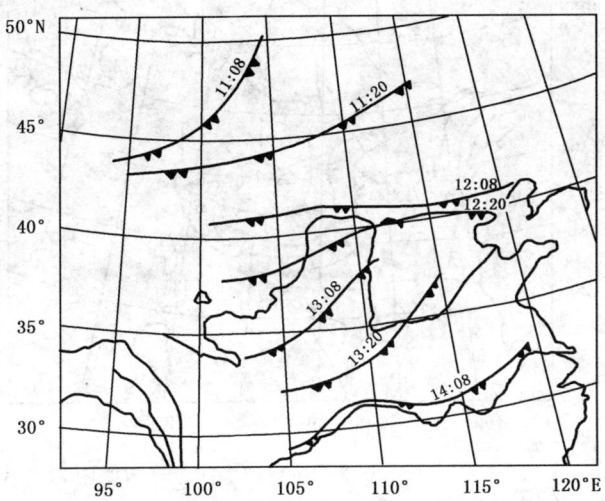

图Ⅳ-3　1958年1月11—14日冷锋演变图

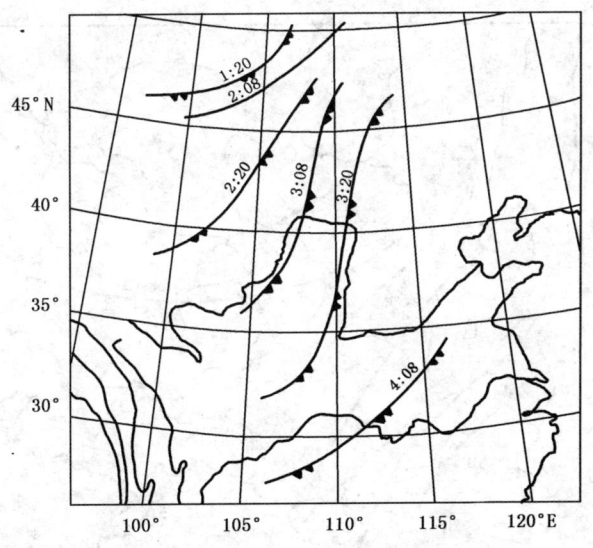

图Ⅳ-4　1957年6月1—4日冷锋演变图

准静止锋的位置随季节及冷空气的强弱而不同(图Ⅳ-6)。多数是位于贵阳与昆明之间，呈西北—东南向，北端在西昌(56571)以北，南端到广南(59007)以南。少数在贵阳以北、昆明以南。其最常见位置如图Ⅳ-6中的1,2,3,共占总出现次数的85%以上，4,5的位置约占10%左右(图中1~6依次表示出现次数的多少)。昆明准静止锋出现

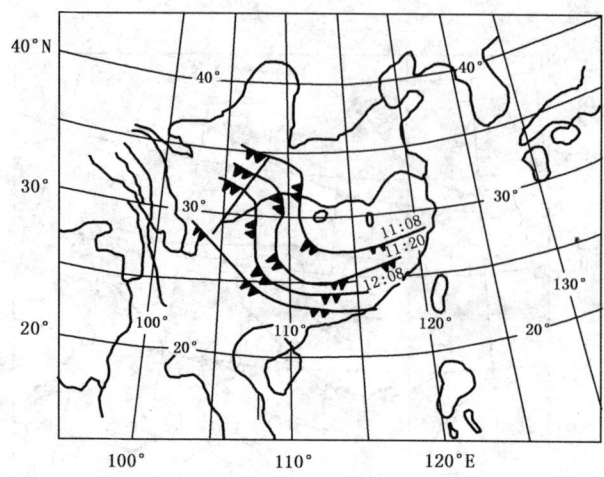

图Ⅳ-5 1957年3月11—12日冷锋演变图

的季节多在冬季,约占全年准静止锋出现日数的二分之一。冬季准静止锋维持时间长,约10~15 d,夏季维持时间短,一般不足6 d,昆明准静止锋有时与华南准静止锋相接。

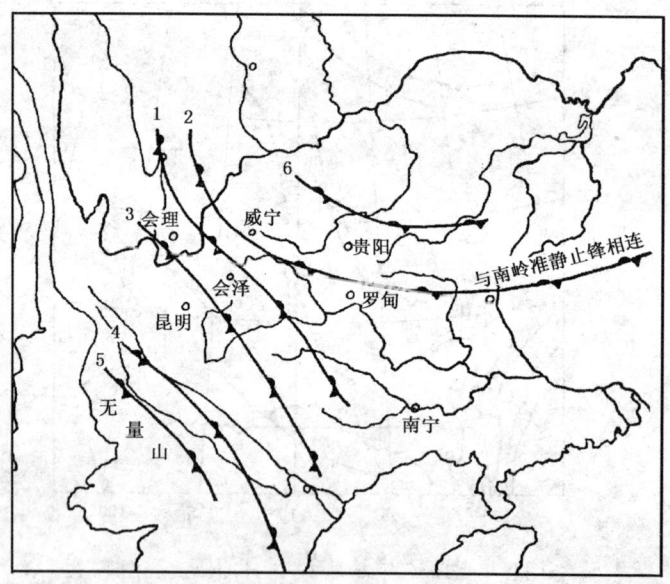

图Ⅳ-6 昆明准静止锋位置图

锋附近的气温,西南侧高于东北侧。在使用温度分析锋面时,白天好用,夜间不好用。风场情况则是,锋的东北侧为偏北风,西南侧为西南风或南风,特别是白天云贵高原西南风增强时风切变更明显。锋的西南侧是晴好天气,东北侧是阴雨天气。

这些都是定锋的主要依据。高空图上锋区不明显,但切变线清楚,一般地面锋线在高空切变线南侧,随高度的增加切变线向北偏移。

Ⅳ.5 华东、华中地区

华东和华中两地区冷锋活动较多,暖锋较少,除武夷山区外极少有锢囚锋。初夏长江流域多准静止锋。这两地区锋面分析比一般锋面分析没有更多的特殊点,故比较简单。

Ⅳ.5.1 冷锋

冬半年冷锋过山东、河南时少云,温差不明显,可依据 Δp_3 及风的切变来定锋。在长江流域一带,温差较明显。长江以南温差有时不明显,可用 Δp_3、风向、露点和天气等来定锋。尤其是夏季不能用温差来定锋,因锋前常有降水蒸发降温。高空图上一般都有低槽配合,冷、暖平流明显。弱的冷锋(或副冷锋)往往在长江流域一带锋消。这种锋在高空图上有弱的冷平流,锋区不明显,有时有切变线相配合。

Ⅳ.5.2 暖锋

这两个地区暖锋的形成过程,多数是由准静止锋上产生气旋波形成的,有时是单独存在的,暖锋北上至淮河流域,与西来的冷锋结合,形成气旋东移出海。

暖锋两侧的气象要素差异并不像冷锋那样明显,主要特征是,风向呈暖锋式切变,等压线有明显的气旋性弯曲,锋前降水,在暖季常是雷阵雨天气,气旋波的暖区内,靠近中心的地区,夏季有极强的雷雨。

Ⅳ.5.3 锢囚锋

锢囚锋主要出现在武夷山地区,是由地形影响所致。这种锋,依据地面图上的风场、850 hPa 温度场,结合地形特点,不难分析出来。

Ⅳ.6 华南地区

华南地区以冷锋和准静止锋最常见。冷锋冬季活动较多,夏季极少;准静止锋则以春秋季节活动比较频繁。

Ⅳ.6.1 冷锋

冷锋多数是从北方移来的,少数是在南岭地区附近形成。若冷空气从110°E以西南下,冷锋呈东北—西南向,若冷空气从河套经两湖盆地南下,则冷锋多呈东—西向,若冷空气从河套以东,经大陆东部沿海南下时,则冷锋呈西北—东南向。

华南冷锋前后温差一般比较明显,但在汕头地区例外,那里除强冷锋外,一般温差不明显。ΔT_{24} 可作为定锋的参考,若锋前后天气区域宽广则不好用,一般秋冬季节好用,春季不好用。正变压中心往往出现在锋线后 1~2 个纬距的地方。天气区域大致以锋线为界限,锋前天气好,锋后多阴雨。

Ⅳ.6.2 准静止锋

华南准静止锋多是冷锋南下,冷气团逐渐变性势力减弱而形成,常位于南岭一带,西段多和昆明准静止锋连结在一起。它的坡度较小,厚度浅薄,因而在 500 hPa 等压面图上表现不明显。但在 850 hPa 等压面图上有较弱的锋区,与横槽(切变性)相配合,湿度场上也能反映出锋面特征。在地面图上,锋附近 Δp_3 不太明显。锋的北侧有大片阴雨天气,白天锋两侧温差明显,夜间温度就缺乏代表性。锋两侧风有明显的切变,北侧为偏东风,南侧为偏西南风。

以上介绍了我国各地锋面分析特点。了解这些特点,对于我们分析锋面是有帮助的。但是,要较好地分析各地的锋面,还必须在实践中不断地摸索规律,总结经验,逐步提高。

Ⅴ. 常用数据表

Ⅴ.1 地球数据

地球平均半径	$a = 6371.110$ km
地球赤道半径	$a_E = 6378.245$ km
地球极地半径	$a_P = 6356.863$ km
地球扁率	$\dfrac{a_E - a_P}{a_E} = 1 : 298.3 = 0.003352$
地球赤道周长	40075.704 km
地球子午线周长	40008.548 km
地球纬圈相隔一度的距离	111.137 km
日地平均距离	1.495×10^8 km
月地平均距离	3.844×10^5 km
地球表面总面积	510083042 km^2
地球海洋总面积	361059000 km$^2 \approx$ 整个地球面积的 71%
地球陆地总面积	149024042 km$^2 \approx$ 整个地球面积的 29%(约有 0.1 的陆地终年覆以冰雪)
地球体积	1083320000000 km^3
地球质量	5976×10^{24} kg

地球大气总质量	5.14×10^{18} kg
地球公转一周时间（回归年）	365 d 5 h 48 min 46 s
地球在轨道上的平均速度	29.76 km/s ≈ 100000 km/h
地球自转一周时间（恒星日）	23 h 56 min 4 s
地球自转角速度	$\omega = 7.292 \times 10^{-5}$ /s
赤道上任一点的直线速度	465 m/s
地面纬度 φ 处任一点的直线速度	$465\cos\varphi$ m/s
引力常数	$G = 6.668 \times 10^{-8}$ dyn·cm^2/g^2 (dyn 达因)
表面临界速度（脱离速度）	12.2 km/s
重力加速度（标准）	9.80665 m/s^2
（赤道附近）	9.78049 m/s^2
（纬度45°附近）	9.80616 m/s^2
（极地附近）	9.83235 m

V.2 物理常数

热功当量	$J = 4.18684$ J/cal
功热当量	$A = 0.238844$ cal/J
标准大气压	760 mmHg = 1013.25 hPa
标准冰点的绝对温度	$T_0 = 273.15$ K
理想气体的克分子体积	$V_m = 22413.6 \times 10^{-6}$ m^3/mol (mol 摩尔，克分子)
理想气体常数	$R^* = 8.31432$ J/(mol·K)
干空气的分子量	$M_d = 28.9644$
干空气的比气体常数	$R_d = 287.05$ J/(kg·K)
干空气的密度（标准状况下）	$\rho = 1.2923 \times 10^{-3}$ g/cm^3
干空气的定压比热容	$c_p = 1004$ J/(kg·K)
干空气的定容比热容	$c_v = 717$ J/(kg·K)
干空气的比热容比率	$K = c_p/c_v = 1.4$
干空气的比热容差值	$R = c_p - c_v = 287$ J/(kg·K)
水汽的分子量	$M_w = 18.0153$
水汽的比气体常数	$R_w = 461.51$ J/(kg·K)
水汽的密度（标准状况下）	$\rho_w = 0.8038 \times 10^{-3}$ g/cm^3
水汽的定压比热容	$c_{pv} = 1850$ J/(kg·K)
水汽的定容比热容	$c_{vv} = 1390$ J/(kg·K)
水汽的比热容比率	$K_u = C_{pv}/C_{vv} = 1.33$

水汽的比热容差值 $R_v = C_{pv} - C_{vv} = 460$ J/(kg·K)
水的比热容(0℃时) $c_w = 4.218 \times 10^3$ J/(kg·K)
冰的比热容(0℃时) $c_I = 2.106 \times 10^3$ J/(kg·K)
冰的熔解潜热(0℃) $L_f = 3.34 \times 10^5$ J/kg
冰的升华潜热(0℃) $L_s = 2.834 \times 10^6$ J/kg
水的蒸发潜热(0℃) $L_v = 2.5 \times 10^6$ J/kg
干绝热气温直减率 $\gamma_d = 9.76$ ℃/km
对流层内平均气温直减率 $\gamma = 6.0$ ℃/km
太阳常数 1353 W/m²
普朗克常数 $n = 6.626 \times 10^{-34}$ J·s
波尔兹曼常数 $K = 1.381 \times 10^{-23}$ J/K
斯蒂芬－波尔兹曼常数 $\sigma = 5.67 \times 10^{-8}$ W/(m²·K⁴)
阿伏伽德罗常数 $N = 6.023 \times 10^{23}$/mol
维恩位移定律常数 $\lambda_{max} T = 2.89782 \times 10^{-3}$ m·K
光速 $C = 2.99793 \times 10^8$ m/s
声速(气温0℃时) $v_0 = 331$ m/s

Ⅵ. 天气预报图像表述的基本符号及含义

符号				
含义	晴	多云	阴	小雨
符号				
含义	中雨	大雨	暴雨	小雪
符号				
含义	中雪	大雪	暴雪	雨夹雪
符号				
含义	雷暴	6级风	7～8级风	9～12级风

Ⅶ. 降水等级划分标准表

降水量名称	12 h 降水量 (mm)	24 h 降水量 (mm)	降水量名称	12 h 降水量 (mm)	24 h 降水量 (mm)
毛毛雨、小雨、阵雨	0.1～4.9	0.1～9.9	大暴雨到特大暴雨	105.0～169.9	175.0～299.9
小到中雨	3.0～9.9	5.0～16.9	特大暴雨	≥140.0	≥250.0
中雨	5.0～14.9	10.0～24.9	零星小雪、小雪、阵雪	0.1～0.9	0.1～2.4
中到大雨	10.0～22.9	17.0～37.9	小到中雪	0.5～1.9	1.3～3.7
大雨	15.0～29.9	25.0～49.9	中雪	1.0～2.9	2.5～4.9
大到暴雨	23.0～49.9	38.0～74.9	中到大雪	2.0～4.4	3.8～7.4
暴雨	30.0～69.9	50.0～99.9	大雪	3.0～5.9	5.0～9.9
暴雨到大暴雨	50.0～104.9	75.0～174.9	大到暴雪	4.5～7.5	7.5～15.0
大暴雨	70.0～139.9	100.0～249.9	暴雪	≥6.0	≥10.0

注：表中各级别的雪量值均指纯雪化为水的量值，而不包括湿雪量值在内，如湿雪量值≥10.0 mm 时，不作为"暴雪"。若"雨夹雪"（雨和雪同时下）24 h 的总量值≥10.0 mm 且雪深南方≥50 mm，北方≥100 mm 时才算暴雪。

Ⅷ. 国际波级表

浪级	有效波高 H(m) 区间	中值	风浪名称	涌浪名称	对应风级
0	—	—	无浪	无涌	<1
1	$H<0.1$	—	微浪	小涌	1
2	$0.1≤H<0.5$	0.3	小浪	小涌	2～3
3	$0.5≤H<1.25$	0.8	轻浪	中涌	3～4
4	$1.25≤H<2.5$	2.0	中浪	中涌	4～5
5	$2.5≤H<4$	3.0	大浪	大涌	6～7
6	$4≤H<6$	5.0	巨浪	大涌	7～8
7	$6≤H<9$	7.5	狂浪	巨涌	8～10
8	$9≤H<14$	11.5	狂涛	巨涌	10～12
9	$H≥14$	—	怒涛	巨涌	>12

Ⅸ. 天气分析术语索引

术　　语	页码
天气分析　绪论	1
比较原则　绪论	1
代表性原则　绪论	2
物理逻辑性原则　绪论	2
历史连续性原则　绪论	2
天气图主观分析技巧　绪论	2
项目实验方法　绪论	2
基本天气图　第1章	1
天气图底图　第1章1.1节	1
地图投影法　第1章1.1节	1
正形　第1章1.1节	2
等积　第1章1.1节	2
正向　第1章1.1节	2
极射赤面投影法　第1章1.1节	2
麦卡托圆柱投影法　第1章1.1节	3
兰勃脱正形圆锥投影法　第1章1.1节	4
地图比例尺　第1章1.1节	5
地面天气图　第1章1.1节	6
高空天气图　第1章1.1节	6
辅助天气图　第1章1.1节	6
物理量场　第1章1.2节	7
等值面　第1章1.2节	7
等值线　第1章1.2节	7
等高面图　第1章1.2节	7
空间垂直剖面图　第1章1.2节	7
等压面图　第1章1.2节	7
等熵面图　第1章1.2节	7

术　语	页码
等值线分析基本规则　第1章1.2节……………………………………………	7
等压线　第1章1.2节……………………………………………………………	8
地形等压线　第1章1.2节………………………………………………………	9
等变压线　第1章1.2节…………………………………………………………	11
等高线　第1章1.2节……………………………………………………………	11
等温线　第1章1.2节……………………………………………………………	11
高压　第1章1.3节………………………………………………………………	12
低压　第1章1.3节………………………………………………………………	13
鞍形场　第1章1.3节……………………………………………………………	13
槽线　第1章1.3节………………………………………………………………	14
切变线　第1章1.3节……………………………………………………………	14
竖槽　第1章1.3节………………………………………………………………	15
横槽　第1章1.3节………………………………………………………………	15
倒槽　第1章1.3节………………………………………………………………	15
地形槽　第1章1.3节……………………………………………………………	15
冷锋式切变　第1章1.3节………………………………………………………	15
准静止锋式切变　第1章1.3节…………………………………………………	15
暖锋式切变　第1章1.3节………………………………………………………	16
主槽　第1章1.3节………………………………………………………………	16
副槽　第1章1.3节………………………………………………………………	16
流线　第1章1.4节………………………………………………………………	18
等风速线　第1章1.4节…………………………………………………………	18
渐近线　第1章1.4节……………………………………………………………	19
波　第1章1.4节…………………………………………………………………	20
奇异点　第1章1.4节……………………………………………………………	20
尖点　第1章1.4节………………………………………………………………	21
旋涡　第1章1.4节………………………………………………………………	21
中性点　第1章1.4节……………………………………………………………	21
直接法　第1章1.4节……………………………………………………………	23
等风向线法　第1章1.4节………………………………………………………	23

术　　语	页码
空间垂直剖面图　第1章第5节 ……………………………………	25
时间垂直剖面图　第1章第5节 ……………………………………	25
剖线　第1章第5节 …………………………………………………	25
等熵流函数　第1章第5节 …………………………………………	31
等凝结气压线　第1章第5节 ………………………………………	32
诊断分析　第2章 ……………………………………………………	35
误差来源　第2章2.1节 ……………………………………………	35
系统性误差　第2章2.1节 …………………………………………	35
偶然性误差　第2章2.1节 …………………………………………	35
计算误差　第2章2.1节 ……………………………………………	36
资料质量控制　第2章2.1节 ………………………………………	36
气候极值检查　第2章2.1节 ………………………………………	37
内部一致性检查　第2章2.1节 ……………………………………	37
水平一致性检查　第2章2.1节 ……………………………………	37
背景场一致性检查　第2章2.1节 …………………………………	37
垂直一致性检查　第2章2.1节 ……………………………………	38
客观分析　第2章2.2节 ……………………………………………	38
计算网格的选取　第2章2.2节 ……………………………………	38
差分格式　第2章2.2节 ……………………………………………	38
中央差　第2章2.2节 ………………………………………………	38
前差　第2章2.2节 …………………………………………………	38
后差　第2章2.2节 …………………………………………………	39
二阶导数的差分方案　第2章2.2节 ………………………………	39
拉普拉斯算子　第2章2.2节 ………………………………………	39
雅可比算子　第2章2.2节 …………………………………………	40
线性内插　第2章2.2节 ……………………………………………	41
逐步订正法　第2章2.2节 …………………………………………	41
背景场的选取　第2章2.2节 ………………………………………	41
插值方法的选取　第2章2.2节 ……………………………………	42
权重的确定　第2章2.2节 …………………………………………	42
分析半径和测站数目的确定　第2章2.2节 ………………………	43

术　语	页码
资料的归一化处理　第2章2.2节 ……………………………………	43
统计最优插值　第2章2.2节 ………………………………………………	43
多变量统计最优插值　第2章2.2节 ……………………………………	45
平滑与滤波　第2章2.2节 …………………………………………………	46
滤波器的分类　第2章2.2节 ……………………………………………	46
低通滤波器　第2章2.2节 …………………………………………………	46
高通滤波器　第2章2.2节 …………………………………………………	46
带通滤波器　第2章2.2节 …………………………………………………	47
响应函数　第2章2.2节 ……………………………………………………	47
m点等权滑动平均　第2章2.2节 ………………………………………	47
加权平滑算子　第2章2.2节 ……………………………………………	49
水汽状态分析　第2章2.3节 ……………………………………………	52
水汽压　第2章2.3节 ………………………………………………………	52
比湿　第2章2.3节 …………………………………………………………	53
混合比　第2章2.3节 ………………………………………………………	53
相对湿度　第2章2.3节 ……………………………………………………	53
温度露点差　第2章2.3节 …………………………………………………	53
虚温　第2章2.3节 …………………………………………………………	54
密度温度　第2章2.3节 ……………………………………………………	54
抬升凝结高度　第2章2.3节 ……………………………………………	55
起始抬升高度　第2章2.3节 ……………………………………………	56
对流有效位能　第2章2.3节 ……………………………………………	56
对流抑制能量　第2章2.3节 ……………………………………………	56
对流凝结高度　第2章2.3节 ……………………………………………	56
对流温度　第2章2.3节 ……………………………………………………	56
可降水量　第2章2.3节 ……………………………………………………	58
凝结函数　第2章2.3节 ……………………………………………………	58
降水率　第2章2.3节 ………………………………………………………	58
大尺度降水率的计算　第2章2.3节 ……………………………………	59
对流降水率的计算　第2章2.3节 ………………………………………	59
降水效率　第2章2.3节 ……………………………………………………	59
水汽通量　第2章2.3节 ……………………………………………………	59

术　　语	页码
水汽通量散度　第2章2.3节	59
散度和涡度的计算　第2章2.4节	60
三角形法　第2章2.4节	60
正三角形法　第2章2.4节	60
任意三角形法　第2章2.4节	62
格距修正　第2章2.4节	63
风场订正　第2章2.4节	63
垂直速度的计算　第2章2.4节	65
积分连续方程法　第2章2.4节	65
计算结果的修正　第2章2.4节	67
补偿原理　第2章2.4节	67
粟原修正方法　第2章2.4节	67
O'brien修正方法　第2章2.4节	67
等压分层修正系数　第2章2.4节	70
不等压分层修正系数　第2章2.4节	71
地形性垂直速度计算　第2章2.4节	71
气流爬坡垂直速度的计算　第2章2.4节	71
边界层垂直速度　第2章2.4节	72
ω方程法　第2章2.4节	72
准地转ω方程　第2章2.4节	72
平衡模式的ω方程　第2章2.4节	73
ω方程的求解　第2章2.4节	74
迭代法求解ω方程　第2章2.4节	75
摩擦作用的计算　第2章2.4节	78
感热(显热)加热项的计算　第2章2.4节	78
潜热加热函数的计算　第2章2.4节	79
大尺度的稳定性凝结加热的计算　第2章2.4节	79
对流性凝结加热函数的计算　第2章2.4节	81
郭晓岚积云对流方案　第2章2.4节	81
流函数和势函数的计算　第2章2.4节	82
绝热法　第2章2.4节	84
降水量反推法　第2章2.4节	85

术　语	页码
准地转 Q 矢量　第 2 章 2.4 节	86
锋生函数　第 2 章 2.4 节	87
伸展变形　第 2 章 2.4 节	88
切变变形　第 2 章 2.4 节	88
冷空气膜　第 3 章 3.1 节	90
气象要素的代表性　第 3 章 3.1 节	89
锋生　第 3 章 3.1 节	101
锋消　第 3 章 3.1 节	101
静力结构　第 3 章 3.2 节	103
空间结构　第 3 章 3.2 节	103
热力结构　第 3 章 3.2 节	103
温压场配置　第 3 章 3.2 节	103
温压场对称系统　第 3 章 3.2 节	103
温压场不对称系统　第 3 章 3.2 节	103
深厚系统　第 3 章 3.2 节	103
浅薄系统　第 3 章 3.2 节	104
气压系统中心轴线　第 3 章 3.2 节	107
暖高压　第 3 章 3.2 节	103
冷低压　第 3 章 3.2 节	103
冷高压　第 3 章 3.2 节	103
暖低压　第 3 章 3.2 节	103
槽脊的移动　第 3 章 3.3 节	112
槽脊的发展　第 3 章 3.3 节	112
特性等高线　第 3 章 3.3 节	114
涡度平流　第 3 章 3.3 节	115
正涡度平流　第 3 章 3.3 节	116
负涡度平流　第 3 章 3.3 节	116
定性分析　第 3 章 3.3 节	116
曲率项　第 3 章 3.3 节	116
散合项　第 3 章 3.3 节	117

术　语	页码
疏密项　第3章3.3节	117
对称槽脊　第3章3.3节	118
不对称槽脊　第3章3.3节	118
温度平流　第3章3.3节	118
冷平流　第3章3.3节	118
暖平流　第3章3.3节	118
引导气流　第3章3.4节	127
寒潮　第3章3.5节	128
酝酿过程　第3章3.5节	129
爆发过程　第3章3.5节	129
小槽发展型　第3章3.5节	129
低槽东移型　第3章3.5节	130
横槽型　第3章3.5节	131
长波调整　第3章3.5节	133
运输机气象观测报告　第4章4.1节	136
气象侦察飞机报告　第4章4.1节	136
卫星云导风资料　第4章4.1节	136
合成分析方法第　第4章4.1节	137
副热带高压　第4章4.2节	138
副热带高压中、短期的变化　第4章4.2节	141
热带气旋　第4章4.3节	141
热带气旋观测　第4章4.3节	142
雷达观测　第4章4.3节	142
卫星观测　第4章4.3节	142
静止气象卫星　第4章4.3节	142
极轨气象卫星　第4章4.3节	142
热带气旋定位　第4章4.3节	143
热带气旋定强度　第4章4.3节	148

术　语	页码
飞机定位　第4章4.3节	143
雷达定位　第4章4.3节	143
卫星云图定位　第4章4.3节	146
螺旋雨带　第4章4.3节	144
螺旋雨带回波　第4章4.3节	144
眼壁回波　第4章4.3节	144
对数螺旋线　第4章4.3节	145
定位精度　第4章4.3节	143
密闭云区　第4章4.3节	146
雷达定强度　第4章4.3节	148
卫星云图定强度　第4章4.3节	148
Dvorak方法　第4章4.3节	146
热带气旋总强度指数　第4章4.3节	149
热带气旋中心特征值　第4章4.3节	149
热带气旋强对流云区特征数　第4章4.3节	149
雨盾　第4章4.3节	162
水汽含量　第5章5.1节	166
水汽凝结物　第5章5.1节	166
水汽状态　第5章5.1节	166
可降水量　第5章5.1节	167
水汽水平输送　第5章5.1节	167
水汽平流　第5章5.1节	167
水汽通量　第5章5.1节	167
水汽水平通量　第5章5.1节	169
水汽垂直通量　第5章5.1节	170
水汽源地　第5章5.1节	170
水汽通量散度　第5章5.1节	170
水汽收支　第5章5.1节	171
连阴雨　第5章5.2节	172
东亚大槽　第5章5.2节	173
华南准静止锋　第5章5.2节	173

术　　语	页码
梅雨　第5章5.2节	173
副热带高压　第5章5.2节	173
阻塞高压　第5章5.2节	173
江淮切变线　第5章5.2节	173
西南季风　第5章5.2节	174
季风环流圈　第5章5.2节	174
纬向型　第5章5.2节	176
经向型　第5章5.3节	177
西南涡　第5章5.2节	177
西北涡　第5章5.2节	177
华北暴雨　第5章5.2节	177
暴雨　第5章5.3节	179
持续性暴雨　第5章5.3节	179
水汽输送带　第5章5.3节	179
上升运动　第5章5.3节	180
不稳定能量　第5章5.3节	180
位势不稳定　第5章5.3节	180
低空急流　第5章5.3节	180
高原天气图分析　第6章6.1节	184
高原地面图分析　第6章6.1节	184
地面24小时变压　第6章6.1节	184
地面气压距平　第6章6.1节	186
地面温度距平　第6章6.1节	186
地面湿度距平　第6章6.1节	186
地面"气象要素势"分析　第6章6.1节	186
保风投影法　第6章6.1节	187
保热成风投影法　第6章6.1节	187
高原等压面图分析　第6章6.1节	188
高原天气系统分析　第6章6.2节	190
高原锋面分析　第6章6.2节	190

术　语	页码
高原静止锋　第6章6.2节 ……………………………………………………	190
高原冷锋　第6章6.2节 ………………………………………………………	191
高原暖锋　第6章6.2节 ………………………………………………………	191
高原切变线　第6章6.2节 ……………………………………………………	191
高原冷性切变线　第6章6.2节 ………………………………………………	191
高原暖性切变线　第6章6.2节 ………………………………………………	191
高原冷转暖性切变线　第6章6.2节 …………………………………………	191
高原低涡　第6章6.2节 ………………………………………………………	192
西南涡　第6章6.2节 …………………………………………………………	192
高原500 hPa冷涡　第6章6.2节 ……………………………………………	193
高原500 hPa暖涡　第6章6.2节 ……………………………………………	193
高原高空槽分析　第6章6.2节 ………………………………………………	194
青藏槽　第6章6.2节 …………………………………………………………	194
中尺度天气分析　第7章7.1节 ………………………………………………	196
中尺度资料的订正方法　第7章7.1节 ………………………………………	196
气压的订正　第7章7.1节 ……………………………………………………	196
气温的订正　第7章7.1节 ……………………………………………………	197
降水资料的订正　第7章7.1节 ………………………………………………	198
每小时降水量的推算法　第7章7.1节 ………………………………………	198
系统降水量的求算　第7章7.1节 ……………………………………………	198
时空转换方法　第7章7.1节 …………………………………………………	198
卫星云图推算中尺度风场　第7章7.1节 ……………………………………	200
云的跟踪方法　第7章7.1节 …………………………………………………	200
云高的确定　第7章7.1节 ……………………………………………………	201
地面中尺度天气图的绘制　第7章7.1节 ……………………………………	201
气压场的分析　第7章7.1节 …………………………………………………	201
风场的分析　第7章7.1节 ……………………………………………………	202
温度场的分析　第7章7.1节 …………………………………………………	202
湿度场的分析　第7章7.1节 …………………………………………………	202
云的分析　第7章7.1节 ………………………………………………………	202
降水的分析　第7章7.1节 ……………………………………………………	202
中尺度辅助图的分析　第7章7.1节 …………………………………………	202

术　语	页码
等时线图　第7章7.1节	203
中尺度系统动态图　第7章7.1节	203
时空演变图　第7章7.1节	203
风柱图　第7章7.1节	205
飑线的分析　第7章7.2节	208
利用雷达回波分析飑线　第7章7.2节	209
利用卫星资料分析飑线　第7章7.2节	209
飑线发生的分析　第7章7.2节	209
飑线形成的中尺度条件　第7章7.2节	211
能量锋　第7章7.2节	211
干线　第7章7.2节	211
露点锋　第7章7.2节	211
大气稳定度分析　第7章7.3节	213
气块法　第7章7.3节	214
条件性不稳定　第7章7.3节	214
条件性不稳定的判据　第7章7.3节	214
用湿静力温度来表示的条件性稳定度指数　第7章7.3节	215
用 θ_{se} 来表示的条件稳定度参数　第7章7.3节	215
肖瓦特(Showalter)指数　第7章7.3节	216
修正的肖瓦特指数(SI_{mod})　第7章7.3节	216
抬升指数　第7章7.3节	217
最大抬升指数　第7章7.3节	217
抬升垂直运动指数　第7章7.3节	217
对流不稳定　第7章7.3节	217
位势不稳定　第7章7.3节	217
用 θ_{se} 表示的对流性稳定度指数　第7章7.3节	218
用 T_c 表示的对流性稳定度指数　第7章7.3节	218
最大对流性稳定度指数　第7章7.3节	219
条件对流稳定性指数　第7章7.3节	219
杰弗逊(Jefferson)指数　第7章7.3节	220
莱克力指数　第7章7.3节	220

术　语	页码
T^* 指数　第 7 章 7.3 节 ……………………………………………	220
瑞士新雷暴预报指数　第 7 章 7.3 节 ……………………………	221
SWISS 指数　第 7 章 7.3 节 ………………………………………	221
CS 指数　第 7 章 7.3 节 ……………………………………………	221
风暴强度指数　第 7 章 7.3 节 ……………………………………	222
干暖盖指数　第 7 章 7.3 节 ………………………………………	222
储能指数　第 7 章 7.3 节 …………………………………………	223
全总指数　第 7 章 7.3 节 …………………………………………	223
强天气威胁指数　第 7 章 7.3 节 …………………………………	223
K 指数　第 7 章 7.3 节 ……………………………………………	223
山崎指数　第 7 章 7.3 节 …………………………………………	224
A 指数　第 7 章 7.3 节 ……………………………………………	225

参考文献

北京大学地球物理系气象教研室.1976.天气分析和预报.北京:科学出版社.
成秋影.1992.天气分析和诊断方法.北京:气象出版社.
丁一汇.1989.天气动力学中的诊断分析方法.北京:科学出版社.
段旭,2004.低纬高原地区中尺度天气分析与预报.北京:气象出版社.
林元弼等.1988.天气学.南京:南京大学出版社.
刘健文,郭虎,李耀东等.2005.天气分析预报物理量计算基础.北京:气象出版社.253.
刘健文.2005.天气分析预报物理量计算基础.北京:气象出版社.
柳俊杰,丁一汇,何金海.2003.一次典型梅雨锋锋面结构分析.气象学报.**61**(3):291-301.
陆汉城.2000.中尺度天气原理和预报.北京:气象出版社.
吕美仲等.2004.动力气象学.北京:气象出版社.
罗四维.1992.青藏高原及其邻近地区几类天气系统的研究.北京:气象出版社.
马晓青,丁一汇,徐海明.2008.2004/2005年冬季强寒潮事件与大气低频波动关系的研究.大气科学,**32**(2):380-394.
钱维宏.2004.天气学.北京:北京大学出版社,267.
钱维宏,张玮玮.2007.我国近46年来的寒潮时空变化与冬季增暖.大气科学.**31**(6):1266-1278.
乔全明,张雅高.1994.青藏高原天气学.北京:气象出版社.
裘国庆,方维模等译.1995.全球热带气旋预报指南.世界气象组织技术文件(WMO/TD-NO.560).北京:气象出版社.
南京大学气象系.1974.南京:热带天气分析与预报.
寿绍文.1993.中尺度天气动力学.北京:气象出版社.
寿绍文等.2002.天气学分析.北京:气象出版社.
索渺清,丁一汇.2009.冬半年副热带南支西风槽结构和演变特征研究.大气科学,**33**(3):425-442.
覃丹宇,方宗义,江吉喜.2006.典型梅雨暴雨系统的云系及其相互作用.大气科学,**30**(4):578-586.
陶诗言,陈联寿,徐祥德.1999.第二次青藏高原大气科学理论研究进展.北京:气象出版社.
陶诗言等.1980.中国之暴雨.北京:科学出版社,225.
天气学教程.1975.中国人民解放军空军司令部.
王志烈,费亮.1987.台风预报手册.北京:气象出版社.
王遵娅,丁一汇.2006.近53年中国寒潮的变化特征及其可能原因.大气科学,**30**(6):1068-1076.
卫星云图在天气分析和预报中的应用.中国科学院大气物理研究所译,1972.
文宝安.1980.水汽通量与水汽通量散度.气象,**7**,34-36.
伍荣生.1999.现代天气学原理.北京:高等教育出版社.
杨信杰等.1987.天气学原理.空军气象学院.

姚秀萍,于玉斌. 2000. 非地转湿Q矢量及其在华北特大暴雨中的应用. 气象学报,63(4):436-443.
叶笃正,高由禧等. 1979. 青藏高原气象学. 北京:科学出版社.
张晓惠,倪允琪. 2009. 华南前汛期锋面对流系统与暖区对流系统的个例分析与对比研究. 气象学报,67(1):108-121.
张元箴. 1992. 天气学教程,北京:气象出版社.
章基嘉,朱抱真,朱福康等. 1988. 青藏高原气象学进展. 北京:科学出版社.
章淹等. 1990. 暴雨预报. 北京:气象出版社.
郑新江,陆文杰等译. 1994. 水汽图像在天气分析和天气预报中的解译与应用. 北京:气象出版社.
郑永光,陈炯,葛国庆. 2007. 梅雨锋的典型结构、多样性和多尺度特征. 气象学报,65(5):760-772.
钟珊珊,何金海,管兆勇等. 2009. 1961—2001年青藏高原大气热源的气候特征. 气象学报,67(3):407-416.
中国科学院大气物理研究所. 1978. 天气学知识. 北京:科学出版社.
朱乾根等. 2000. 天气学原理与方法. 北京:气象出版社.
朱晓冬,朱官忠. 1993. 用人工神经网络预报鲁西北雷雨冰雹天气,气象,19(4),20-23.
Atkins N T, Wakimoto R M, 1991. Wet microburst activity over the southeastern United States: Implication for forecasting, *Wea. Forecasting*, 6:407-482.
Charba J. 1979. Two to six hour sever local storm probabilities: An operational forecasting system, *Mon. Wea. Rev.*, 107:268-282.
Doswell C A. 1998. A diagnostic study of three heavy precipitation episode in the West Mediterromean Region, *Wea. Forecasting*, 13:102-124.
Ducrocq V, Tsanos D, Senesi S. 1998. Diagnostic tools using a mesoscale NWP model for early warning of convection, *Meteor. Appl.*, 5:329-349.
E. 帕尔门,C. W. 牛顿,程纯枢等译. 1978. 大气环流系统. 北京:科学出版社.
Hoskins I D, Davies, H C, 1978. A new look at the ω-equation, *Quart. J. Roy. Meteor. Soc.*, 104:31-38.
Jefferson G J. 1963. A modified instability index, *Met. Mag.*, 92:92-96.
McGinleg J A, Albers S C, Stamus P A, 1991. Validation of a real-time local analysis system, *Wea. Forecasting*, 6:337-356.
Miller R C, Maddox R A, 1975. Use of the Sweat and spot indexs in operational sever local storm forecasting, 9th *Conf. on sever local storm*, American Meteor. Soc., 1-6.
Miller R C. 1972. Notes on analysis and sever-storm forecasting procedures of the Air Force Global Weather Central, *AWS Tech. Rep*,200(rev), Air Weather Service, Scott AFB,IL, 190pp.
M. J 马德,G. S. 福布斯,J. R. 格兰特著. 卢乃锰,冉茂农,刘健等译. 1998. 卫星与雷达图像在天气预报中的应用. 北京:气象出版社.
Orlanski L A. 1975. A notional subdivision of scales for atmospheric processes, *Bull. Amer. Meteor. Soc.*, 56(5):527-530.

O'brien J J. 1970. Alternative solution to the classical vertical velocity problem, *Journal of Applied Meterology*, **9**(2):197-203

Palmer C E. 1952. Tropical meteorology, *Quart. J. Roy. Meteor. Soc.*, **78**:126-164.

Riehl H. 1954. Tropical meteorology, New York Mcgraw Hill, 392pp.

Russell L. Elsberry. 陈联寿等译. 1994. 热带气旋全球观. 北京:气象出版社.

Vernon F. Dvorak, Frank Smigielski. 1996. 卫星观测的热带云和云系, 郭炜等译, 北京:气象出版社.

Vernon F. Dvorak, Frank Smigielski, 郭炜等译. 1996. 卫星观测的热带云和云系. 北京:气象出版社.

Ye Duzheng. Some characteristics of the summer circulation over the Qinghai-Xizang (Tibet) Plateau and its neighborhood. *Bull. Amer. Meteor. Soc.*, 1981, **62**: 14-19.

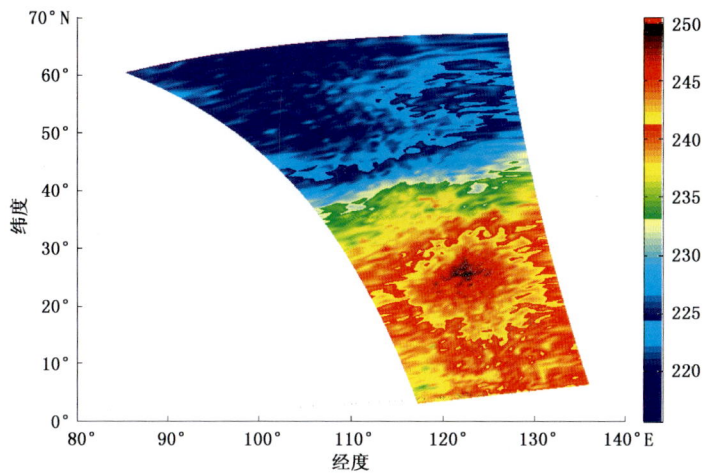

图 4-3-2 搭载 AMSU-A 微波温度探测器的 NOAA-K/L/M 极轨卫星探测的
热带气旋"韦帕"反演温度场(250 hPa)

表Ⅰ-8　锋的符号

锋的种类	分析图上的彩色符号	单色印刷图上的符号
暖锋		
冷锋		
准静止锋		
锢囚锋		
飑线		
切变线		
热带辐合带		
露点锋		

注:1. 表中▼、▲及▽指向锋、飑线及露点锋行进的方向。
    2. 准静止锋中▼标在暖空气一侧,▲标在冷空气一侧;或红色实线标在暖空气一侧,蓝色实线标在冷空气一侧。
    3. 表中单线条的粗细通常为 1 mm,双线条的整体宽度为 2 mm。

表 Ⅰ-9 各种天气现象的标注方法

天气现象		颜色	标注方法 成片的	标注方法 零散的	补充说明
降水	雨	绿色	(绿色椭圆区)	17 ●F 135 +15 / 12 ⌒ 16 6	区内涂浅绿色;零散的连续性、间歇性雨,在测站上绘制 3 条平行绿色实斜线(呈右上至左下 45°)
降水	其他降水	绿色	(绿色椭圆含※)	在测站左侧标注填图符号	
降水	观测前 1 h 内有降水		只标注填图符号,不绘制天气区范围,如果位于成片的降水区中或边缘时,视情况划入降水区		
降水	冰雹、冻雨与雷暴同时出现的降水	红色	(红色椭圆含符号)	在测站左侧标注填图符号	区内涂浅红色,并适量标注基本填图符号;闪电可选择分析
雷暴、龙卷、飑					
闪电			(红色椭圆含符号)	在测站右下角标注填图符号	
过去天气现象有雷暴		蓝色	在测站右下角标注填图符号		可选择分析
雾		黄色	(黄色椭圆)	在测站左侧标注填图符号	区内涂黄色
轻雾			不绘制范围区,适量标注填图符号	在测站左侧标注填图符号	只标地面能见度<2 km 的轻雾,可选择分析
大风		棕色	(棕色椭圆含符号)	在测站左侧按实际风向标注符号 ⌐	风力≥12 m/s;区内不涂色,大风符号与区域内主要风向一致
沙(尘)暴		棕色	(棕色椭圆含符号)	在测站左侧标注填图符号	区内不涂色
扬沙、浮尘、霾、烟			视需要绘制范围区,或只标注适量填图符号	在测站左侧标注填图符号	如绘制范围区,区内应标适量填图符号,烟不绘范围区;可选择分析
尘卷风					
积雨云		绿色	通常不绘制范围,视需要在测站下方标注填图符号		可选择分析